Ford Consul — Ford Granada

Die Consul/Granada-Baureihe wurde auf dem Genfer Automobilsalon 1972 das erste Mal gezeigt und mit sechs verschiedenen Motorenausführungen und zwei Getriebevarianten angeboten. Diese Baureihe wurde gleichzeitig in Deutschland und in England in Produktion genommen. In dieser Reparaturanleitung werden nur die in Deutschland hergestellten Fahrzeuge behandelt. Außer den unten angeführten Motoren und Modellen werden in England ein 2500-ccm-Motor in Consul und Granada eingebaut und außerdem steht ein 2,0 Liter V-4-Motor für den Consul zur Verfügung. Da diese beiden «englischen» Motoren in ihrem Aufbau den «deutschen» Motoren gleichkommen, können alle Anweisungen in den folgenden Abschnitten ebenfalls für diese beiden zusätzlichen Modelle geltend gemacht werden.
Bei Einführung der Baureihe wurden die folgenden Modelle und Motoren erhältlich gemacht:

Consul-Modelle

1700 ccm V4-Motor
Eingebaut in Consul oder Consul L. Hängende Ventile, zentrale Nockenwelle mit Zahnradantrieb. Zylinder in 60°-V-Anordnung. Zwei verschiedene Leistungen, d. h. 75 PS bei 5000 U/min mit Verdichtungsverhältnis von 9,0 : 1 oder 65 PS bei 4800 U/min bei Verdichtungsverhältnis von 8 : 1.

2000 ccm OHC-Motor
Auf Wunsch in Consul oder Consul L eingebaut. Hängende Ventile in V-Anordnung, 4-Zylinder-Reihenmotor mit obenliegender Nockenwelle (Zahnriemenantrieb). Leistung 99 PS bei 5500 U/min.

2300 ccm V6-Motor
Eingebaut in Consul GT oder auf Wunsch in Consul und Consul L. Aufbau ähnlich wie 1,7-Liter-Motor, zwei zusätzliche Zylinder. Leistung 108 PS bei 5000 U/min.

3000 ccm V6-Motor
Eingebaut in Consul GT. Aufbau ähnlich wie 1,7-Liter-Motor. Zwei zusätzliche Zylinder. Leistung 138 PS bei 5000 U/min.

Granada-Modelle

2300 ccm V6-Motor
Eingebaut in Granada und Granada GXL. Gleicher Motor wie für Consul, mit Leistung von 108 PS bei 5000 U/min.

2600 ccm V6-Motor
Eingebaut in Granada und Granada GXL. Gleicher Motor wie für Consul, mit Leistung von 125 PS bei 5000 U/min und Vergrößerung des Hubraumes.

3000 ccm V6-Motor
Gleicher Motor wie für Consul, mit Leistung von 138 PS bei 5000 U/min.

Auf dem Genfer Automobilsalon 1975 wurde das gesamte Modellprogramm abgeändert und der Bau des Consuls fiel vollkommen weg, d. h. dieses Modell wurde seit diesem Zeitpunkt nur noch in England mit dem 2,0-Liter-Reihenmotor und dem 2,5-Liter V6-Motor gebaut. Die erhältlichen Ausführungen werden unter den Namen Consul, Consul L und Consul GT geführt (der letztere ist mit dem 3,5-Liter-Motor versehen, wie er ebenfalls in der deutschen Produktion in den Granada eingebaut ist). Aus dieser Tatsache ergaben sich danach die folgenden Modelle, die augenblicklich auf dem Markt erhältlich sind:

1,7 Liter V4-Motor
Eingebaut in Granada und Granada L. Gleicher Motor wie vor 1975, mit dem Unterschied, daß die Leistungen bei Verdichtungsverhältnis von 8,75 : 1 auf 75 PS, bzw. bei Verdichtungsverhältnis von 8 : 1 auf 70 PS erhöht wurden.

2,0 Liter OHC-Motor
Auf Wunsch in Granada, L oder GL eingebaut. Hängende Ventile in V-Anordnung, Vierzylinder-Reihenmotor mit obenliegender Nockenwelle (Zahnriemenantrieb). Leistung 99 PS bei 5500 U/min.

2,0 Liter V6-Motor
Von früher erhältlichen V6-Motoren abgewandelt. Gleiche Aufbauweise, mit Leistung von 90 PS bei 5000 U/min. Dieser Motor kann für alle Granada-Modelle geliefert werden.

2300 ccm V6-Motor
Gleicher Motor wie früher. Standardmotor für Ausführungen mit «S»-Packet oder auf Wunsch für alle anderen Modelle lieferbar. Leistung unverändert 108 PS bei 5000 U/min.
2600 ccm V6-Motor
Gleicher Motor wie früher. Leistung unverändert 125 PS bei 5000 U/min. Auf Wunsch für alle Modelle lieferbar.
3,0 Liter V6-Motor
Gleicher Motor wie früher. Leistung unverändert 138 PS bei 5000 U/min. Auf Wunsch lieferbar für alle Modelle, einschließlich des Granada Ghias.
Aufgrund der unterschiedlichen Ausführungen in der Steuerweise der einzelnen Motoren, d. h. V-Motoren oder mit obenliegender Nockenwelle, werden diese bei der späteren Beschreibung genau auseinandergehalten.

Allgemeine Anweisungen bei Reparaturen

Die Anleitungen in dieser Reparaturanleitung sind in der einfachsten Weise beschrieben. Es sollten keine Schwierigkeiten auftreten, wenn dem Text und den Abbildungen Schritt für Schritt gefolgt wird. Die Maß- und Einstelltabelle am Ende des Buches bildet einen wichtigen Teil und ist bei Reparaturarbeiten am Fahrzeug jederzeit hinzuzuziehen.
In vielen Fällen werden bestimmte Maßangaben oder Werte nicht immer im Text angegeben und in diesem Fall ist in der Maßtabelle nachzuschlagen, um den betreffenden Wert herauszufinden, durch die Vielzahl der behandelten Motoren besonders wichtig.
Einfache Handgriffe, wie z. B. «Motorhaube öffnen», «Radmuttern lösen» (beim Abnehmen der Räder z. B.) werden nicht immer erwähnt, da wir annehmen, daß diese Arbeiten eine Selbstverständlichkeit sind. Der Text befaßt sich dagegen ausführlich mit schweren Arbeiten, die wir versuchen, in allen Einzelheiten zu beschreiben. In den folgenden Zeilen finden Sie eine Reihe wichtiger Punkte, die Sie sich vor jeder Reparaturarbeit einprägen sollten.

— Immer die in der «Anzugsdrehmomenttabelle» (Seite 139) angeführten Anzugswerte beachten. Diese Werte sind in Gruppen unter der betreffenden Unterüberschrift zusammengefaßt (z. B. Motor, Getriebe, Vorderradaufhängung, usw.) und lassen sich deshalb leicht finden.
— Schrauben und Muttern sind immer im sauberen Zustand und leicht eingeölt zu verwenden. Mutternflächen und Gewindegänge immer auf Beschädigung oder überdrehte Gewinde kontrollieren und vorhandene Grate entfernen. Auf keinen Fall dürfen Muttern und Schrauben entfettet werden.
— Alle Dichtscheiben, Dichtungen, Sicherungsbleche und Sicherungsscheiben, Splinte und «O»-Dichtringe (Rundschnurringe) sind beim Zusammenbau eines Teils zu erneuern. Öldichtringe (Simmerringe, Radialdichtringe) sollten ebenfalls erneuert werden, falls die Welle aus einem Dichtring entfernt wurde. Die Lippe eines Dichtringes vor dem Zusammenbau immer mit etwas Fett einschmieren und darauf achten, daß sie in die richtige Richtung weist, d. h. die Richtung, aus welcher das Öl oder Fett herauskommt.
— Wenn wir auf die linke oder rechte Seite des Fahrzeuges verweisen, so wird angenommen, daß man sich hinter dem Fahrzeug befindet und in Fahrtrichtung sieht.
— Immer darauf achten, daß das Fahrzeug sicher aufgebockt ist und auf festem Boden steht, ehe irgendwelche Arbeiten unter dem Fahrzeug durchgeführt werden. Ein kleiner Wagenheber, oder der Bordwagenheber, können sehr gefährlich sein (sie eignen sich natürlich zum Wechseln eines Rades). Zu Ihrer Sicherheit sollten Sie sich kräftige Unterstellböcke beschaffen, die an sicheren Stellen unterzusetzen sind. Ziegelsteine, die in vielen Fällen zum Unterbauen verwendet werden, sind ebenfalls nur bis zu einer gewissen Grenze als sicher anzusehen.
— Schmutz, Fett und Mineralöl zersetzen die Dichtmanschetten der hydraulischen Anlagen und auch die kleinste Menge kann bei Berührung mit Teilen der hydraulischen Anlage zu Schäden führen. Zum Reinigen von Teilen dieser Anlagen dürfen nur Bremsflüssigkeit, Spiritus oder dafür bestimmte Reinigungsmittel verwendet werden. Falls Spiritus verwendet wird, sind dessen Reste sofort nach der Reinigung mit einem flusenfreien Lappen abzureiben. Vor dem Zusammenbau einer hydraulischen Anlage sollten die Reste der ursprünglich eingefüllten Bremsflüssigkeit (besonders nach einer Überholung der Bremsanlage) vollkommen entleert werden.

— Um die besten Reparaturergebnisse zu erhalten, ist die Verwendung von Original-Ford-Ersatzteilen oder «Motorcraft»-Zubehörteilen eine Voraussetzung. Lassen Sie sich nicht dazu verleiten, irgendwelche Fremdprodukte zu verwenden, es sei denn, daß diese vom Herstellerwerk zugelassen sind.

— Unter den Überschriften «Aus- und Einbau» sind alle Arbeiten beschrieben, die zum Aus- und Einbau eines bestimmten Teiles erforderlich sind, ohne daß daran irgendwelche Reparaturarbeiten durchgeführt werden, wie dies z. B. bei einer Auswechslung der Fall ist. Unter der Überschrift «Reparatur und Überholung» finden Sie meistens die Zerlegung eines bestimmten Teiles und dessen Reparatur und/oder Überholung. Wir weisen darauf hin, daß in diesen Fällen eine vollkommene Überholung beschrieben wird, die jedoch nicht immer erforderlich zu sein braucht, so daß nur die für das betreffende Teil notwendigen Arbeiten durchzuführen sind.

— Als letztes soll noch einmal darauf hingewiesen werden, daß bei allen Bestellungen von Ersatz- und Austauschteilen das genaue Modell, das Baujahr und die diesbezüglichen Fahrgestell- und Motorennummer angegeben werden muß. Dies erspart Ihnen das Beziehen von falschen Teilen und beschleunigt die Bearbeitung Ihrer Bestellungen. Ihr Ersatzteilhändler wird Ihnen dafür danken.

Der Motor

Ausbau des Motors

OHC-Motor

Der nachfolgend behandelte Motor ist der in den Consul, Consul L oder in den Granada, L oder GL eingebaute 2000-ccm-Motor. Der Motor hat vier in Reihen angeordnete Zylinder mit obenliegender Nockenwelle, welche durch einen Zahnriemen angetrieben wird. Ansaug- und Auspufftakte geschehen durch die sogenannte «Querstromspülung». Die Kurbelwelle dieses Motors läuft in fünf Lagern (Lagerschalen). Die verwendeten Kolben besitzen flache Kolbenböden, da die Verbrennungskammern in den Gußeisen-Zylinderblock eingearbeitet sind.
Der zum Antrieb der Nockenwelle verwendete Zahnriemen treibt außerdem eine Zwischenwelle an, welche wiederum zum Antrieb des Zündverteilers und der Ölpumpe dient (durch ein schrägverzahntes Zahnrad) und außerdem die Kraftstoffpumpe durch einen Nocken antreibt. Der Motor ist als Typ «B» geführt.

Der Ausbau des Motors bringt im allgemeinen keine Schwierigkeiten mit sich, da alle abzuschließenden oder auszubauenden Teile sehr leicht zugänglich sind. Am leichtesten läßt sich der Motor ausbauen, wenn man das Getriebe im Wagen läßt. Motor und Getriebe können zwar zusammen ausgebaut werden, jedoch tritt in diesem Fall die Schwierigkeit auf, daß die beiden Aggregate in einem sehr steilen Winkel herausgehoben werden müssen, um das Getriebe aus dem Motorraum zu bekommen. Falls diese Methode jedoch vorgezogen werden sollte, raten wir Ihnen dringend, sich die Ford-Hebebügel zu besorgen, die das Triebwerk in den richtigen Winkel bringen.

Bild 1
Ansicht des OHC-Motors mit obenliegender Nockenwelle und Steuerung durch Zahnriemen.

Ehe der Motor vom Getriebe getrennt wird, sollte ein Wagenheber unter das Getriebe gefahren werden, so daß dieses entsprechend angehoben werden kann.

- Batterie abklemmen. Beide Batteriekabel sollten dabei abgeklemmt werden. Besser ist es noch, wenn man die Batterie vollkommen ausbaut, um sie vor Schäden zu bewahren. Außerdem kann es vorkommen, daß ein Metallgegenstand auf die Batterieklemmen fällt, so daß durch Funkenbildung (vor allem bei losen Kraftstoffleitungen) leicht ein Brand entstehen kann.
- Motorhaube öffnen und mit einem Bleistift die Umrisse der Motorhaubenscharniere am Blech anzeichnen. Die Scharnierschrauben entfernen. Zu dieser Arbeit sollte eine zweite Person zur Verfügung stehen, damit die Haube nicht abrutschen und die Lackflächen der Kotflügel beschädigen kann. Die Befestigungsschrauben der Haube bis auf je eine Schraube im Scharnier vollkommen entfernen und danach die beiden letzten Schrauben herausdrehen, während die Haube gehalten wird.
- Kühlerverschlußdeckel abschrauben und die beiden Ablaßhähne öffnen (an der Unterseite des Kühlers und auf der linken Seite des Zylinderblocks). Falls erwünscht, kann das Kühlmittel aufgefangen werden, da es Frostschutz enthält.
- Motorenöl ablassen. Dazu einen Behälter unter den Ablaßstopfen setzen und den Stopfen herausdrehen. Warten, bis das Öl vollkommen abgelaufen ist und den Stopfen sofort wieder einschrauben.
- Schlauchschellen des oberen und unteren Kühlwasserschlauchs entfernen (an der Motorseite).
- Die vier Befestigungsschrauben des Kühlers entfernen und den Kühler zusammen mit den noch daran angebrachten Wasserschläuchen herausheben. Die Schläuche können natürlich auch vom Kühler abgezogen werden, falls diese Methode bevorzugt wird.
- Luftfilter abschrauben.
- Die zur Startautomatik am Vergaser führenden Schläuche abschließen.
- Gasgestänge vom Anschluß am Vergaser entfernen.
- Hintere Heizungsschläuche vom Motor entfernen.
- Leitung des Wärmefühlers für das Fernthermometer abklemmen.
- Die elektrischen Kabel der Drehstromlichtmaschine, des Anlassers und die kleine Leitung an der Seite des Zündverteilers abklemmen. Die Leitungsenden sollten in geeigneter Weise gekennzeichnet werden (Klebband um Enden wickeln und Anschluß darauf schreiben), so daß man sie wieder richtig anschließen kann.
- Kerzenkabel von den Kerzen abziehen.
- Federspangen des Zündverteilers zurückdrücken und den gesamten Verteilerkopf herunternehmen (ebenfalls das mittlere Kabel aus dem Verteiler ziehen).
- Muttern des Auspuffkrümmers abschrauben und das Rohr vom Auspuffkrümmer lösen. Diese Arbeiten lassen sich vielleicht besser von unten durchführen.
- Unterdruckleitung des Zündverteilers vom Vergaser und Zündverteiler abziehen, da sie leicht bei späterer Zerlegung verloren gehen kann.
- Unterdruckleitung für den Bremskraftverstärker vom Ansaugkrümmer abziehen und am Bremskraftverstärker hängen lassen.
- Eine zweite Leitung befindet sich ebenfalls am Ansaugkrümmer (Belüftungsleitung), die ebenfalls abgezogen werden kann.
- Kraftstoffleitung an der Pumpe abschrauben und vom Vergaser entfernen.
- Den gesamten Ansaugkrümmer zusammen mit dem daran angebrachten Vergaser ausbauen.
- *Falls ein Öldruckmesser eingebaut ist,* befindet sich eine Metall-Leitung am Motor, die vom Anschluß zu trennen ist.
- Fahrzeug an der Vorderseite aufbocken und auf sichere Böcke stellen.
- *Falls ein Schutzschild für die Ölwanne vorhanden ist,* dieses abschrauben.
- Anlasser von unten ausbauen.
- *Bei eingebautem Wechselgetriebe* die Schrauben zwischen Motor und Getriebe an der Unterseite lösen und das Abdeckblech für die Kupplung abschrauben.
  Bei eingebautem automatischen Getriebe sind die gleichen Arbeiten durchzuführen, mit dem Unterschied, daß eine Verstärkungs-

platte zwischen Motor und Kupplungsgehäuse dabei frei wird. Die Kurbelwelle ist entsprechend durchzudrehen, um die zur Verbindung zwischen dem Drehmomentwandlergehäuse und der Mitnehmerplatte dienenden Schrauben zu erreichen.

- Eine Seilschlinge um den Motor legen und mit einem Kran oder Flaschenzug das Gewicht des Motors soeben aufnehmen.
- Die unteren Befestigungsschrauben von den beiden vorderen Motoraufhängungen entfernen.
- Wagen wieder auf den Boden ablassen, jedoch gleichzeitig den Flaschenzug (Kran) betätigen, damit der Motor weiterhin unter leichter Spannung bleibt.
- Einen Wagenheber unter das Getriebe untersetzen, um das Gewicht des Getriebes aufzunehmen (wir nehmen an, daß dieses im Fahrzeug verbleibt).
- Die verbleibenden Kupplungsgehäuseschrauben vom Motor lösen. Um an die hinter dem Ölmeßstabrohr liegende Schraube zu kommen, könnte es sein, daß man das Ölmeßstabrohr ausbauen muß.
- Motor nach vorn ziehen, bis die Kupplungswelle aus dem Eingriff mit der Mitnehmerscheibe kommt (bei Wechselgetriebe). Als Richtlinie gilt, daß mindestens 75 mm Zwischenraum zwischen Motor und Getriebe vorhanden sein müssen, ehe dies der Fall ist.
- Motor vorsichtig herausheben, aber nur Stück für Stück und ständig kontrollieren, daß keine Leitungen oder Anschlüsse noch am Motor angeschlossen sind.

ACHTUNG: Darauf achten, daß das Gewicht des Motors beim Herausheben niemals auf der Kupplungswelle ruhen kann, da dadurch entweder die Welle verbogen werden kann, oder man beschädigt die Mitnehmerscheibe in der Kupplung.

V4- und V6-Motoren

Da die V-Motoren im allgemeinen die gleiche Konstruktion haben, gelten die angeführten Arbeiten unter dieser Überschrift für beide Aggregate. Der Motor hat entweder 4 (1700 ccm) oder 6 (2,0, 2,3, 2,6 oder 3,0 Liter) in V-Form angeordnete Zylinder, welche im 60°-Winkel schräg stehen. Die Nockenwelle läuft bei allen Ausführungen in der Mitte zwischen den beiden Zylinderreihen. Die Kurbelwelle ist bei V4-Motoren dreifach und bei V6-Motoren vierfach gelagert. Die Aufnahme des Axialdrucks und somit Regulierung des Axialspiels der Kurbelwelle erfolgt beim V4-Motor durch Anlaufscheiben auf jeder Seite des mittleren Kurbelwellenlagers, während bei den V6-Motoren diese Scheiben links und rechts des vorderen Zwischenlagers, d. h. des zweiten Lagers von vorn eingesetzt sind. Zum einwandfreien Rundlauf des Motors ist der V4 mit einer Ausgleichswelle versehen, welche sich entgegengesetzt zur Kurbelwelle dreht und mit der gleichen Drehzahl wie diese läuft. Die Ausgleichswelle wird durch ein Zahnrad vom Steuerrad der Kurbelwelle angetrieben.

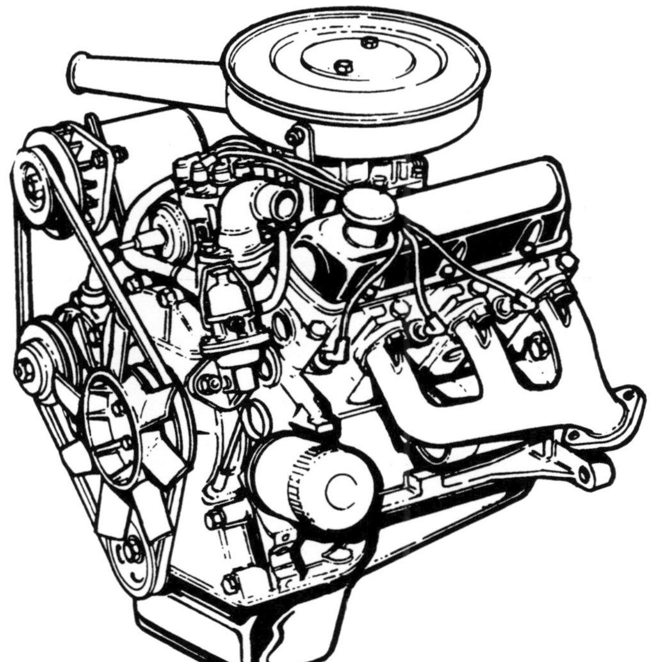

Bild 2
Ansicht des Sechszylindermotors mit Hubraum von 3,0 Liter. Zylinder in V-Anordnung. Dieser Sechszylindermotor unterscheidet sich in der Konstruktionsweise von den anderen V6-Motoren.

- Motorhaube abschrauben. Dazu die Scharniere mit einem Bleistift am Motorhaubenblech anzeichnen, die Schrauben lösen und die Haube mit Hilfe einer zweiten Person vom Fahrzeug heben.
- Batteriekabel an beiden Polen abklemmen und die Batterie am besten vollkommen ausbauen, um sie vor Schäden zu bewahren und Kurzschlüsse zu vermeiden.
- Kühlanlage entleeren, indem man die Hähne an der Unterseite des Kühlers und am Zylinderblock öffnet. Kühlmittel auffangen, falls es wieder verwendet werden soll (es befindet sich Frostschutz darin).
- Luftfilter (Ansauggeräuschdämpfer) ausbauen.
- Luftleitblech und Kühler ausbauen, um genügend Raum zum Herausheben des Motors zu schaffen.
- Die Betätigungseinrichtungen des Vergasers abschließen, je nach der Ausführung, wobei bei Fahrzeugen mit automatischem Getriebe ebenfalls das Seil zum Herunterschalten abzuschließen ist.
- Kraftstoffleitung von der Kraftstoffpumpe abschließen. Falls erforderlich (sollte der Tank zu voll sein), ist das Ende der Kraftstoffleitung in geeigneter Weise zuzustopfen, damit kein Kraftstoff auslaufen kann, wenn die Leitung niedriger als der Kraftstoffspiegel im Tank kommt.
- Unterdruckleitungen vom Ansaugkrümmer abziehen.
- Zündkabel von den Kerzen abziehen.
- Das mittlere Kabel aus dem Zündverteiler herausziehen.
- Niederspannungskabel (das kleine) von der Seite des Zündverteilers abschrauben.
- Verteilerkappe nach Zurückschnappen der Federspangen abnehmen.
- Leitungen von der Drehstromlichtmaschine abklemmen.
- Drehstromlichtmaschine, Keilriemen und Aufhängung der Lichtmaschine entfernen.
- Leitung vom Wärmefühler des Fernthermometer abschließen.
- Leitung des Öldruckmessers vom Anschluß abschrauben.
- Anlasserkabel abklemmen.
- Anlasser vollkommen ausbauen. Alle Leitungsanschlüsse sollten in geeigneter Weise gekennzeichnet werden, damit sie wieder in ursprünglicher Weise angeschlossen werden können.
- Auspuffkrümmer vom Auspuffrohr abschrauben. *Beim 3,0-Liter-Motor* könnte es vielleicht besser sein, wenn man beide Auspuffkrümmer ausbaut, um mehr Raum zum Herausheben des Motors zu schaffen.
- Fahrzeug aufbocken und sichere Unterstellböcke unterstellen.
- *Falls ein Schutzblech für die Ölwanne eingebaut ist,* sollte dieses ausgebaut werden.
- Deckel von der Unterseite des Kupplungsgehäuses abschrauben.
- *Bei Ausführungen mit automatischem Getriebe* den Motor durchdrehen, bis man die Schrauben erreichen kann, die das Drehmomentwandlergehäuse mit der Antriebsplatte verbinden. Diese Schrauben der Reihe nach lösen. Bei dieser Version ebenfalls das Einfüllrohr für die Getriebeflüssigkeit am Getriebe lösen.
- *Bei Fahrzeugen mit Wechselgetriebe* den Kupplungsbetätigungs-Mechanismus lösen und die unteren Schrauben zwischen Motor und Kupplungsgehäuse entfernen.
- Fahrzeug wieder auf die Räder ablassen.
- Eine geeignete Seilschlinge um den Motor legen und das Ende des Seiles an einem geeigneten Kran oder Flaschenzug hängen.
- Vordere Motoraufhängungen vom Querträger abschrauben.
- Alle verbleibenden Schrauben zwischen Motor und Getriebe lösen.
- Einen Wagenheber unter das Getriebe setzen.
- Getriebe leicht anheben, bis der Motor aus den Aufhängungen gehoben wird und gleichzeitig durch Betätigen des Hebezeuges den Motor nach vorn herausziehen, bis die Kupplungswelle aus dem Eingriff mit der Mitnehmerscheibe der Kupplung kommt.
- Motor vorsichtig aus dem Motorraum herausheben, aber darauf achten, daß keine Anschlüsse am Motor übersehen wurden.

ACHTUNG: Darauf achten, daß das Gewicht des Motors beim Herausheben niemals auf der Kupplungswelle ruhen kann, da dadurch entweder die Welle verbogen werden kann, oder man beschädigt die Mitnehmerscheibe in der Kupplung.

Einbau des Motors

(Alle Ausführungen)

Der Einbau des Motors geschieht in umgekehrter Reihenfolge wie der Ausbau, jedoch sind die folgenden Punkte zu beachten:

— Wenn der Motor mit der Mitnehmerscheibe in Eingriff mit der Kupplungswelle gebracht wird, ist darauf zu achten, daß der Motor gut gegen das Getriebe anliegt, ehe man versucht, die Schrauben zwischen Motor und Getriebe einzusetzen. Nicht den Motor durch Anziehen dieser Schrauben an das Getriebe heranzwingen, da es sein könnte, daß die Keilverzahnungen der Kupplungswelle noch nicht im Eingriff sind. Ebenfalls das Gewicht des Motors nicht auf der Kupplungswelle ruhen lassen. Ein Gang kann eingeschaltet werden, um die Kupplungswelle ruhig zu halten.

— Falls die Auspuffkrümmer ausgebaut wurden, neue Dichtungen bei der Montage verwenden.

— Motor mit der erforderlichen Menge Kühlmittel füllen. Falls neues Frostschutzmittel gemischt werden soll, darauf achten, daß die vorgeschriebene Menge verwendet wird. Darauf achten, daß beide Ablaßhähne geschlossen sind.

— Motor mit der vorgeschriebenen Menge des empfohlenen Motorenöls füllen. Vor dem Einfüllen nochmals kontrollieren, ob der Ablaßstopfen eingeschraubt und vor allem festgezogen ist.

— Abschließend Kupplungsseil einstellen, wie es im Abschnitt «Kupplung» weiter hinten beschrieben ist.

— Ventilspiel einstellen und Motor in Gang setzen. Falls erforderlich, den Zündzeitpunkt und den Vergaser einstellen. Diese Arbeiten sind in den betreffenden Abschnitten weiter hinten beschrieben.

Der Zylinderkopf

Aus- und Einbau des Zylinderkopfes – OHC-Motoren

Bei der folgenden Beschreibung werden jene Arbeiten beschrieben, die erforderlich sind, wenn sich der Zylinderkopf auf dem eingebauten Motor befindet. Falls der Motor, wie weiter vorn beschrieben, ausgebaut wurde, sind die nicht notwendigen Arbeiten zu übersehen.

- Batteriemassekabel abklemmen.
- Motorhaube abschrauben. Lage der Scharniere vor dem Ausbau mit einem Bleistift am Motorhaubenblech anzeichnen und eine zweite Person zum Abheben der Haube zur Hilfe nehmen.
- Kühlanlage durch Öffnen des Kühlerablaßhahnes entleeren, so daß das Kühlmittel mindestens unterhalb der Höhe des Zylinderkopfes steht. Frostschutzmittel auffangen, falls es wieder verwendet werden soll.
- Oberen Kühlerschlauch vollkommen abnehmen.
- Elektrisches Kabel des Wärmefühlers für das Fernthermometer abklemmen.
- Luftfilter ausbauen.
- Gasbetätigungsseil abschließen.
- Zündkerzenkabel von den Kerzen abziehen und auf eine Seite legen.
- Auspuffkrümmer vom Auspuffrohr abschrauben und das Rohr nach unten drücken, damit es vom Krümmer frei wird.
- Schutzdeckel des Steuerantriebs abschrauben.
- Spannrolle für den Zahnriemen lockern und durch Anziehen der Mutter in der gelockerten Stellung festspannen.
- Zahnriemen sehr vorsichtig von den Riemenscheiben nehmen.

> ACHTUNG: Zahnriemen nicht knicken und nicht so zusammenlegen, daß die Radien an den Enden des Riemens zu klein werden.

- Zylinderkopfhaube abschrauben und die Dichtung wegwerfen.
- Wasserschläuche, Kraftstoffleitung und Unterdruckleitung vom Ansaugkrümmer abschließen.
- Den kompletten Zylinderkopf jetzt abschrauben. Die Schrauben jedoch in umgekehrter Reihenfolge wie in Bild 3 gezeigt lösen. Ein Spezialschlüssel (21-002) ist für diese Arbeit erforderlich, da die Zylinderkopfschrauben mit Kerbverzahnungen in den Köpfen versehen sind.
- Zylinderkopf vorsichtig herunterheben und die Zylinderkopfdichtung wegwerfen.

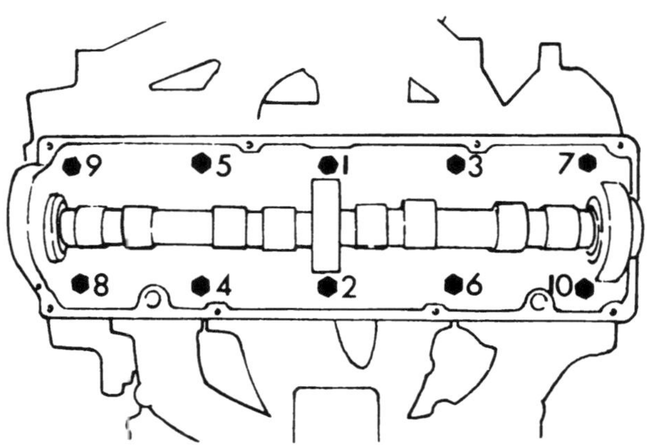

Bild 3
Anzugsreihenfolge der Zylinderkopfschrauben des 2,0 Liter OHC-Motors. Beim Lösen sind die Schrauben in umgekehrter Reihenfolge zu lockern.

Vor dem Einbau des Zylinderkopfes die Dichtflächen von Zylinderkopf und Zylinderblock einwandfrei reinigen.

- Zwei Führungsstifte (21-003) an zwei schräg gegenüberliegenden Enden in den Zylinderblock einschrauben.
- Zylinderkopfdichtung über die beiden Stifte legen.
- Zylinderkopf aufsetzen und alle Schrauben fingerfest anziehen, ehe die beiden Führungsstifte herausgedreht werden. Falls die genannten Führungsstifte nicht beschafft werden können, können auch normale Stiftschrauben des passenden Durchmessers benutzt werden.
- Zylinderkopfschrauben gleichmäßig in der in Bild 3 gezeigten Reihenfolge in drei Stufen (4,0 bis 4,5 mkp, 6,0 bis 7,0 mkp und 9,0 bis 11,0 mkp) auf das entsprechende Anzugsdrehmoment anziehen.

ACHTUNG: Nach dem Wiedereinbau des Zylinderkopfes den Motor 15 Minuten lang mit einer Drehzahl von 1000 U/min laufen lassen und danach die Zylinderkopfschrauben in der vorschriftsmäßigen Reihenfolge erneut auf ein Anzugsdrehmoment von 9,0 bis 11,0 mkp anziehen.

- Steuerung einstellen. Dazu den Motor durchdrehen, bis der Kolben des ersten Zylinders im o.T. Verdichtungshub steht, d. h. die Ventile dieses Zylinders sind geschlossen (beide Ventile haben Ventilspiel). Außerdem sind die Markierungen an Schwungrad und Kurbelgehäuse in einer Linie. Der Läuferarm des Zündverteilers zeigt zum Zündsegment und Zündkabel für den ersten Zylinder (Verteilerkappe kurz abnehmen). Nockenwelle durchdrehen, bis die Steuermarkierung, wie in Bild 4 gezeigt, ausgerichtet ist, und den Steuerzahnriemen vorsichtig auf die Steuerräder auflegen. Die Spannrolle durch Lok-

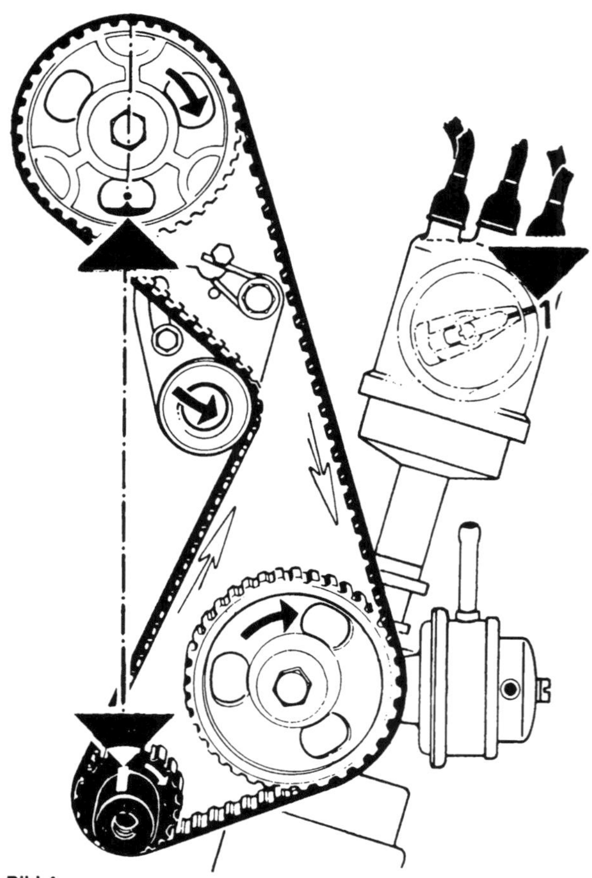

Bild 4
Zur Einstellung der Steuerung beim 2,0 Liter OHC-Motor. Die beiden Pfeile weisen auf die Steuerzeichen des Kurbelwellenrades (unten) und Nockenwellenrades (oben).

kern der Befestigung zurücklassen und den Motor zweimal durchdrehen. Spannrolle danach wieder anziehen. Auf diese Weise wird der Zahnriemen einwandfrei gespannt.

- Dichtung der Zylinderkopfhaube auflegen, aber darauf achten, daß die Enden der offenen Dichtung einwandfrei miteinander zusammengesetzt werden.
- Zylinderkopfhaube in der in Bild 5 gezeigten Reihenfolge anziehen, wobei jedoch darauf zu achten ist, daß die Schrauben in der folgenden Weise anzuziehen sind:

Stufe 1:	1. bis 6. Schraube	0,5—0,7 mkp
Stufe 2:	7. und 8. Schraube	0,2—0,25 mkp
Stufe 3:	9. und 10. Schraube	0,5—0,7 mkp
Stufe 4:	7. und 8. Schraube	0,5—0,7 mkp

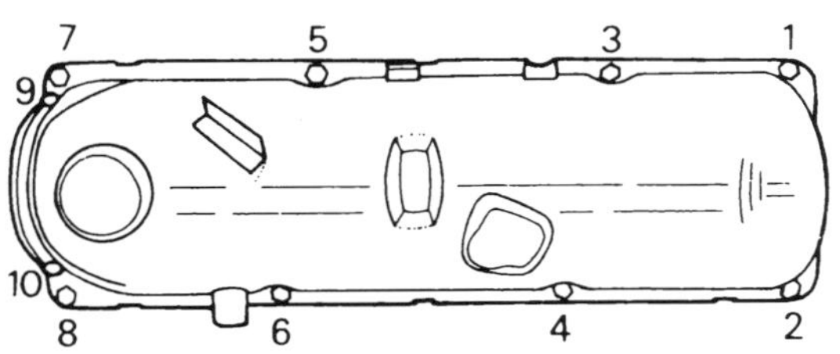

Bild 5
Die Anzugsreihenfolge der Schrauben für die Zylinderkopfhaube beim 2,0 Liter OHC-Motor.

- Schutzdeckel des Zahnriemens anschrauben.
- Alle Schläuche an Vergaser und Ansaugkrümmer anschließen.
- Leitung am Wärmefühler des Fernthermometers anklemmen.
- Oberen Kühlerschlauch montieren.
- Auspuffrohr am Krümmer anschrauben.
- Gasbetätigungszug anbringen.
- Luftfilter aufbauen.
- Kühlanlage auf den richtigen Stand mit Frostschutz füllen.
- Motorhaube montieren.
- Masseband der Batterie anschließen.

Zerlegen des Zylinderkopfes — OHC-Motoren

Die Nockenwelle bildet zwar einen Teil des Motors, wird aber in dieser Reparaturanleitung unter getrennter Überschrift beschrieben. Die Arbeitsweise der Ventile ist aus Bild 6 ersichtlich und zeigt den Spezialstößel und die Befestigungsfeder. Das Ventilspiel wird weiter hinten

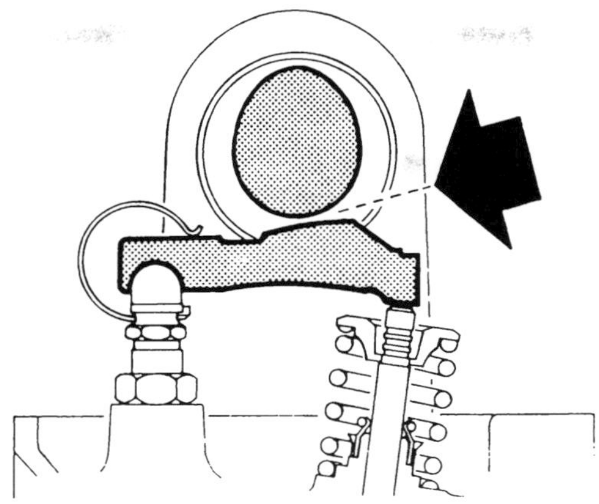

Bild 6
Anordnung des Ventilbetätigungsmechanismus beim OHC-Motor. Der Pfeil zeigt auf die Stelle an welcher das Ventilspiel zu messen ist.

unter der betreffenden Überschrift erwähnt. Es soll aber bereits jetzt darauf hingewiesen werden, daß die Einstellung des Ventilspiels durch Verstellen der Schraube mit dem Kugelende erfolgt. Für den Ausbau der Ventile als erstes den Krümmer und das Thermostat ausbauen, falls dies noch nicht durchgeführt wurde. Danach folgende Arbeiten durchführen:

- Steuerrad der Nockenwelle abschrauben.
- Druckplatte entfernen. Der dahinter befindliche Öldichtring ist normalerweise mit einem Spezialwerkzeug herauszuziehen.
- Federn der Nockenstößel entfernen und die Nockenstößel ausbauen.
- Ausbau der Ventile: Das in Bild 7 gezeigte Werkzeug zwischen Nockenwelle und Ventilfederteller einsetzen und den Ventilfederteller nach unten drücken, bis man die Ventilkegelhälften herausnehmen kann. Das Ventil muß von der anderen Seite durch Unterlegen eines Holzklotzes jedoch gut gegengehalten werden. Falls kein Ventilheber zur Verfügung steht, ein Stück Rohr des geeigneten Durch-

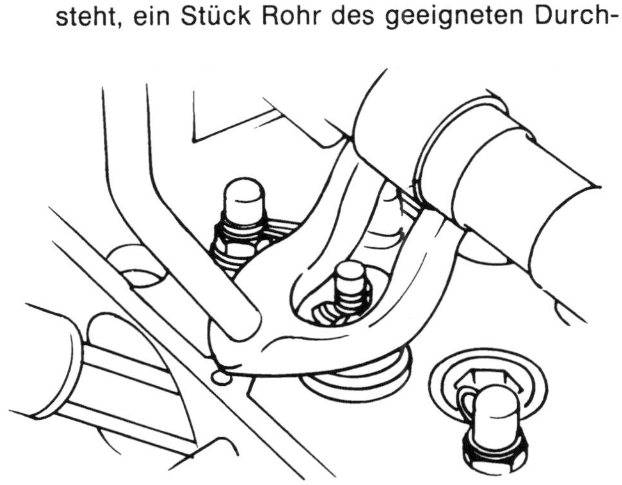

Bild 7
Ausbau eines Ventils beim OHC-Motor. Ventilheber in gezeigter Weise ansetzen, bis sich die Kegelhälften herausnehmen lassen.

messers auf den Ventilfederteller aufsetzen und mit einem Hammer auf das Rohr schlagen. Die Ventilkegelhälften springen dabei heraus und verbleiben im Inneren des Rohres. Ventile nach dem Ausbau in der ursprünglichen Montagereihenfolge zusammenhalten. Am besten ist es, wenn man sie der Reihe nach durch ein Stück Pappe stößt. Ein Ende der Pappe mit «Vorn» kennzeichnen, was die Vorderseite des Motors darstellt.

- Halteplatte der Nockenwelle am Zylinderkopf abschrauben und die Nockenwelle zur Rückseite des Zylinderkopfes zu herausziehen.
- Die Ölfangkappen von den Stößelstangen entfernen.
- Die kugelendigen Schrauben herausdrehen, falls sie Zeichen von Verschleiß zeigen.
- Ventile aus den Führungen ziehen.

Aus- und Einbau des Zylinderkopfes — V-Motoren

- Masseband der Batterie abklemmen.
- Kühlanlage ablassen, indem man den Wasserhahn an der Unterseite des Kühlers öffnet. Falls erwünscht, auslaufendes Frostschutzmittel auffangen.
- Motorhaube abschrauben, um besseren Zugang zu den Teilen zu erhalten.
- Luftfilter und Belüftungsschlauch abmontieren.
- Gasgestänge aushängen.
- Verteilerkappe entfernen.
- Unterdruckleitung für die Zündverstellung abziehen.
- Kraftstoffleitung vom Vergaser abschließen.
- Alle elektrischen Leitungen und Schläuche entfernen, die am Zylinderkopf angeschlossen sind.
- Drehstromlichtmaschine zusammen mit ihrem Aufhängungsbügel ausbauen, wobei der Keilriemen ebenfalls abgenommen werden kann.
- Zylinderkopfhauben von beiden Zylinderreihen abschrauben.
- Zündverteiler und Vergaser ausbauen (siehe betreffende Abschnitte).
- Ansaugkrümmer abschrauben und die Krümmer vorsichtig mit einem Schraubenzieher von den Zylinderköpfen abdrücken, ohne den Schraubenzieher jedoch zwischen die beiden Dichtflächen einzusetzen.
- Kipphebelwellen ausbauen (der 3,0-Liter-Motor besitzt einzelne Kipphebel).
- Stößelstangen herausziehen und in ihrer Reihenfolge zusammenhalten. Stößelstangen der Reihe nach durch ein Stück Pappe stossen, wobei ein Ende der Pappe mit «Vorn» zu kennzeichnen ist.
- Zylinderkopfschrauben in entgegengesetzter Reihenfolge wie in Bild 8 gezeigt lockern.

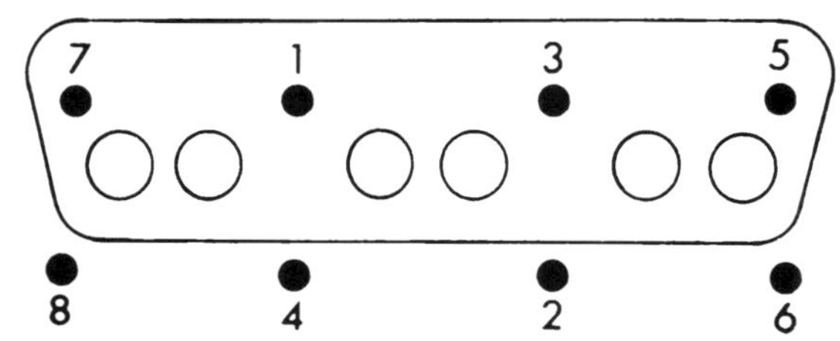

Bild 8
Die Anzugsreihenfolge der Zylionderköpfe bei den V6-Motoren. Beim Lösen sind die Schrauben in umgekehrter Reihenfolge zu lockern.

- Zylinderköpfe zusammen mit den Dichtungen herunterheben. Die Köpfe nicht mit der flachen Seite auf eine Werkbank legen, falls die Zündkerzen noch eingeschraubt sind, da die Kerzengewinde unten über die Fläche herausstehen.

Vor dem Einbau der Zylinderköpfe die Dichtflächen von Zylinderköpfen und Zylinderblock einwandfrei reinigen.

- Zwei Führungsstiftschrauben in zwei schräg gegenüberliegende Ecken einschrauben. Diese Arbeit ist natürlich an beiden Köpfen durchzuführen.
- Zylinderkopfdichtungen über die Führungsstiftschrauben auflegen.
- Zylinderköpfe aufsetzen.
- Alle Schrauben einschrauben und am Ende die Führungsstiftschrauben durch die Zylinderkopfschrauben ersetzen.
- Zylinderkopfschrauben in mehreren Stufen auf das vorgeschriebene Anzugsdrehmoment in der in Bild 8 gezeigten Reihenfolge anziehen. Die Anzugsdrehmomente der verschiedenen Motoren in dieser Gruppe sind der Maß- und Einstelltabelle (Seite 139) zu entnehmen. Zu beachten ist, daß der Motor nach einem kurzen Warmlaufen nochmals

das Anziehen der Zylinderkopfschrauben auf das vorgeschriebene Anzugsdrehmoment verlangt.

- Führungsplatten der Stößelstangen anbringen und die Stößelstangen in ursprünglicher Reihenfolge wie beim Ausbau wieder einsetzen.
- Kipphebelwellen (oder die Einzelkipphebel des 3,0-Liter-Motors) montieren.
- Ventilspiele einstellen, wie es weiter hinten unter der betreffenden Überschrift beschrieben ist.
- Ansaugkrümmer mit neuer Dichtung montieren.
- Die Schrauben des Krümmers in der vorschriftsmäßigen Reihenfolge anziehen und zwar zuerst die Schrauben an den Außenseiten und danach die Schrauben in der Mitte (zwei beim V4 oder 4 beim V6) anziehen. Die Schrauben in der Nähe des Wasserstutzenanschlusses sind die ersten beiden Schrauben und danach die Schrauben am gegenüberliegenden Ende. Das Anzugsdrehmoment ist der Maß- und Einstelltabelle (Seite 139) zu entnehmen. Ebenfalls sind die Ansaugkrümmerschrauben bei warmem Motor nachzuziehen, jedoch erst nach Nachziehen der Zylinderköpfe.
- Zylinderkopfhauben anbringen.
- Dichtungsmasse auf die Dichtungen zwischen Ansaugkrümmer und Zylinderkopf streichen.
- Zylinderkopfhaube mit der Öleinfüllkappe auf die linke Seite montieren.
- Alle verbleibenden Teile in umgekehrter Reihenfolge wie beim Ausbau wieder montieren.
- Kühlanlage auffüllen.
- Motor laufen lassen und auf Leckstellen kontrollieren.

Zerlegen des Zylinderkopfes – V-Motoren

- *Beim 3,0-Liter-Motor* die Kipphebel durch Abschrauben der Einstellmuttern ausbauen.
- Stößelstangenführungen aus dem Zylinderkopf herausziehen. Sofort kontrollieren, ob die Stiftschrauben fest im Zylinderkopf sitzen.
- Ventilfedern mit einem geeigneten Ventilheber zusammendrücken (Bild 9 zeigt diese Arbeit am 3,0-Liter-Motor) und die Ventilkegelhälften herausnehmen. Druck des Werkzeuges vorsichtig zurücklassen und Ventilfederteller, Ventilfeder und den Öldichtring abnehmen.

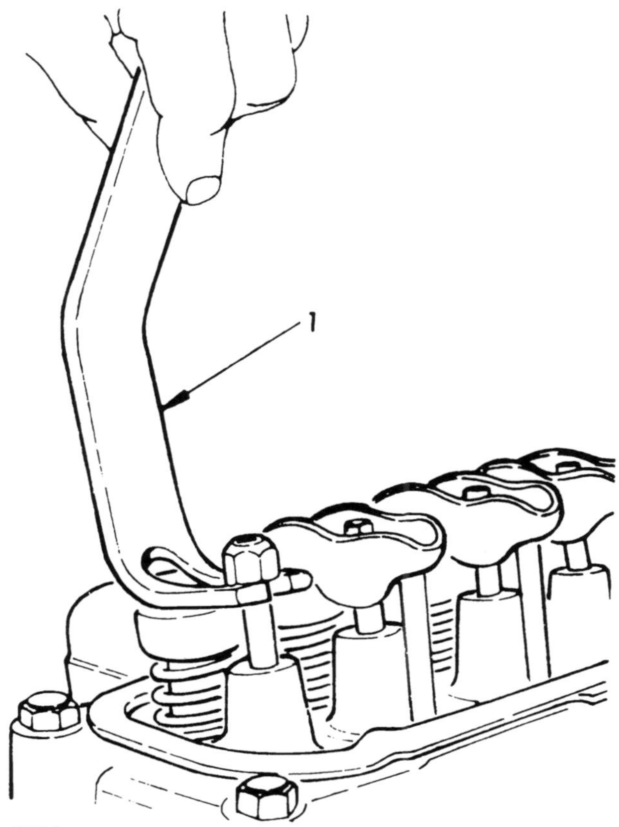

Bild 9
Zum Ausbau der Ventile bei der 3,0 Liter-Ausführung. Den Ventilheber (1) wie gezeigt ansetzen und die Ventilfedern zusammendrücken.

- Ventile aus der anderen Seite des Zylinderkopfes herausziehen.
- Ventile der Reihe nach durch ein Stück Pappe stoßen. Ein Ende der Pappe mit «Vorn» kennzeichnen, was die Vorderseite des Motors darstellt.

Überholen des Zylinderkopfes – Alle Motoren

Kipphebelmechanismus

Einzelne Gußeisenkipphebel werden beim 3,0-Liter-Motor und beim 2,0-Liter-Motor verwendet. Beim 3,0-Liter-Motor sind Stiftschrauben in den

Zylinderkopf eingepreßt und selbstsichernde Muttern werden zum Befestigen und Einstellen der Kipphebel verwendet. Falls die Stiftschrauben lose oder verschlissen sind, müssen sie ausgetauscht werden. Zwei Muttern gegeneinander auf die Stiftschrauben drehen und einen Schlüssel an der unteren Mutter ansetzen, um die Stiftschraube herauszudrehen. Der Zylinderkopf ist danach auf die entsprechende Bohrungsgröße aufzureiben, um Übergröße-Stiftschrauben einzupassen. Stiftschrauben sind entweder mit «B» (+0,076 mm) oder «C» (+0,06 mm) Übergröße erhältlich. Falls neue Stiftschrauben eingepreßt werden, sind die Stößelstangenführungen ebenfalls zu erneuern.
Bei den verbleibenden Motoren arbeiten die Kipphebel auf einer Kipphebelwelle. Federspannstifte dienen zur Befestigung der Teile auf der Welle. Nach dem Ausschlagen der Stifte können die Teile von der Welle gezogen werden. Teile unbedingt in ihrer ursprünglichen Einbaureihenfolge zusammenhalten. Abgesehen von der Zusammenhaltung der Teile eines Zylinderkopfes muß außerdem darauf geachtet werden, daß die Teile der beiden Zylinderköpfe nicht verwechselt werden.
Die Kontaktfläche der Kipphebel mit dem Ende der Ventilschäfte muß sauber und glatt sein. Kleine Druckstellen können mit einem Ölstein wegpoliert werden. Laufflächen der Kipphebel auf der Kipphebelachse, sowie die Bohrungen der Kipphebel kontrollieren. Es dürfen keine Riefen oder Druckstellen vorhanden sein. Gegebenenfalls Teile ersetzen. Ölbohrungen mit Preßluft säubern. Die kugeligen Enden der Einstellschrauben müssen ohne Riefen oder Druckstellen sein. Verschlußscheiben in die Kipphebelachse einsetzen. Eine Spannhülse einschlagen

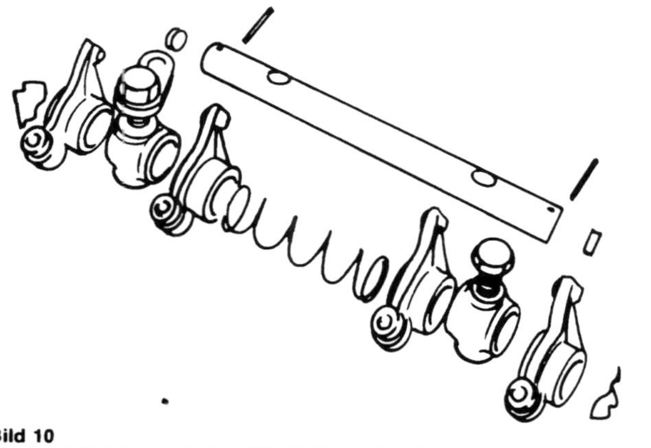

Bild 10
Montagebild der zerlegten Kipphebelwelle. Gezeigt ist die Welle des V4-Motors.

und die Einzelteile in ihrer ursprünglichen Reihenfolge wieder auf die Welle schieben (es sei denn, Teile wurden erneuert). Der Kipphebelbock mit dem Ölauslaß ist so aufzuschieben, daß er an der rechten Motorseite nach hinten, an der linken Motorseite nach vorn kommt. Bild 10 zeigt ein Montagebild einer Kipphebelwelle (V4-Motor).

Ventilsitze

> WICHTIG: Die Einlaßventilsitze sind mit einem Aluminiumüberzug versehen und dürfen nicht nachgefräst oder nachgeschliffen werden. Falls die Ventile ausgeschlagen oder andernfalls beschädigt sind, müssen neue Ventile eingebaut werden. Falls die Sitze im Zylinderkopf eingeschliffen werden müssen, so ist ein Ventil zu verwenden, welches später beim Zusammenbau nicht verwendet wird.

Die Sitze im Zylinderkopf sind mit entsprechenden Fräsern oder Schleifsteinen auf die in Frage kommenden Winkel nachzuarbeiten. Bild 11 zeigt die Maßangaben der Ventilsitze beim 3,0-Liter-Motor. Bild 12 zeigt die Winkel der verbleibenden Motoren und in Bild 13 sind die Ventilsitze des 2,0-Liter-OHC-Motors gezeigt. Zum Verringern der Ventilsitzbreite stehen Fräser mit verschiedenen Winkeln zur Verfügung. Die Angaben darüber sind den Zeichnungen zu entnehmen.
Die Ventilsitze sind gegebenenfalls mittels handelsüblicher Ventilschleifmaschine einzuschleifen, oder es sind neue Ventile zu verwenden. Es wird nochmals darauf hingewiesen, daß ein Ersatzventil zum Einschleifen der Einlaßventile zu verwenden ist. Ventile einschleifen, bis ein gasdichter Sitz erhalten wird. Sitz von der Schleifpaste säubern und mit Tuschierpaste oder Kreidestrichen quer über den Sitz die Dichtheit prüfen. Ventil dazu einsetzen und um eine Viertelumdrehung nach links oder rechts drehen. Nach Herausziehen des Ventils müssen die Tuschier- oder Kreidestriche ringsherum unterbrochen sein und der Sitz im Zylinderkopf muß mit der Mitte der Sitzfläche des Ventils zusammenfallen. Gegebenenfalls Ventile nochmals fräsen oder schleifen.

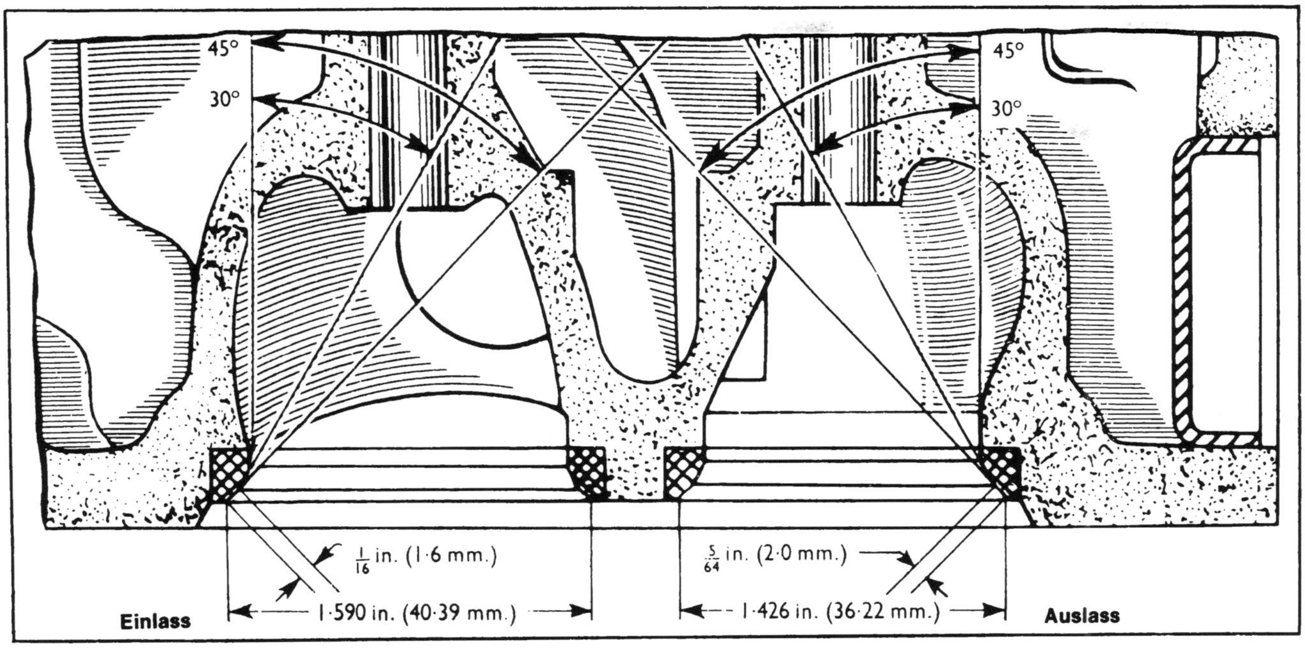

Bild 11
Die Massangaben der Ventilsitze beim 3,0-Liter Motor. Die Angaben der anderen Sechszylindermotoren sind in der Mass- und Einstelltabelle angeben.

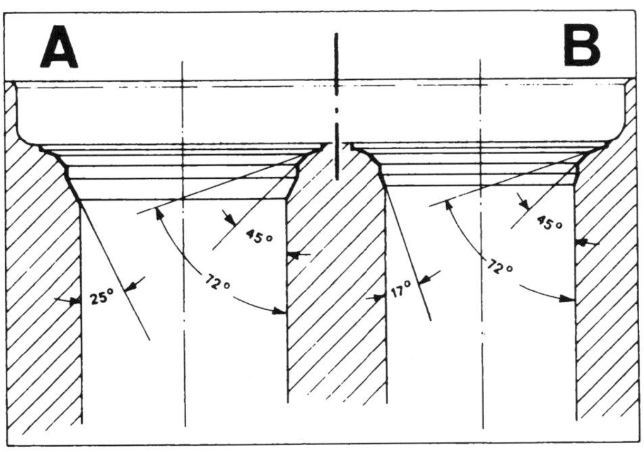

Bild 12
Ventilsitzwinkel der verschiedenen V6-Motoren und des V4-Motors.

A Sitzwinkel für Einlassventile beim V4-Motor.
B Sitzwinkel für Anlassventile beim V4-Motor und Einlass- und Auslassventile bei den übrigen Motoren.

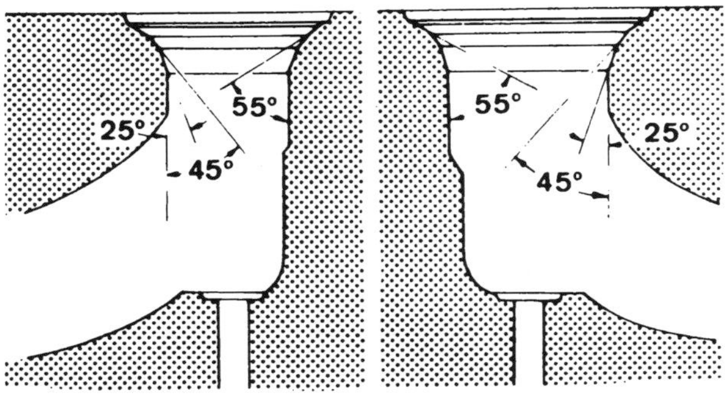

Bild 13
Die Ventilsitze beim OHC-Motor. Die beiden Korrekturwinkel geben an, von welcher Seite der Ventilsitz schmaler gemacht werden muss.

Falls die Ventilsitze sehr abgenutzt oder gar geplatzt sind, können neue Ventilsitzringe eingezogen werden, wobei der Zylinderkopf auf die entsprechenden Maße aufzubohren ist. Diese Arbeit sollten Sie einer Ford-Werkstatt überlassen, da die Ventilsitzringe unbedingt konzentrisch mit den Ventilführungen eingearbeitet werden müssen.

Ventile

Ventilschäfte auf übermäßigen Verschleiß, Riefenbildung oder Risse kontrollieren. Ein Stahllineal entlang der gut gereinigten Ventilschäfte anlegen und überprüfen, ob die Schäfte gerade sind. Verbiegungen sind nicht gestattet, da die Schäfte andernfalls in den Führungen klemmen können. Ventilteller auf Abbrand oder Narbenbildungen überprüfen. Zwischen Ventiltelleroberfläche und der Oberkante des Ventilsitzes muß noch ein bestimmtes Maß vorhanden sein. Dieses Maß wird als Ventilkantenbreite bezeichnet und darf im allgemeinen nicht kleiner als 0,8 mm betragen. Bild 14 zeigt wie dieses Maß ausgemessen wird.

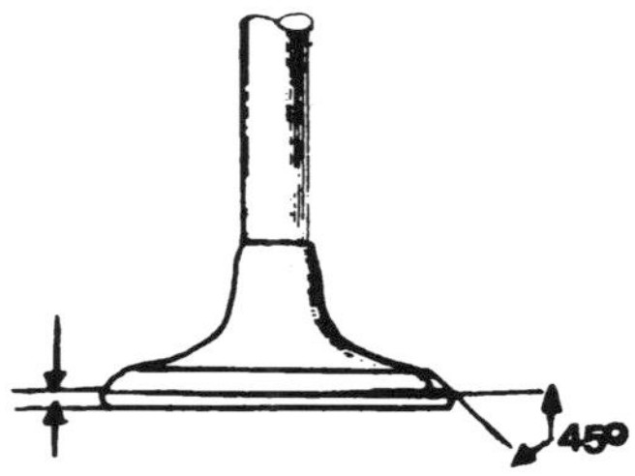

Bild 14
Beim Nachschleifen der Ventilteller darauf achten, dass das mit den beiden Pfeilen angezeigte Mass nicht weniger als 0,8 mm beträgt.

Ventilführungen

In einigen Fällen sind die Ventilführungen in den Zylinderkopf eingepreßt, jedoch wird man meistens feststellen, daß die Führungsbohrungen direkt in den Zylinderkopf eingearbeitet sind. Falls das Spiel zwischen Ventilschaft und Führung zu groß ist, können die Ventilführungen oder die Bohrungen aufgerieben werden, um Ventile mit Übergröße-Ventilschäften einzubauen. Ventile sind mit verschiedenen Ventilschaft-Übergrößen erhältlich und die entsprechenden Angaben sind der Maß- und Einstelltabelle (Seite 115) zu entnehmen, da bei den verschiedenen Motoren unterschiedliche Maße gelten.
Falls die Übergröße überschritten worden ist, können auch die Ventilführungen erneuert werden, falls welche eingezogen sind. Dazu einen passenden Dorn zum Auspressen verwenden und die neuen Führungen so einpressen, daß das glatte Ende der Führung bündig mit der bearbeiteten Fläche in der Innenseite des Ventilkanals abschneidet. Zu beachten ist, daß die Führungen für Einlaß- und Auslaßventile von unterschiedlicher Länge sind. Die Ventilsitze müssen immer nachgefräst werden, nachdem man neue Ventilführungen eingepreßt hat, um Konzentrizität zwischen Führung und Sitz zu gewährleisten.

Ventilfedern

Es ist ratsam, immer alle Ventilfedern zu erneuern, wenn der Motor eine hohe Kilometerleistung hinter sich hat. Federn können kontrolliert werden, indem man eine alte Feder Ende gegen Ende gegen eine neue Feder auf die lange Schraube steckt und eine Mutter auf die Schraube dreht (mit entsprechenden Scheiben). Muttern anziehen, bis die Federn unter Druck stehen und danach die Länge der Federn ausmessen. Falls die gebrauchte Feder um 10 % kürzer als die neue Feder ist, sollte der komplette Satz erneuert werden. Die Ventilfedern sind so einzubauen, daß das geschlossene Ende nach unten weist.

Montage des Zylinderkopfes

- Ventile, Ventilsitze, Kanäle und Dichtflächen einwandfrei reinigen. Die Innenseiten der Ventilführungen reinigen, indem man ein Stück eines in Benzin getauchten Lappen durch die Führungen zieht.
- Ventile in die entsprechenden Bohrungen einschieben.
- Neue Öldichtringe so anbringen, daß die offenen Enden zum Ventilteller weisen.
- Ventilfedern aufsetzen, mit den geschlossenen Wicklungen zum Zylinderkopf.
- Federteller aufsetzen.
- Federn mit einem Ventilheber oder unter einer Presse zusammenpressen, bis sich die Ventilkegelhälften einwandfrei in die Nuten einsetzen lassen.
- Druck des Ventilhebers zurücklassen und mit einem Hammer auf die Ventilfedern schlagen, um festzustellen, ob die Ventilkegelhälften einwandfrei sitzen.
- *Beim OHC-Motor* können die Kipphebel in umgekehrter Reihenfolge wie beim Ausbau wieder montiert werden.

Einbau des (der) Zylinderköpfe

Führungsstifte sollten verwendet werden, um den Zylinderkopf (oder die Köpfe) auf dem Block zu führen. Spezialwerkzeuge stehen dazu zur Verfügung, jedoch ist es möglich, daß man die Köpfe von zwei entsprechenden Schrauben absägt und diese als Führungsschrauben verwendet.

OHC-Motor

- Zylinderkopf auf die beiden Stiftschrauben setzen (die Dichtung muß aufgelegt sein).
- Alle Schrauben fingerfest eindrehen, ehe die Stiftschrauben entfernt werden, um die verbleibenden Schrauben einzusetzen.

- Zylinderkopfschrauben gleichmäßig in verschiedenen Stufen auf das in der Anzugsdrehmomenttabelle (Seite 139) angegebene Anzugsdrehmoment in der vorgeschriebenen Reihenfolge anziehen. Die Anzugsreihenfolge für den Motor wurde bereits in Bild 3 gezeigt.

V4- und V6-Motoren

- Stößel in die vorschriftsmäßigen Bohrungen einschieben (gut eingeölt).
- Oberseite des Zylinderblocks kontrollieren und die Dichtung auf den Block auflegen. Die Dichtungen sind mit TOP (oben) und FRONT (vorn) gekennzeichnet und sind untereinander nicht austauschbar.
- Zylinderkopf über die Stiftschrauben setzen und die Stiftschrauben herausdrehen und durch die beiden verbleibenden Schrauben ersetzen, nachdem alle Schrauben fingerfest angezogen werden.
- Gleiche Arbeiten am zweiten Zylinderkopf durchführen.
- Zylinderkopfschrauben gleichmäßig und stufenweise auf das vorgeschriebene Anzugsdrehmoment anziehen. Bild 8 zeigte bereits die Anzugsfolge der V6-Motoren. Bild 15 zeigt die Anzugsreihenfolge des V4-Motors.

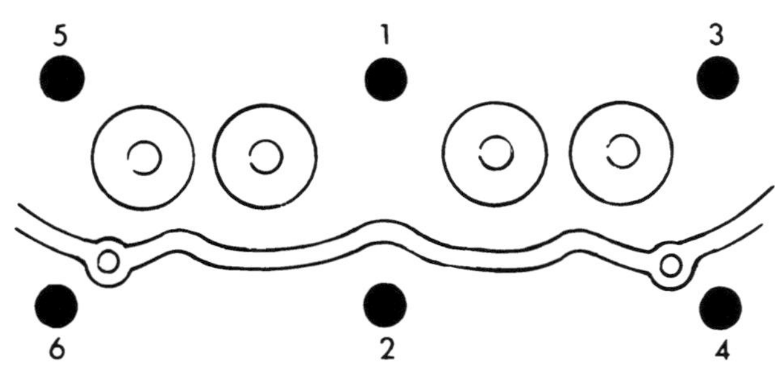

Bild 15
Anzugsreihenfolge der Zylinderkopfschrauben bei den Zylinderköpfen des 1,7 Liter V4-Motors.

- Stößelstangen in die entsprechenden Bohrungen einsetzen, aber darauf achten, daß sie genau in den Stößeln sitzen.
- *Beim 1,7, 2,0, 2,3 und 2,6-Liter-Motor* die Einstellschrauben der Kipphebel zurückstellen und die Kipphebelwellen aufsetzen. Darauf achten, daß die Kerbe in den Wellenenden nach vorn und unten weist.

  Beim 3,0-Liter-Motor die Führungsplatten montieren, und danach die Kipphebel mit den selbstsichernden Einstellmuttern anbringen.
- Bei allen Motoren ist es wichtig, daß die Kipphebel einwandfrei auf der Stößelstange aufsitzen (nur bei OHV-Motoren).
- Ventilspiele auf die vorgeschriebenen Werte im kalten Zustand einstellen. Die Spiele sind abschließend auf die «warmen Werte» zu bringen, nachdem der Motor eingebaut ist und eine Weile gefahren wurde.

Einstellen des Ventilspiels

Ventilspiele sind bei allen Motoren immer in warmem Zustand einzustellen. Um dem Motor jedoch das erforderliche Betriebsspiel zu geben, wenn er nach Reparatur zusammengebaut wird, gelten bei der Einstellung die «Kaltwerte» in der Maß- und Einstelltabelle (Seite 115).

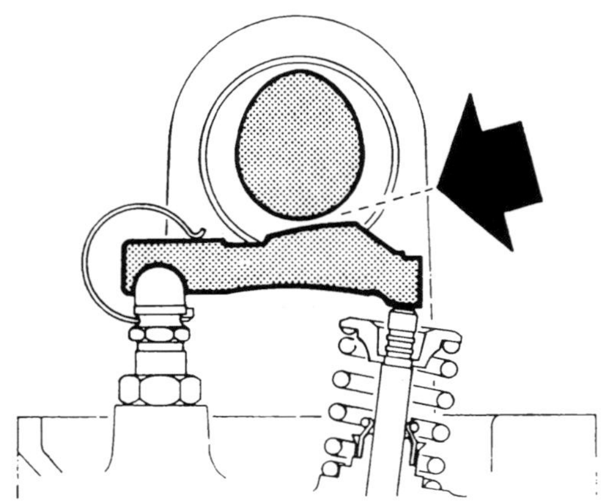

Bild 16
Ausmessen des Ventilspiels beim OHC-Motor. Mit einer Fühlerlehre zwischen dem Nocken der Nockenwelle und dem Spezialnockenstössel direkt ausmessen.

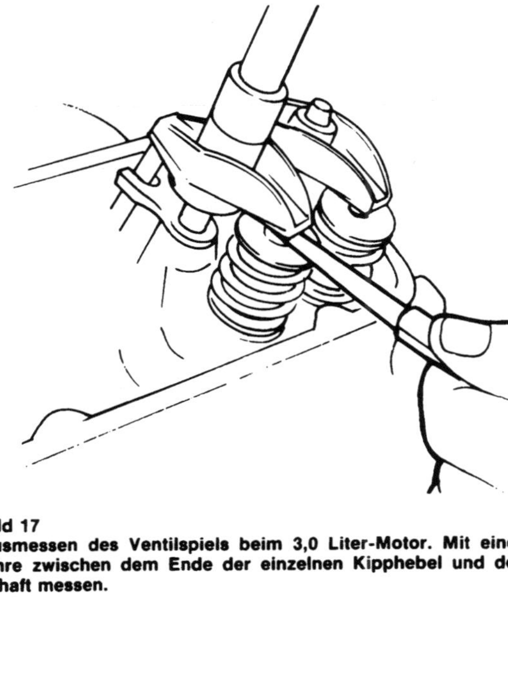

Bild 17
Ausmessen des Ventilspiels beim 3,0 Liter-Motor. Mit einer Führerlehre zwischen dem Ende der einzelnen Kipphebel und dem Ventilschaft messen.

Bei den V4- und V6-Motoren wird das Ventilspiel zwischen dem Ende des Kipphebels und dem Ventilschaft gemessen. Beim OHC-Motor wird das Spiel zwischen dem Nocken und dem Nokkenstößel gemessen. Die Meßweise für diesen Motor ist in Bild 16 gezeigt. Bild 17 zeigt die Messung des Ventilspiels beim 3,0-Liter-Motor, welcher mit einzelnen Kipphebeln versehen ist. Die Einstellung der verschiedenen Motoren erfolgt in unterschiedlicher Weise:

V4-Motor

Zum Einstellen des Ventilspiels die Mutter der Kipphebeleinstellschraube verstellen, bis eine Fühlerlehre zwischen den Kipphebel und den Ventilschaft eingeschoben werden kann. Beim Einstellen immer darauf achten, daß das betreffende Ventil vollkommen geschlossen ist. Die Riemenscheibe der Ausgleichswelle entgegengesetzt dem Uhrzeigersinn drehen (auf die Motorstirnseite gesehen) und die Riemenscheibe mit der Kerbe auf die TDC-Marke des Stirndeckels einstellen. Wird die Riemenscheibe jetzt etwas hin- und hergedreht, so überschneiden sich die Ventile am ersten oder vierten Zylinder (die Ventile bewegen sich gleichzeitig entgegengesetzt). Überschneiden die Ventile des 1. Zylinders, dann die Kurbelwelle genau eine Umdrehung weiter drehen, so daß sich die Ventile des 4. Zylinders überschneiden. In dieser Stellung jetzt die Ventile des ersten Zylinders einstellen. Dazu eine Fühlerlehre von 0,35 mm für das Einlaßventil oder 0,40 mm für das Auslaßventil zwischen Kipphebel und Ventilschaft einschieben und mit einem Ringschlüssel die selbstsichernde Einstellschraube verstellen, bis das Ventilspiel der Fühlerlehre entspricht. Die Lehre muß sich mit leichtem Zug herausziehen lassen. Kurbelwelle eine halbe Umdrehung weiterdrehen und die Ventile des dritten Zylinders einstellen. Kurbelwelle um eine halbe Umdrehung weiterdrehen und die Ventile des vierten Zylinders einstellen und abschließend Kurbelwelle nochmals eine halbe Umdrehung weiterdrehen und die Ventile des zweiten Zylinders einstellen. Von vorn gesehen sind die Ventile folgendermaßen angeordnet:

Nr. 1 = Auslaßventil	Nr. 5 = Einlaßventil
Nr. 2 = Einlaßventil	Nr. 6 = Auslaßventil
Nr. 3 = Auslaßventil	Nr. 7 = Einlaßventil
Nr. 4 = Einlaßventil	Nr. 8 = Auslaßventil

V6-Motoren

Bei den V6-Motoren ist mit Kreide auf die Kurbelwellenriemenscheibe eine entsprechende Markierung so einzuzeichnen, daß die Riemenscheibe in drei gleichmäßige Segmente eingeteilt ist. Dazu die o.T.-Marke feststellen und, von dieser ausgegangen, zweimal in zwei gleiche Felder von je 120° abzeichnen. Danach den Motor nach rechts durchdrehen (auf die Motorstirnseite gesehen), bis die nächste Markierung jeweils mit dem Zeiger am Stirndeckel in einer linie steht. Die Ventile werden auf diese Weise in der Reihenfolge der Zündfolge eingestellt, d. h. 1, 4, 2, 5, 3, 6. Da verschiedene Einstellwerte für verschiedene Motoren gelten, sind die Ventilspiele der Maß- und Einstelltabelle (Seite 115) zu entnehmen. Von vorn gesehen sind die Ventile folgendermaßen angeordnet:

Nr. 1 = Auslaßventil	Nr. 7 = Einlaßventil
Nr. 2 = Einlaßventil	Nr. 8 = Auslaßventil
Nr. 3 = Auslaßventil	Nr. 9 = Einlaßventil
Nr. 4 = Einlaßventil	Nr. 10 = Auslaßventil
Nr. 5 = Auslaßventil	Nr. 11 = Einlaßventil
Nr. 6 = Einlaßventil	Nr. 12 = Auslaßventil

OHC-Motor

Motor durchdrehen, bis der Nocken des zu prüfenden Ventils mit der Spitze nach oben weist, d. h. nicht mehr gegen den Nockenstößel anliegt. Eine Fühlerlehre der erforderlichen Stärke zwischen den Nocken und den Stößeln einschieben, wie es in Bild 16 gezeigt ist (siehe Maß- und Einstelltabelle, Seite 115, zwecks Ventilspiel) und das Ventilspiel feststellen. Falls Einstellungen erforderlich sind, wird die kugelendige Stiftschraube verstellt, bis der vorgeschriebene Wert erhalten ist. Die Stiftschraube wird durch eine Kontermutter gesichert. Zum Verstellen steht ein Spezialschlüssel (21 004-A), zum Messen steht eine Speziallehre (22B) zur Verfügung. Die Ventilspiele können bei diesem Motor nach dem untenstehenden Schema eingestellt werden:

Ventile vollkommen geöffnet	**Ventile einstellen**
Nr. 1 Auslaß, Nr. 6 Einlaß	Nr. 3 Einlaß, Nr. 8 Auslaß
Nr. 3 Einlaß, Nr. 8 Auslaß	Nr. 1 Einlaß, Nr. 6 Einlaß
Nr. 2 Einlaß, Nr. 4 Auslaß	Nr. 5 Auslaß, Nr. 7 Einlaß
Nr. 5 Auslaß, Nr. 7 Einlaß	Nr. 2 Einlaß, Nr. 4 Auslaß

3,0 Liter — V6

Die Einstellung bei diesem Motor erfolgt in ähnlicher Weise wie es bei V6-Motoren eben beschrieben wurde, mit dem Unterschied, daß eine Mutter in der Mitte jedes Kipphebels zum Einstellen des Ventilspiels verwendet wird. Die Mutter ist selbstsichernd und besitzt keine Kontermutter. Motor wie beschrieben durchdrehen (Riemenscheibe wieder mit Kreide zeichnen) und die Ventile in der Zündfolge der Zylinder einstellen.

Vollkommene Zerlegung des Motors

Allgemeines

Vor der Zerlegung des Motors, ganz gleich, um welche Ausführung es sich handelt, sind alle Außenflächen gründlich zu reinigen, um Schmutz oder Fett zu entfernen. Besonders ist auf die Dichtflächen zu achten, damit keine Fremdkörper in den Motor fallen können, wenn die Dichtflächen der einzelnen Teile voneinander getrennt werden.

OHC-Motor

Bei der folgenden Beschreibung wird zuerst der allgemeine Zerlegungsvorgang beschrieben. Später werden dann die einzelnen Baugruppen getrennt beschrieben, so daß unter den betreffenden Überschriften für ein bestimmtes Teil nachzulesen ist.

- Motor in einen geeigneten Montagestand spannen. Falls keiner vorhanden ist, den Motor auf eine Werkbank setzen und seitlich durch Anordnen von Holzblöcken abstützen, so daß er nicht umfallen kann.
- Motorenöl ablassen und den Ölstopfen danach sofort wieder einschrauben und festziehen.
- Kerzenkabel abziehen.
- Verteilerkappe komplett mit den daran angebrachten Kabeln entfernen.
- Schutzblech für den Zahnriemen abschrauben.
- Zylinderkopfhaube abschrauben und abheben.
- Lichtmaschine zusammen mit dem Aufhängungsbügel abschrauben.
- Keilriemen abnehmen.
- Lüfter mit der Riemenscheibe abschrauben.
- Von der Vorderseite der Kurbelwelle die Riemenscheibe abschrauben und die darunterliegende Druckscheibe entfernen.
- Spannrolle des Zahnriemens durch Lockern der Mutter lösen und gegen den Federdruck nach innen drücken. In dieser Stellung die Mutter der Rolle wieder anziehen, um sie in der entspannten Stellung zu sperren.
- Leitung zwischen Kraftstoffpumpe und Vergaser entfernen.
- Unterdruckleitung vom Vergaser abziehen.
- Regelventil am Ölabscheider entfernen.
- Zylinderkopf ausbauen wie es bereits weiter vorn unter der betreffenden Überschrift beschrieben wurde.
- Wasserpumpe vom Zylinderblock abschrauben.
- Kraftstoffpumpe abmontieren.
- In der Öffnung unter der Pumpe befindet sich ein Stößel, welcher jetzt herausgezogen werden muß.
- Falls erforderlich, den Ölfilter abschrauben. Dazu ist ein Spannband zu verwenden, welches in jedem Geschäft für Autozubehörteile erhältlich sein sollte. Falls der Filter erneuert werden soll, kann man auch eine große Zange zum Abschrauben benutzen.
- Verteiler lösen und herausziehen.
- Antriebswelle der Ölpumpe aus der Öffnung herausnehmen.
- Mit einem Schraubenzieher den Ölabscheider herausdrücken.
- Öldruckschalter abschrauben.
- Kupplungsschrauben gleichmäßig und übers Kreuz lösen.
- Kupplungsdruckplatte abnehmen.
- Mitnehmerscheibe aus dem Schwungrad nehmen.
- Schwungradzahnkranz in geeigneter Weise gegenhalten und die Schwungradschrauben lösen.
- Schwungrad abnehmen.
- Ölwanne vom Motor abschrauben.
- Ausbau der Ölpumpe. Dies erfordert die Verwendung eines Spezialschlüssels (21-012),

da die Schrauben mit Kerbverzahnungen in den Köpfen versehen sind. Bild 18 zeigt den Ausbau der Ölpumpe.

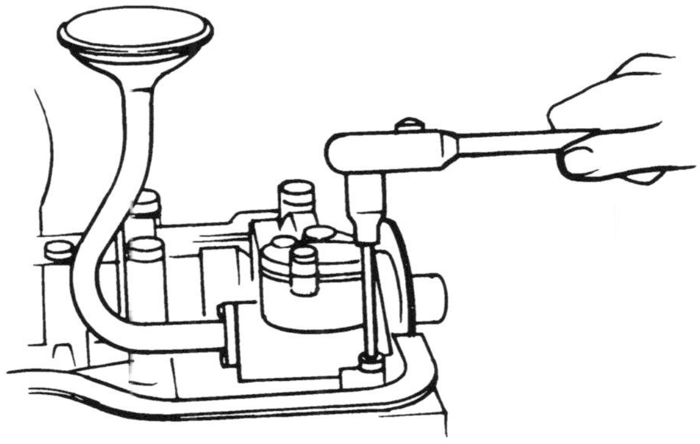

Bild 18
Ausbau der Ölpumpe beim OHC-Motor. Die Pumpe ist mit Imbussschrauben befestigt und ein entsprechender Schlüssel ist zum Aus- und Einbau erforderlich.

- Riemenscheibe der Ausgleichswelle (Nebenantriebswelle) abschrauben und die darunterliegende Halteplatte entfernen.
- Nebenantriebswelle vorsichtig aus den Bohrungen des Zylinderblocks ziehen.
- Kurbelwellenseitigen Deckel abschrauben.
- Alle Lagerdeckel auf ihre Kennzeichnung überprüfen und danach die Pleuellagerdeckel der Reihe nach abschrauben. Lagerschalen und Deckel zusammenlassen.

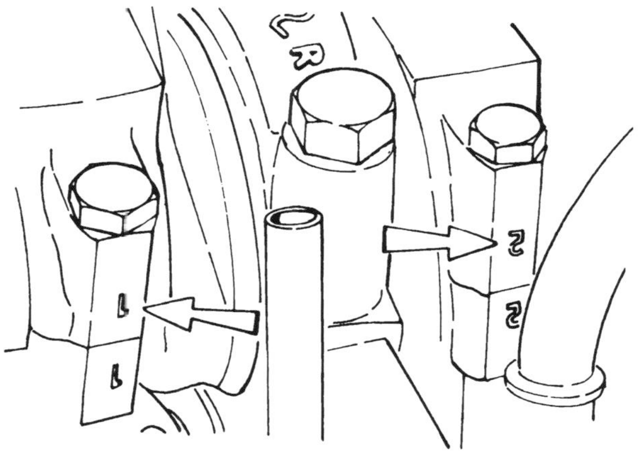

Bild 19
Die Hauptlagerdeckel und die Pleuellagerdeckel sollten mit den Nummern der Zylinder markiert sein. Falls dies nicht der Fall ist, sind entsprechende Teile in geeigneter Weise zu kennzeichnen.

- Vorsichtig mit einem Hammerstiel die Kolben und Pleuelstangen nach oben aus dem Zylinderblock herausschieben. Sofort die Pleuellagerdeckel wieder an die dazugehörigen Pleuelstangen anschrauben (mit den eingelegten Lagerschalen).
- Kurbelwellenlagerdeckel an der Seite auf ihre Nummerierung kontrollieren und der Reihe nach abschrauben. Jede Schraube nur stückweise lockern. Schrauben herausziehen und die Lagerdeckel mit der Lagerschalenhälfte herausnehmen. Jeden Deckel und die dazugehörige Schale in geeigneter Weise kennzeichnen (z. B. mit Farbstrichen) so daß sie wieder in die ursprüngliche Lage zurückgebracht werden können.
- Druckscheiben vom mittleren Lager entfernen.
- Kurbelwelle vorsichtig aus den Lagern heben. Obere Hälften der Druckscheiben (im Zylinderblock eingesetzt) entsprechend zeichnen, daß sie an diese Stelle gehören.
- Verbleibende Lagerschalen aus dem Kurbelgehäuse herausnehmen und ebenfalls mit der Lagernummer zeichnen (Farbe auf der Rückseite der Schalen).

Der Motor ist jetzt in seine Bestandteile zerlegt. Bild 20 zeigt ein Montagebild des Motors und gibt die Lage der einzelnen Teile.

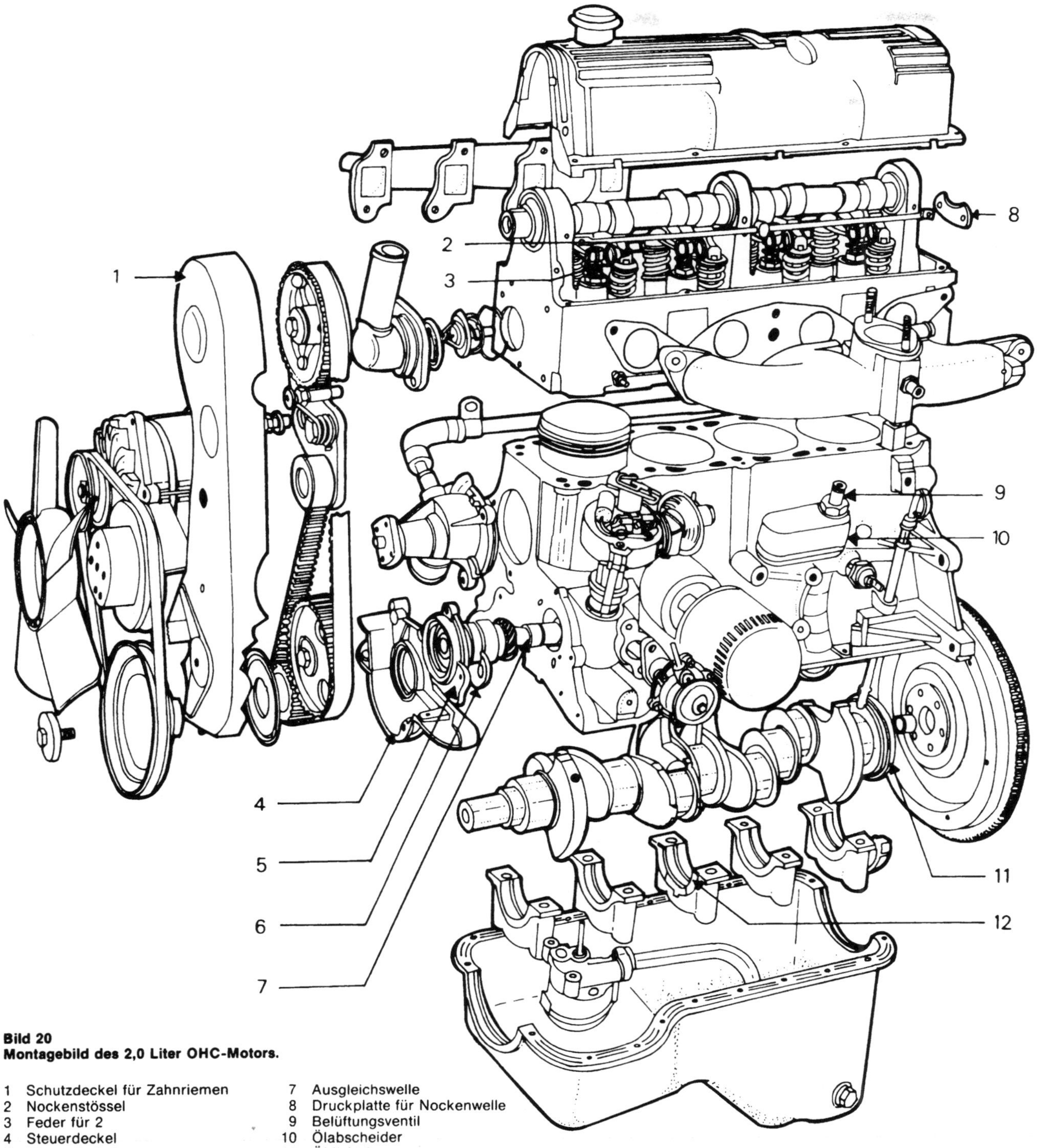

Bild 20
Montagebild des 2,0 Liter OHC-Motors.

1 Schutzdeckel für Zahnriemen
2 Nockenstössel
3 Feder für 2
4 Steuerdeckel
5 Steuerdeckel
6 Druckplatte für Ausgleichs-Welle
7 Ausgleichswelle
8 Druckplatte für Nockenwelle
9 Belüftungsventil
10 Ölabscheider
11 Öldichtring
12 Mittleres Kurbelwellenlager

V4- und V6-Motoren

Die Zerlegung des V4-Motors und der V6-Motoren geschieht ungefähr in gleicher Weise, mit dem Unterschied, daß der V4-Motor mit einer Ausgleichswelle versehen ist, welche zusätzlich zu den beschriebenen Arbeiten ausgebaut werden muß.

- Motor in einen Montagebock festspannen oder so auf eine Werkbank aufsetzen, daß er nicht umfallen kann.
- Falls nicht bereits beim Ausbau gelöst, die Unterdruckleitung des Zündverteilers und die Kraftstoffleitung vom Vergaser abziehen.
- Gasgestänge am Drosselklappenhebel aushängen.

- Vergaser abschrauben und den Zwischenflansch mit Dichtung abnehmen.
- Kraftstoffpumpe abschrauben.
- Stößel herausziehen und mit Farbstrich markieren, damit beim Einbau wieder das gleiche Ende an den Nockenwellenexzenter kommt.
- Zum Ausbau des Verteilers ist die Klemmschraube zu entfernen, und dann der Verteiler nach oben herauszuziehen.
- Lichtmaschine und Lichtmaschinenbügel abschrauben.
- Keilriemen abnehmen.
- Verbindungsrohr vom Wasserauslaßstutzen zur Zylinderkopfhaube abmontieren.
- *Beim Motor für Wechselgetriebe* die Schrauben der Kupplung langsam und allmählich lösen und die Druckplatte mit der Mitnehmerscheibe herausnehmen.
- *Beim Motor für automatisches Getriebe* die Mitnehmerscheibe für den Drehmomentwandler abschrauben.
- Beim Motor für Wechselgetriebe das Schwungrad abschrauben.
- Befestigungsschraube der Kurbelwellenriemenscheibe entfernen und die Riemenscheibe mit einem geeigneten Abzieher oder mit zwei an gegenüberliegenden Stellen angesetzten Reifenhebeln vorsichtig abdrücken.
- Kipphebelhauben mit Dichtungen abnehmen.
- Muttern der Stiftschrauben für die Kipphebel gleichmäßig lösen.
- Stößelstangen herausziehen und in ihrer Reihenfolge zusammenhalten.
- Stößelstangen der Reihe nach durch ein Stück Pappe stoßen, wobei ein Ende der Pappe mit «Vorn» zu kennzeichnen ist.
- Zylinderkopfschrauben in entgegengesetzter Reihenfolge, wie bei Bild 3 gezeigt, lockern und die Zylinderköpfe zusammen mit den Dichtungen herunterheben. Die Köpfe nicht mit der flachen Seite auf eine Werkbank auflegen, falls die Zündkerzen noch eingeschraubt sind, da die Kerzenenden unten aus der Fläche herausstehen.
- Zylinderblock umkehren.
- Schrauben der Ölwanne entfernen.
- Ölpumpe zusammen mit dem Saugrohr abschrauben (zwei Schrauben am Flansch und eine auf dem Hauptlagerdeckel).
- Öldichtringdeckel vom Zylinderblock abschrauben.
- Stirndeckel entfernen.
- Die beiden Steuerräder vom vorderen Ende des Zylinderblocks abmontieren.
- Schrauben der Pleuellagerdeckel um einige Umdrehungen lockern und danach den Deckel durch Dagegenschlagen mit einem Hammer lockern.
- Schrauben vollkommen entfernen und den Deckel abnehmen. Kontrollieren, ob die Deckel, sowie die Pleuel die jeweilige Zylindernummer tragen, andernfalls einzeichnen, falls sie nicht mehr sichtbar sind.
- Kolben zusammen mit der Pleuelstange nach oben aus dem Zylinderblock herausschieben. Die Kennzeichnung der Teile wurde bereits in Bild 19 für den OHC-Motor gezeigt und sieht ähnlich aus.
- Druckplatte der Nockenwelle abschrauben.
- Nockenwelle vorsichtig aus dem Zylinderblock herausziehen, ohne dabei die Lager zu beschädigen.
- Stößel aus dem Block nehmen und in der Einbaureihenfolge zusammenhalten.
- Hauptlagerdeckel langsam und gleichmäßig lösen und abnehmen.
- Lagerschalen entfernen und mit den Deckeln zusammenlassen.
- Kurbelwelle vorsichtig aus den Lagern heben.
- Die verbleibenden Lagerschalen und die Anlaufscheiben für das Kurbelwellenaxialspiel aus dem Kurbelgehäuse nehmen.

Beim V4-Motor wird die Ausgleichswelle ausgebaut, indem man das Steuerrad mit einem geeigneten Zweiklauenabzieher nach Lösen der Schraube von der Welle zieht. Die Klauen gut hinter dem Zahnrad ansetzen. Die Ausgleichswelle wird durch eine Halteplatte befestigt (ähnlich wie die Nockenwelle) und kann nach Lösen dieser Platte vorsichtig aus dem Zylinderblock gezogen werden. Dabei nicht die Lager beschädigen.

Zusammenbau des Motors

(nach kompletter Zerlegung)

Allgemeines

Nachdem der Motor zerlegt worden ist, sollten alle Teile gründlich gereinigt und kontrolliert werden. Unter den nächsten Überschriften wird im Einzelnen auf alle Reparaturarbeiten eingegangen, welche vor dem hier beschriebenen Zusammenbau durchzuführen sind. Der Zusammenbau des Motors kann danach beginnen. Der Zylinderblock ist sorgfältig von allen Spänen oder sonstigem Schmutz zu reinigen, wobei besonders auf die Ölwege und -bohrungen zu achten ist. Alle sich bewegenden oder gleitenden Teile mit Motorenöl einschmieren, ehe die Teile zusammengesetzt werden. Ein Einölen nach dem Zusammenbau ist in vielen Fällen zwecklos, da das Öl nicht mehr an die zu schmierenden Flächen heran kann.

OHC-Motor

- Motor so hinsetzen, daß die Kurbelwellenseite nach oben weist.
- Die oberen Hälften der Kurbelwellenlagerschalen so in die Lagerbohrungen einsetzen, daß die Führungsansätze der Schalen in die Aussparungen der Lagerbohrungen eingreifen.
- Kurbelwelle vorsichtig in die Lager senken.
- Dichtringhälften vorsichtig so in die Aussparungen einsetzen, daß sie an den Flächen bündig abschneiden.
- Lagerschalen, gut eingeölt, auf die Kurbelzapfen der Welle auflegen.
- Lagerdeckel anschrauben.
- Die Anlaufscheiben am mittleren Lager einsetzen und durch Einsetzen einer Fühlerlehre kontrollieren, ob das Axialspiel der Kurbelwelle 0,08 bis 0,28 mm beträgt. Eine genauere Kontrolle ist mit einer Meßuhr möglich, die man an der Stirnseite des Kurbelgehäuses anschraubt. Meßuhrspitze gegen das Ende der Kurbelwelle ansetzen und Kurbelwelle nach einer Seite drücken. Meßuhr auf Null stellen und danach Welle auf die andere Seite drücken. Die Anzeige der Meßuhr ist das Axialspiel. Ein an den Kurbelwellenwangen angesetzter Schraubenzieher kann zum Hin- und Herbewegen der Welle benutzt werden. Falls das Axialspiel nicht stimmt, müssen geeignete Anlaufscheiben (Übergröße) verwendet werden, um den richtigen Wert zu erhalten.

> ACHTUNG: Beim Anziehen des hinteren Lagerdeckels auf folgendes achten: Nach Anziehen aller Lagerdeckel (mit Ausnahme des hinteren) die Kurbelwelle vollkommen nach hinten drücken und danach bis zum Anschlag nach vorn drükken. In dieser Stellung den hinteren Lagerdeckel auf das vorgeschriebene Anzugsdrehmoment anziehen.

- Lippen eines neuen Öldichtringes mit Öl einschmieren und vorsichtig und gerade in das hintere Lager einschlagen. Auf keinen Fall verkanten.
- Die zusammengebauten Kolben und Pleuelstangen in die Oberseite der Zylinderbohrungen einschieben (gut eingeölt) aber darauf achten, daß jede Einheit in den richtigen Zylinder kommt, falls die Teile wieder verwendet werden. Vor dem endgültigen Zusammenbau folgendes kontrollieren:
  - Der Pfeilkopf im Kolbenboden muß zur Vorderseite des Motors weisen.
  - Das Wort «Front», in die Pleuelstange einschlagen, muß sich auf der gleichen Seite befinden wie der Pfeil im Kolbenboden.
  - Kolbenringstöße so anordnen, daß sich der Spalt des Ölabstreifringes an der Rückseite befindet und die Stöße der anderen Ringe jeweils 90° und 180° auf den beiden Seiten befinden.

Kolben vorsichtig einschieben, bis sich die Ringe in der Nähe der Bohrungskante befinden (nochmals kontrollieren, ob der Pfeil im Kolbenboden nach vorn weist).

- Kolben mit einem Spezialkolbenringspannband zusammendrücken oder einen breiten Schlauchbinder um die Ringe legen und die Kolben vollkommen hineinstoßen, gleichzeitig aber den Pleuelfuß mit der eingesetzten Lagerschale über den Kurbelzapfen bringen.
- Untere Lagerschale von der anderen Seite aufsetzen.
- Pleuellagerdeckel mit den Paßstiften an den Pleuelfüßen in Eingriff bringen.
- Nochmals kontrollieren, ob alle Teile zueinander gehören.
- Pleuelmuttern auf das vorgeschriebene Anzugsdrehmoment anziehen.

> ACHTUNG: Vor der nächsten Arbeit nochmals überprüfen, daß sich die Zahlen in Pleuellagerdeckeln und Pleuelstangen auf der gleichen Seite befinden und übereinstimmen.

- Ölpumpe montieren, aber darauf achten, daß sich die Führungsbüchse im Kurbelgehäuse befindet.
- Kurbelwellenstirndeckel, mit einem neuen Öldichtring versehen, anschrauben.
- Kurbelwellenriemenscheibe montieren.
- Ausgleichswelle (Nebenantriebswelle) mit der Platte anschrauben und die Riemenscheibe montieren.
- Gummidichtung in den vorderen Hauptlagerdeckel und den Stirndeckel montieren.
- Dichtung zwischen Steuerdeckel und Zylinderblock mit Dichtungsmasse einschmieren.
- Schwungrad ansetzen und die Schrauben auf das vorgeschriebene Anzugsdrehmoment anziehen.
- Dichtung so auf die Ölwannenfläche auflegen, daß die Führungslaschen der Korkdichtung unter den Aussparungen in der Gummidichtung zu liegen kommen.
- Ölwanne aufsetzen. Darauf achten, daß sich dabei die Dichtungen nicht verschieben können.
- Schrauben anziehen und Motor so umkehren, daß die Zylinderkopffläche nach oben liegt.
- Zylinderkopf montieren, wie es bereits unter «Einbau des Zylinderkopfes» für den 2,0-OHC-Motor (Seite 14) beschrieben wurde. Die Anzugsreihenfolge der Zylinderkopfschrauben für diesen Motor ist in Bild 3 gezeigt. Unbedingt auf die Anzugsstufen in der Anzugsdrehmomenttabelle (Seite 139) achten. Die Schrauben müssen nochmals nachgezogen werden, nachdem der Motor später warmgelaufen ist.
- Steuerung unter Bezug auf Bild 4 folgendermaßen einstellen:
  - Motor durchdrehen, bis der Kolben des ersten Zylinders im o.T. Verdichtungshub steht, d. h. die Ventile dieses Zylinders sind geschlossen (beide Ventile haben Ventilspiel). Außerdem sind die Markierungen an Schwungrad und Kurbelgehäuse in einer Linie. Der Läuferarm des Zündverteilers (welcher in der Zwischenzeit einzubauen ist) zeigt zum Zündsegment und Zündkabel des ersten Zylinders.
  - Nockenwelle durchdrehen, bis die Steuermarkierungen wie im Bild gezeigt ausgerichtet sind.
  - Steuerzahnriemen vorsichtig auf die Steuerräder auflegen.
  - Spannrolle durch Lockern der Befestigung zurücklassen.
  - Motor zweimal durchdrehen.
  - Spannrolle wieder lockern und erneut anziehen. Auf diese Weise wird der Zahnriemen einwandfrei gespannt.

> HINWEIS: Die Anzugsdrehmomente und andere Werte (Spiele, usw.) müssen unbedingt der Maß- und Einstelltabelle (Seiten 115 und 139) entnommen werden, um keine Fehler zu machen.

V4- und V6-Motoren

- Nockenwelle in den Zylinderblock einschieben, die Druckplatte am Ende der Nockenwelle anbringen und die Befestigungsschrauben auf das vorgeschriebene Anzugsdrehmoment anziehen.

- Axialspiel der Nockenwelle ausmessen, indem man eine Meßuhr am Ende des Zylinderblocks anschraubt (oder mit Magnetfuß ansetzt), so daß der Meßfinger gegen das Ende der Welle ansitzt. Nockenwelle hin- und herbewegen und die Anzeige an der Meßuhr ablesen. Darauf achten, daß unterschiedliche Axialspiele für die verschiedenen Motoren geltend sind. *Die Ausgleichswelle beim V4-Motor* wird in gleicher Weise eingebaut, wie es vorhin bei der Nockenwelle beschrieben wurde, und das Axialspiel ist ebenfalls auszumessen.

Falls das Axialspiel nicht innerhalb der angeführten Werte kommt (bei der Nockenwelle sowie der Ausgleichswelle), muß eine neue Druckplatte benutzt werden.

- Zylinderblock umkehren (Kurbelgehäuseseite nach oben) und die Hauptlagerschalen in die Lagerbohrungen einsetzen. Darauf achten, daß die Führungsnasen in die Aussparungen der Deckel eingreifen (siehe Bild 21).

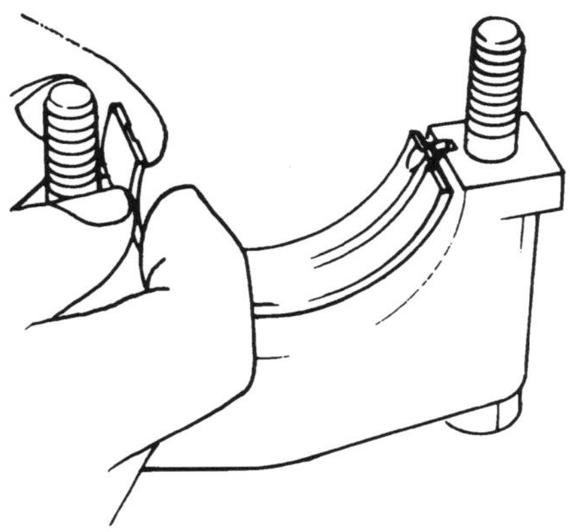

Bild 21
Beim Einlegen der Lagerschalen in die Pleuellagerdeckel (oder auch in die Hauptlagerdeckel) und Pleuel (oder auch Hauptlagerbohrungen) darauf achten, dass die Nasen der Lagerschalen in die Führungen eingreifen.

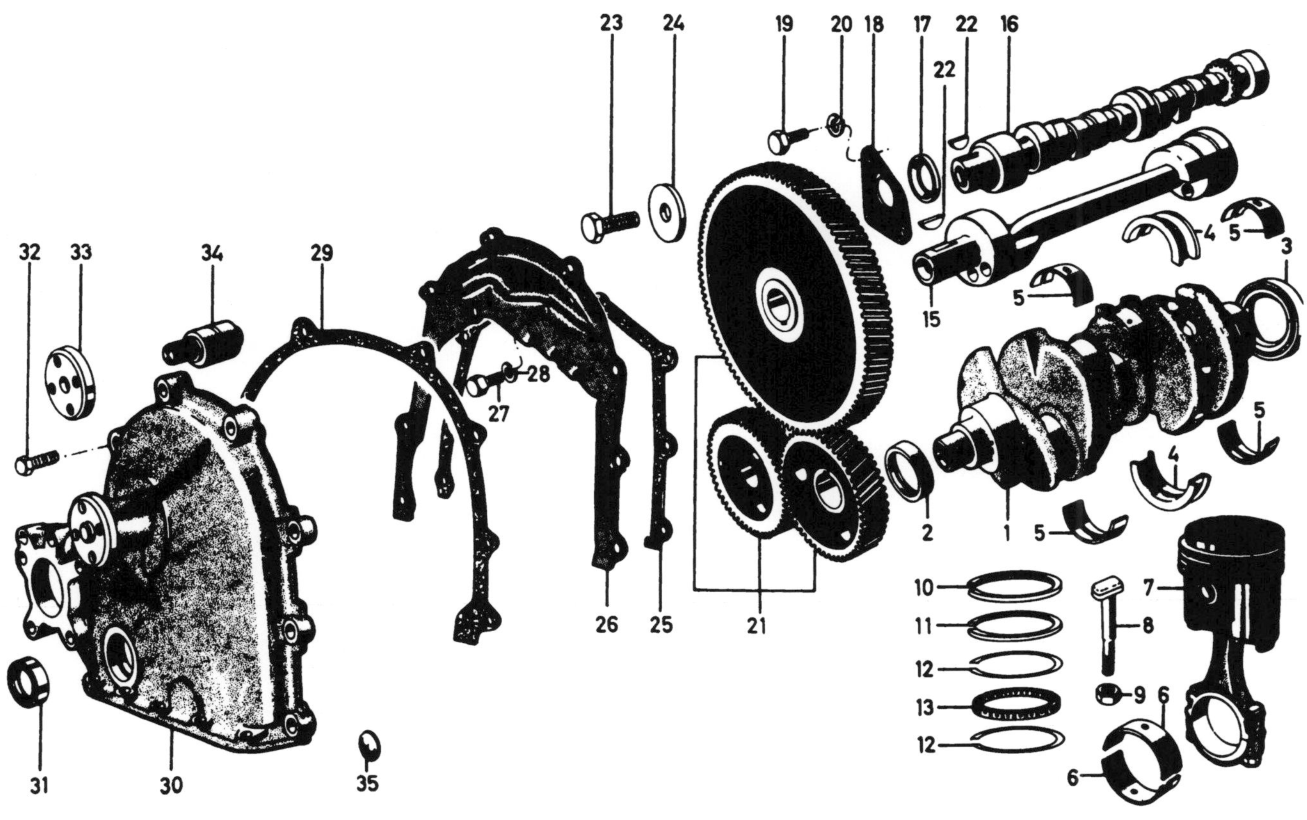

Bild 22
Montagebild von Kurbelwelle, Nockenwelle, Steuerrädern, Ausgleichswelle, Pleuelstange und Kolben. Gezeigt ist der V4-Motor.

1 Kurbelwelle
2 Radialdichtring, Kurbelwelle, vorn
3 Radialdichtring, Kurbelwell, hinten
4 Kurbelwellenlagerschalen, mitte
5 Kurbelwellenlagerschalen, vorn und hinten
6 Pleuellagerschalen
7 Kolben und Pleuel, komplett
8 Pleuelschraube
9 Pleuelmutter
10 Kolbenring, oben
11 Nasenring
12 Zwischenring
13 Stützfeder
16 Nockenwelle
17 Abstandring, Nockenwellenzahnrad
18 Halteplatte
19 Schraube
20 Federring
21 Stirnräder
22 Keil
23 Schraube
24 Unterlegscheibe
25 Dichtring
26 Zwischenplatte, Stirnraddeckel
27 Schraube
28 Federung
29 Dichtung
30 Stirnraddeckel
32 Schraube
33 Flansch
34 Lager mit Welle
35 Verschlußscheibe

- Die Anlaufscheiben für das Axialspiel der Kurbelwelle so einsetzen, daß die Ölnuten zu den Kurbelwellenflanschen kommen.
- Kurbelwelle vorsichtig in den Zylinderblock hineinheben.
- Lagerschalen mit den Lagerdeckeln aufsetzen.
- Schrauben der Deckel auf das vorgeschriebene Anzugsdrehmoment anziehen.
- Kurbelwelle einige Male durchdrehen, um schwere Stellen festzustellen.
- Kurbelwellenaxialspiel ausmessen, wie es später unter «Kurbelwelle» beschrieben ist.
- Der Einbau der Kolben erfolgt in ähnlicher Weise, wie es beim OHC-Motor beschrieben wurde und soll nicht noch einmal wiederholt werden, jedoch sind einige Hinweise später in diesem Abschnitt unter «Kolben- und Pleuelstangen» gegeben, die zu beachten sind. Die Ausrichtung der Steuerung wird ebenfalls weiter hinten in Einzelheiten erwähnt.
- *Bei Fahrzeugen mit automatischem Getriebe* den Abstandsring auf den Kurbelwellenflansch auflegen und die Mitnehmerscheibe und Verstärkungsplatte anbringen. Schrauben auf ein Anzugsdrehmoment von 6,9 bis 7,6 mkp anziehen.
- Zylinderkopf montieren, wie es bereits weiter vorn unter der entsprechenden Überschrift beschrieben wurde.
- Alle verbleibenden Teile in umgekehrter Reihenfolge wie beim Ausbau montieren.

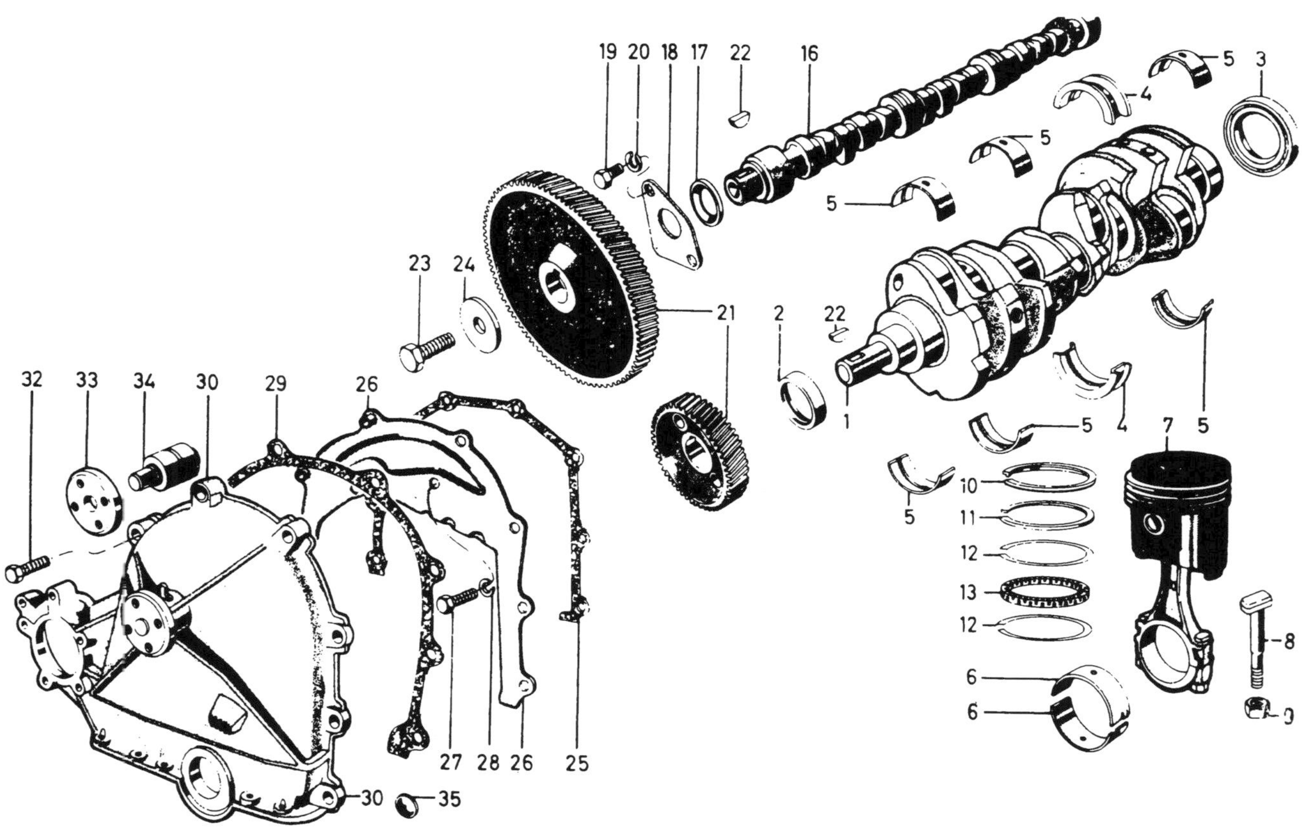

Bild 23
Montagebild von Kurbelwelle, Nockenwelle, Steuerräder, Pleuelstangen und Kolben. Gezeigt ist der V6-Motor (2,0, 2,3, 2,6 Liter).

1 Kurbelwelle
2 Radialdichtring, Kurbelwelle, vorn
3 Radialdichtring, Kurbelwelle, hinten
4 Kurbelwellenlagerschalen, mitte
5 Kurbelwellenlagerschalen, vorn und hinten
6 Pleuellagerschalen
7 Kolben und Pleuel, komplett
8 Pleuelschraube
9 Pleuelmutter
10 Kolbenring, oben
11 Nasenring
12 Zwischenring
13 Stützfeder
16 Nockenwelle
17 Abstandring, Nockenwellenzahnrad
18 Halteplatte
19 Schraube
20 Federring
21 Stirnräder
22 Keil
23 Schraube
24 Unterlegscheibe
25 Dichtring
26 Zwischenplatte, Stirnraddeckel
27 Schraube
28 Federung
29 Dichtung
30 Stirndeckel
32 Schraube
33 Flansch
34 Lager mit Welle
35 Verschlußscheibe

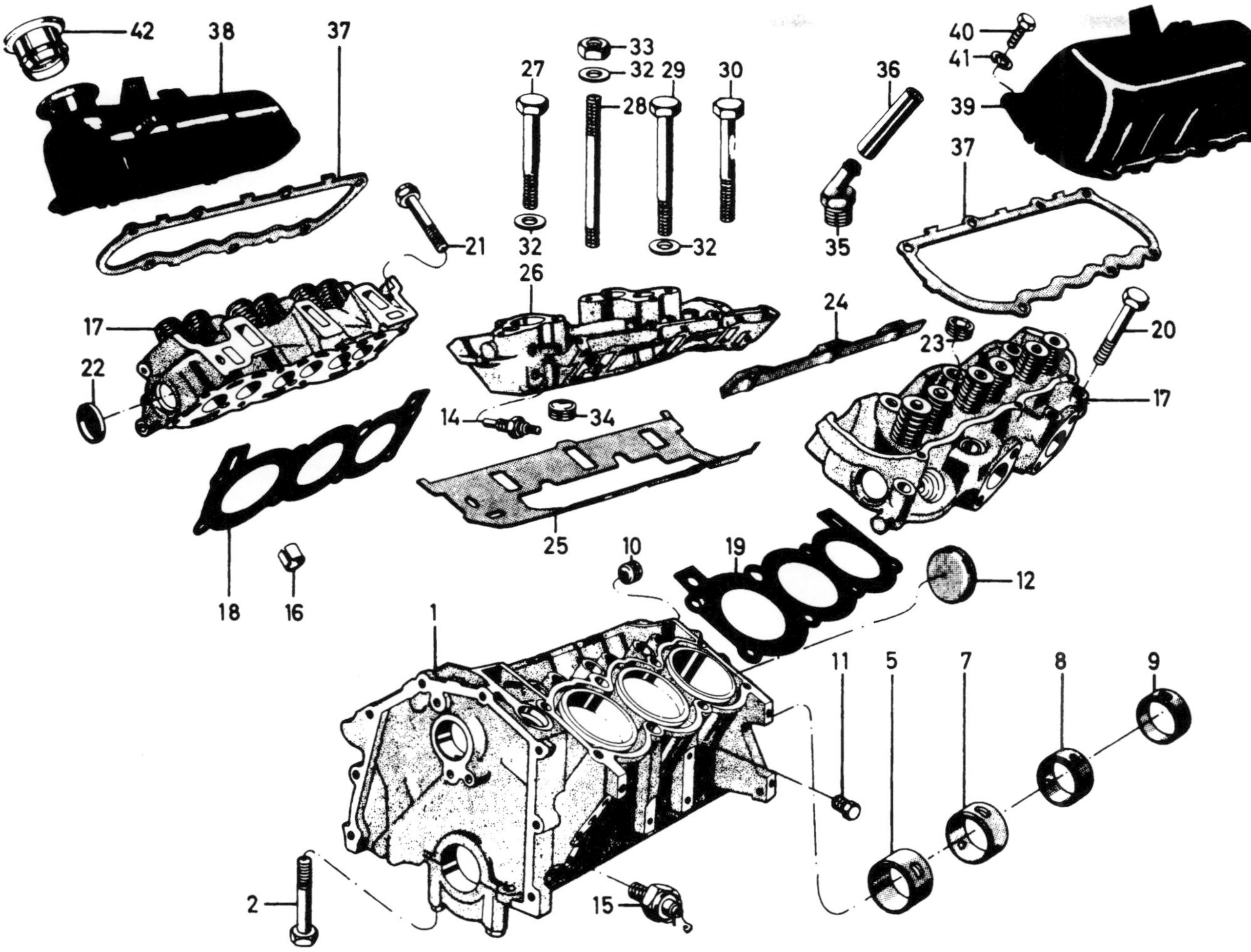

Bild 24
Montagebild von Zylinderblock und Zylinderkopf eines V6-Motors.

1 Zylinderblock
2 Schraube, Kurbelwellenlagerdeckel
5 Lagerbüchse, Nockenwelle, vorn
7 Lagerbüchse, Nockenwelle, mitte vorn
8 Lagerbüchse, Nockenwelle, mitte hinten
9 Lagerbüchse, Nockenwelle, hinten
10 Rohrstopfen, Hauptölkanal
11 Stopfen
12 Verschlussdeckel
13 Verschlussdeckel
14 Geber, Fernthermometer
15 Öldruckschalter
16 Führungshülse, Zylinderkopf, Zylinder
17 Zylinderkopf, komplett
18 Zylinderkopfdichtung, rechts
19 Zylinderkopfdichtung, links
20 Schraube
21 Schraube
22 Verschlussdeckel
23 Rohrstopfen
24 Ölfangblech, Kipphebelachse
25 Dichtung, Ansaugknopf
26 Ansaugknopf
27 Schraube
28 Stiftschraube
29 Schraube
30 Schraube
32 Unterlegscheibe
33 Mutter
34 Stopfen
35 Mittelstück
36 Heisswasserschlauch
37 Dichtung, Zylinderkopfhaube
38 Zylinderkopfhaube, rechts
39 Zylinderkopfhaube, links
40 Schraube
41 Federring
42 Deckel, Öleinfüllung

Der Zylinderblock

Die in den Zylinderblock eingearbeiteten Bohrungen werden bei der Herstellung in Größenklassen eingeteilt und durch Verwendung der vorgeschriebenen Kolben wird das vorschriftsmäßige Kolbenlaufspiel automatisch hergestellt.
Zylinderblock nach der Zerlegung einwandfrei reinigen und alle Reste von alten Dichtungen entfernen. Alle vorhandenen Kratzer oder Grate mit einem Schaber entfernen. Kohlerückstände von der Oberkante der Zylinder sollten entfernt werden. Falls die Kolben jedoch wieder verwendet werden, könnte es besser sein, wenn man den Kohlering an der Oberkante nicht entfernt, da dadurch eine zusätzliche Abdichtung hergestellt wird. Alle Ölkanäle und -bohrungen reinigen und, falls möglich, mit Preßluft durchblasen.
Dichtfläche des Zylinderblocks auf Verzug kontrollieren, indem man ein Meßlineal längs, quer und diagonal auf den Block auflegt und mit sehr dünnen Fühlerlehren an verschiedenen Stellen den Lichtspalt ausmißt. Bei V4- und V6-Motoren ist diese Messung auf beiden Zylinderblockflächen durchzuführen. Falls eine kleine Richtplatte zur Verfügung steht, diese mit Tuschierpaste einschmieren und über die Blockfläche ziehen. Hohe

Stellen werden dadurch durch Hinterlassen der blauen Farbe angezeigt und können vorsichtig mit einem Schaber entfernt werden. Falls nicht anders möglich, kann man die Blockfläche nachschleifen lassen, jedoch darf nur sehr wenig Material abgenommen werden.
Die Zylinderbohrungen mit einer genauen Innenmeßuhr ausmessen. Messungen in drei verschiedenen Tiefen der Bohrung und längs und quer zum Motor vornehmen. Der erste Meßpunkt sollte ungefähr 10 mm von der Oberkante erfolgen. Der Unterschied zwischen der oberen und der unteren Messung gibt die Verjüngung der Bohrung an, während die Quermessung der Bohrungen auf Unrundheit hinweist (verglichen mit der Längsmessung). Zylinderbohrungen müssen nachgebohrt und gehont werden, falls sie nicht den Verschleißgrenzen entsprechen. Maße entsprechend der erhältlichen Übergröße-Kolben bestimmen.
Sehr verschlissene Zylinderbohrungen müssen immer nachgebohrt werden. Durch Honen allein wird keine Abhilfe geschaffen. Falls die oben erwähnte Verjüngung nicht größer als 0,05 mm ist, kann man den Block honen lassen, um den Schaden zu beheben. Kleinere Unebenheiten oder Kratzer lassen sich in gleicher Weise beheben. Nach dem Nachbohren oder Honen den Block einwandfrei reinigen, um alle Späne zu entfernen.
Falls die Zylinderbohrungen einwandfrei erscheinen, jedoch eine glasurartige Schicht aufweisen, kann man diese folgendermaßen entfernen:
Ein Stück Rundholz mit kleinerem Durchmesser wie der Kolben besorgen und sehr feines Sandpapier mit der Schmirgelfläche nach außen weisend am «Holzkolben» ankleben. Einen Hammerstiel am Ende dieses «Kolbens» anbringen und in die Oberseite der Zylinderbohrung einsetzen. Werkzeug bewegen und gleichzeitig nach links und rechts verdrehen. Wenn diese Arbeit vorschriftsmäßig durchgeführt wurde, sollte die Zylinderbohrung ein Kreuzmuster aufweisen. Nicht zu viel Material abschmirgeln.
Die Aufnahmebohrungen für die Kurbelwellenlager im Zylinderblock sind in Größeklassen eingeteilt und weitere Hinweise darüber werden unter der Überschrift «Kurbelwelle» gegeben.

Stößelbohrungen, Stößel und Stößelstangen (V4 und V6)

Diese sollten ebenfalls im Zusammenhang mit dem Zylinderblock berücksichtigt werden. Alle Gleitflächen müssen glatt und frei von Graten sein. Stößel müssen einwandfreie Flächen haben. Kleinere Fehler auf der Fläche, die gegen die Nocken anliegt, können mit einem Ölstein herauspoliert werden. Stößelstangen sind über die Ecke einer Richtplatte zu rollen (so daß die Enden frei über die Kanten stehen), um sie auf Verbiegung zu kontrollieren. Stößelstangen mit verschlissenen Berührungsflächen müssen erneuert werden. Die Stößel der V4- und V6-Motoren sind gleich und haben folgende Abmessungen:

Stößeldurchmesser	22,022—22,190 mm
Laufspiel der Stößel	0,060—0,023 mm

Bohrungen der Nockenwellenlager und die Bohrungen der Lager für die Ausgleichswelle beim V4-Motor ausmessen und mit den Angaben in den technischen Daten (Seite 115) vergleichen. Beim OHC-Motor ist die Nockenwelle in den Zylinderkopf eingebaut und die Lagerbohrungen sind im Rahmen der Zylinderkopfüberholung auszumessen.

Kolben und Pleuelstangen

Als erstes die Kolbenringe von den Kolben abnehmen. Dazu entweder eine vorschriftsmäßige Kolbenringzange verwenden oder, falls diese nicht zur Verfügung steht, drei alte Fühlerlehrenblätter benutzen. Eine Fühlerlehre unter den Ring einschieben und den Ring vorsichtig herausheben, bis er aus der Nute kommt. Jetzt die beiden anderen Fühlerlehren in gleichmäßigem Abstand unter den Ring schieben und den Ring über die drei Lehren vom Kolben streifen.
Kolben und Pleuelstangen sind zusammengehörige Teile. Farbpunkte in der Kolbenkrone und der Endfläche des Kolbenbolzens zeigen die Zusammengehörigkeit der Teile an. Die Kolben und Pleuelstangen der V4- und V6-Motoren sollten nicht zerlegt werden, da die Kolben in die Pleuelaugen der Pleuel eingepreßt sind. Beim OHC-

2,0-Liter-Motor sitzen die Kolbenbolzen stramm in den Kolben, während sie Spiel in den Pleuelaugenbüchsen haben.

Um die genaue Kolbengröße für eine bestimmte Zylinderbohrung festzustellen, ist die Bohrung entsprechend der Anweisungen unter Überschrift «Zylinderblock» auszumessen. Diesen Wert notieren. Jetzt den betreffenden Kolben im Durchmesser ausmessen und zwar beim 2,0-Liter-OHC-Motor ungefähr 59 mm von der Oberseite des Kolbens und bei den anderen Motoren 47 mm von der Oberseite aus messen. Das Kolbenlaufspiel kann kontrolliert werden, indem man eine Fühlerlehre zusammen mit dem Kolben in die betreffende Bohrung einschiebt. Beim 3,0-Liter-Motor muß eine Federwaage am Ende der Fühlerlehre angehängt werden. An der Federwaage ziehen. Die größte Anzeige beim Herausziehen der Federwaage muß zwischen 4,1 und 5,9 kg liegen. Bei den anderen Motoren muß die Fühlerlehre gemäß Bild 26 eingesetzt werden und stramm sitzen. Die Stärke der Fühlerlehre entspricht jeweils dem größten, zulässigen Kolbenlaufspiel (siehe Maß- und Einstelltabelle bei den verschiedenen Motoren).

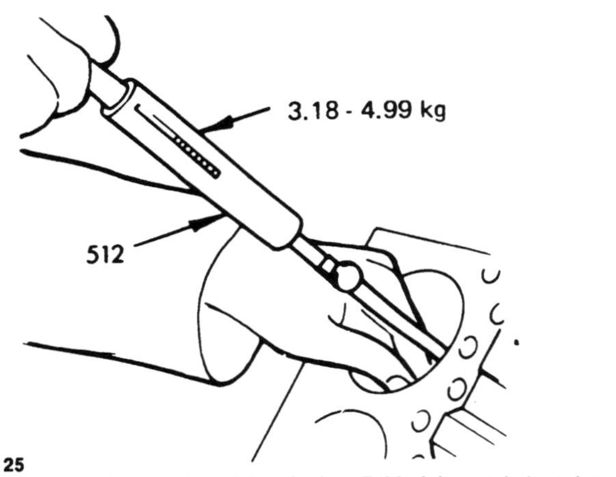

Bild 25
Ausmessen des Kolbenlaufspiels mit einer Fühlerlehre und einer daran angebrachten Federwaage.

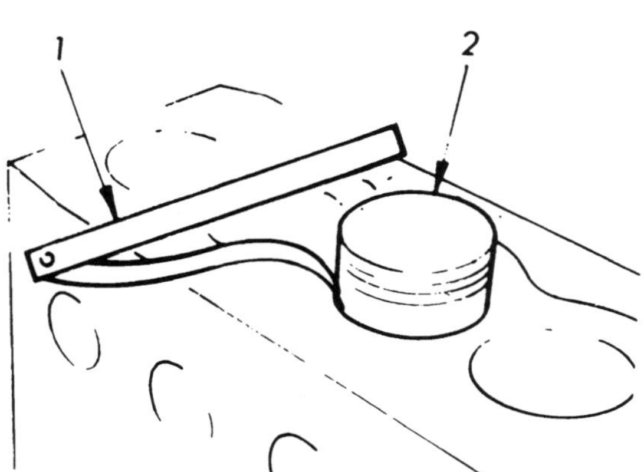

Bild 26
Ausmessen des Kolbenlaufspiels durch Einsetzen einer Fühlerlehre (1) bei eingesetztem Kolben (2). Die Lehre muss dem Kolbenlaufspiel entsprechen.

Vor dem Einbau neuer Kolbenringe, die Ringe der Reihe nach in die Zylinderbohrung einsetzen und mit einem umgekehrten Kolben nach unten drücken (ca. 25 mm). Mit einer Fühlerlehre das Stoßspiel ausmessen, wie es in Bild 27 gezeigt ist. Falls der Spalt nicht innerhalb der in der Maß- und Einstelltabelle (Seite 115) angegebenen Werte liegt, kann ein anderer Ring versucht werden. Sind die Stoßspiele zu klein, können die Enden abgefeilt werden, um die Spiele zu berichtigen. Dazu eine Schlichtfeile in einen Schraubstock einspannen (sehr vorsichtig) und die Enden des Ringes beiderseitig der Feile abfeilen.

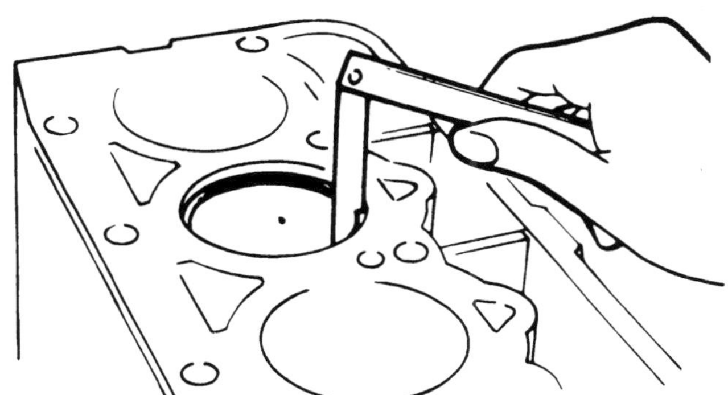

Bild 27
Ausmessen des Stoßspiels der Kolbenringe. Kolbenring mit einem umgekehrten Kolben gerade in die Bohrung stossen.

Einen alten, abgebrochenen Kolbenring am Ende zu einem Keil schleifen und die Nuten des Kolbens damit von Kohleresten reinigen, ohne Material abzugeben. Danach Spiele zwischen den Kolbenringen und den Nuten wie in Bild 28 gezeigt ausmessen. Falls die Spiele zu groß sind (siehe Maß- und Einstelltabelle, Seite 115), müssen neue Kolben mit Kolbenbolzen eingebaut werden, da andernfalls der Ölverbrauch zu groß wird. Die Nuten müssen vor der Messung einwandfrei gereinigt werden, wie es vorhin beschrieben wurde.

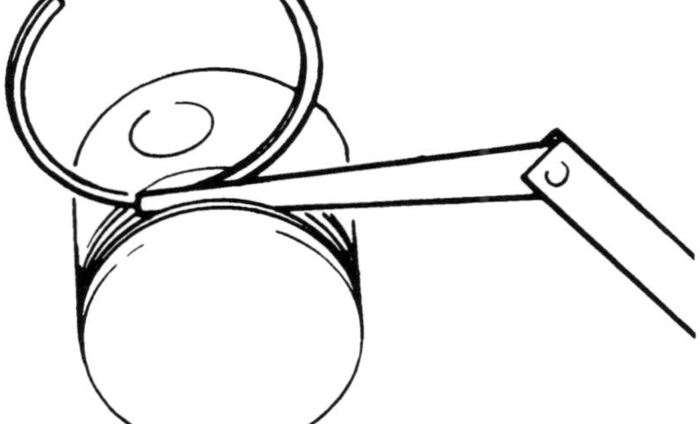

Bild 28
Ausmessen derHöhenspiele der Kolbenringe in den Nuten des Kolbens. Die Nuten müssen vorher gut gereinigt sein.

Zusammenbau von Kolben und Pleuelstangen

Falls die Kolben von den Pleuelstangen abmontiert werden mußten, ist der folgenden Beschreibung genau zu folgen, um die Kolben wieder vorschriftsmäßig an die Pleuelstangen zu montieren.
Es ist wesentlich, daß die Kolben und Pleuelstangen in der vorschriftsmäßigen Montagerichtung zusammengebaut werden. Der Kolben ist mit einem «F», dem Wort «Front» oder einer Kerbe im Kolbenboden versehen und diese Kennzeichnung muß zur Vorderseite des Motors weisen. Pleuellagerdeckel und Pleuel müssen beim 3,0-Liter-Motor und beim 2,0-Liter-OHC-Motor auf der rechten Seite gezeichnet sein. Bei den anderen Motoren muß sich die Kennzeichnung auf der linken Seite befinden. Wird der Kolben wieder verwendet, muß er in der ursprünglichen Bohrung wieder montiert werden.
Mit der Ausnahme des 2,0-Liter-OHC und des 3,0-Liter-Motors können die Kolben und Pleuelstangen zusammengebaut werden, indem man den Kolben in heißem Wasser auf 80° C erhitzt und den Kolbenbolzen einpreßt, ehe sich der Kolben wieder abkühlen kann.
Beim 2,0-OHC-Motor ist die Spezialvorrichtung 21 014 erforderlich, um den Kolben an die Pleuelstange zu montieren. Diese Vorrichtung in einen Schraubstock spannen und den Kolben so ausrichten, daß die Vorderseite zur Vorrichtung weist. Führungsbolzen nach vorn durch das Kolbenauge bringen. Kolbenbolzen in den Kolben einpressen, bis er bündig mit der Innenkante abschließt. Jetzt das Pleuelauge auf eine Temperatur von 260 bis 300° C erwärmen (auf einer Kochplatte), wozu ein Anlaufstift verwendet werden sollte, um die genaue Temperatur festzustellen. Wenn das Pleuelauge diese Temperatur erreicht hat, ist es schnell zwischen den Kolben und die Führung einzuschieben. Dabei den Kolbenbolzen bis zum Anschlag durchdrücken. Kolbenbolzen in dieser Lage lassen, bis sich das Pleuelauge etwas abgekühlt hat. Kontrollieren, daß Kolben und Pleuelstange wie in Bild 29 gezeigt ausgerichtet sind.
Beim 3,0-Liter-Motor ist das Pleuelauge in gleicher Weise anzuwärmen. Das zu verwendende Spezialwerkzeug trägt in diesem Fall die Nummer CP. 6149. Wiederum darauf achten, daß die «Front»-Markierungen sich in der richtigen Lage

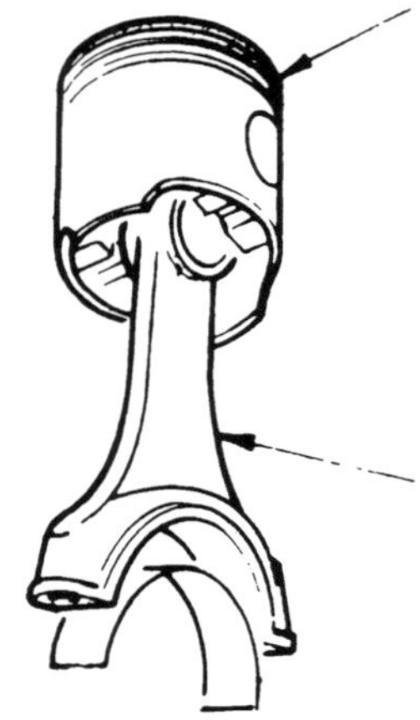

Bild 29
Anordnung der mit «Front» gezeichneten Seite des Kolbenbodens und dem Ölspritzloch in der Pleuelstange beim 2,0 Liter OHC-Motor.

befinden. Die Pleuelstange dieses Motors ist außerdem auf einer Seite mit «Front» gezeichnet.

- Kolbenringe am Kolben anbringen. Falls möglich, dazu eine Kolbenringzange verwenden. Andernfalls Fühlerlehren an drei Stellen um den Umfang des Kolbens anlegen und die Ringe der Reihe nach über die Lehren streifen, bis sie in die Nuten einschnappen. Den Kolbenringstoß unbedingt auf einen der Fühlerlehren auflegen, damit keine Kratzer verursacht werden.
- Kolbenringe auf dem Kolben verdrehen, bis der Ringstoß des Ölabstreifringes sich an der Rückseite des Kolbens und die beiden anderen Ringe 150° von diesem Ringstoß versetzt sind, d. h. den oberen Ring nach einer Seite versetzen und den zweiten Ring nach der anderen Seite versetzen.
- Kolbenringe und Kolbenmantel gut einölen und den Kolben vorsichtig in den Zylinder einschieben. Darauf achten, daß die Kolbenmarkierung zur Vorderseite des Motors weist.
- Ringe mit einem Kolbenringspannband zusammendrücken (oder einen breiten Schlauchbinder verwenden) und die Kolben vollends hineindrücken. Darauf achten, daß der Pleuelfuß vorsichtig über den Kurbelzapfen geführt wird, um keine Kratzer an der Kurbelwelle zu verursachen.
- Von der Unterseite die Lagerschalen vorschriftsmäßig in die Pleuelstangen einsetzen.
- Kurbelzapfen gut einölen.
- Lagerdeckel auf die entsprechende Pleuelstange aufsetzen. Nummerierung kontrollieren.
- Lagerdeckel auf das entsprechende Anzugsdrehmoment für den in Frage kommenden Motor anziehen.

Kurbelwelle

Kurbelwelle mit Waschbenzin reinigen und alle Ölkanäle mit Preßluft ausblasen. Haupt- und Kurbelwellenlagerzapfen auf Zeichen von Verschleiß, Freßstellen oder Kratzer überprüfen. Kleinere Kratzer oder rauhe Stellen können mit einem Ölstein abgeputzt werden. Jeden Lagerzapfen mit einem Mikrometer am Durchmesser ausmessen, um irgendwelche Verjüngungen oder Unrundheiten festzustellen. Erhaltene Ergebnisse mit den Angaben in der Meß- und Einstelltabelle (Seite 115) vergleichen.
Die folgenden Hinweise sind für die einzelnen Motoren besonders zu beachten:

2,0 Liter OHC

Die Haupt- und Pleuellagerzapfen sind mit einem blauen Farbpunkt gekennzeichnet, falls es sich um die Mindestgröße handelt oder mit einem roten Farbpunkt, falls es sich um die Höchstgröße handelt. Die Lagerbohrung im Block ist entsprechend mit «B» oder «R» gezeichnet, um die Zugehörigkeit anzugeben. Wenn alle Hauptlagerbohrungen innerhalb der gleichen Toleranzgruppe liegen, befindet sich ein roter oder blauer Farbpunkt an der Kurbelwellenwange hinter dem Zapfenlager am Ende der Welle. Wenn sich die Hauptlagerzapfen in der Toleranz unterscheiden, befindet sich die Farbkennzeichnung an der schmalen Seite der Wange, hinter dem betreffenden Lager, jedoch vor dem nächsten Lager. Falls die Hauptlagerzapfen auf Untergröße geschliffen sind, ist eine Farblinie an der vordersten Kurbelwellenwange gezogen. Als Angabe für die Untergröße der Kurbelwellenlagerzapfen ist die Vorderseite des Gegengewichts mit einem Farbklecks gekennzeichnet.

V4- und V6, außer 3,0 Liter

Ist der rote oder blaue Farbpunkt zwischen dem 5. und 6. Lagerzapfen beim V6-Motor oder zwischen dem 3. und 4. Lagerzapfen beim V4-Motor, so liegen alle Pleuellagerzapfen im gleichen Toleranzbereich. Sind die Toleranzen der einzelnen Pleuellagerzapfen verschieden, so ist das rote oder blaue Farbzeichen jeweils hinter dem betreffenden Lager. Ein weißer Punkt, vorn am Gegengewicht der Kurbelwelle zeigt an, daß die Pleuellagerzapfen ein Untermaß von 0,25 mm haben. Kurbelwellen, deren Haupt- und Pleuellagerzapfen auf Untermaß geschliffen sind, haben einen weißen Strich und weißen Punkt. Der Punkt befindet sich am 1. Pleuellagerzapfen und der Strich vorn am Gegengewicht der Kurbelwelle.
Ist das rote oder blaue Farbzeichen für die Hauptlagerzapfen vor dem Führungslager auf der Schräge, so liegen alle Hauptlagerzapfen im Toleranzbereich. Sind die Toleranzen der einzelnen Hauptlagerzapfen verschieden, so ist das Farbzeichen in die Mulden der Gegengewichte, sowie auf der Schräge hinter dem zweiten Hauptlagerzapfen eingezeichnet. Ein weißer Strich vorn am Gegengewicht zeigt an, daß die Hauptlagerzapfen ein Untermaß von 0,25 mm haben, wobei das Führungslager außerdem ein Übermaß von 0,38 mm besitzt.

3,0-Liter-Motor

Die Nenngrößebohrungen der Hauptlager sind mit blauem oder rotem Farbpunkt gezeichnet. Der Punkt befindet sich neben der Bohrung. Die Hauptlagerzapfen sind ebenfalls mit rot oder blau gezeichnet. Lagerschalen sind so hergestellt, daß sie sich für jede beliebige Kombination dieser Maßeinteilung eignen. Sie sollten in die gleiche Einteilung wie Bohrung und Lagerzapfen verwendet werden. Falls Bohrung und Zapfen beide blau sind, müssen zwei blau gezeichnete Schalen verwendet werden. Ist die Bohrung rot und der Zapfen blau, so müssen eine rote und eine blaue Schale verwendet werden. Außerdem haben einige Kurbelgehäuse Übermaßbohrungen von 0,38 mm und in diesem Fall werden Kurbelwellen eingebaut, deren Lagerzapfen auf 0,25 mm Untergröße geschliffen sind. Diese weitere Abweichung wird durch zwei Farbkennzeichnungen eingeteilt, d. h. gelb und grün. Wiederum werden die Lagerschalen ausgewählt, um für die Farbkennzeichnung zu passen. Es ist möglich, daß man eine rote und eine blaue Schale an einem Lager verwendet oder eine grüne und eine gelbe Schale an einem Lager. Aber niemals eine gelbe oder grüne Schale in Verbindung mit einer blauen oder roten Schale verwenden.

HINWEIS: Als Allgemeinregel gilt: Schalen mit roter Markierung vergrößern, Schalen mit blauer Kennzeichnung verringern das Lagerlaufspiel. Dies gilt sowohl für Hauptlager als auch für Pleuellager.

Ausmessen des Lagerlaufspiels

Beim Einbau von neuen Lagern ist es wichtig, daß man das Lagerlaufspiel des betreffenden Lagers ermittelt. Das Lagerspiel wird mit Hilfe von «Plastigage», einem Plastikdraht der Firma «Perfect Circle», schnell, genau und sicher gemessen. Ein Stück des Plastikdrahtes in Lagerbreite wird auf den sauberen und öltrockenen Lagerzapfen gelegt, die Haupt- bzw. Pleuellagerdeckel mit der Schale aufgesetzt und die Dekkelschrauben werden mit dem vorgeschriebenen Anzugsdrehmoment angezogen.

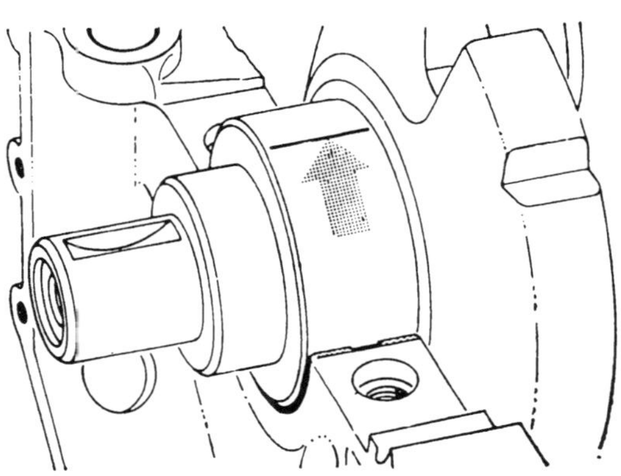

Bild 30
Zum Ausmessen des Lagerlaufspiels (Hauptlager oder Pleuellager) ein Stück «Plastigage»-Draht (Pfeil) wie gezeigt einlegen und danach den Lagerdeckel aufschrauben (Drehmoment beachten.)

Die Lagerspiele dürfen nicht gleichzeitig, sondern Lager für Lager gemessen werden. Während dieses Vorgangs darf die Welle nicht gedreht werden, auch darf nicht auf die Lagerdeckel geschlagen werden. Je nach dem vorhandenen Lagerspiel wird der Plastikdraht breitgedrückt. Nun den Lagerdeckel abschrauben. Der breitgedrückte Plastikdraht haftet entweder am Lagerzapfen oder an der Schale. Jetzt die Breite des flachgedrückten Plastikdrahtes mit der im Plastigage-Satz mitgelieferten Meßlehre an der breitesten Stelle ausmessen. Diese gibt das kleinste vorhandene Lagerspiel an, welche an der Lehre abgelesen werden kann.

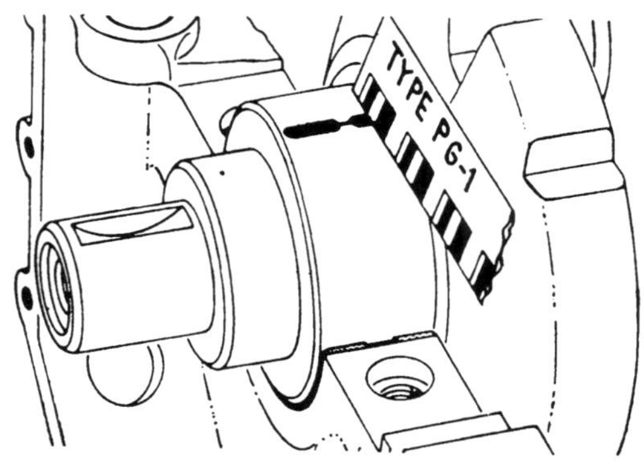

Bild 31
Nach Lösen des Lagerdeckels den zusammengedrückten Kunststoffdraht mit der mitgelieferten Skala ausmessen, um das Lagerlaufspiel zu bestimmen.

Wenn eine Seite des breitgedrückten Plastigages breiter als das andere ist, besteht ein Unterschied im Lagerspiel. Der Unterschied zwischen den beiden Maßen gibt die Konizität an. Um die Unrundheit zu messen, wird der Plastikdraht über die gesamte Länge der unteren Lagerschalenhälfte (quer) gelegt. Nach dem Anzug mit dem vorgeschriebenen Drehmoment wird der flachgedrückte Draht gemessen. Der Unterschied zwischen dem größten Maß und dem kleinsten Maß gibt die Unrundheit an. Je nach Erforderlichkeit die mit blauer oder roter (oder grüner und gelber) Farbe gezeichnete Lagerschalen verwenden (siehe Hinweis unter letztem Abschnitt), um das Lagerspiel herzustellen. Verlangen Sie Plastigage mit der Bezeichnung PG-1 (grün), welches sich zum Messen der in Frage kommenden Lagerspiele eignet.

Ausmessen des Kurbelwellenaxialspiels

Das Axialspiel der Kurbelwelle wird mit Hilfe der Anlaufscheiben am Bundlager bestimmt. Zum Ausmessen des Axialspiels entweder eine Fühlerlehre zwischen der Anlaufscheibe und der Kurbelwellenfläche einsetzen oder eine Meßuhr so am Ende des Zylinderblocks anbringen (wie es aus Bild 32 ersichtlich), daß der Meßstift auf dem Kurbelwellenflansch aufsitzt. Beim Messen mit der Fühlerlehre die betreffende Stärke verwenden. Beim Messen mit einer Meßuhr die Welle mit einem Schraubenzieher in eine Richtung drücken, die Meßuhr auf «Null» stellen und danach die Welle mit dem Schraubenzieher in die entgegengesetzte Richtung drücken. Der Wert des Axialspiels wird an der Meßuhr angezeigt. Falls Berichtigungen vorgenommen werden müssen, stehen Übergröße-Anlaufscheiben zur Verfügung, die entsprechend zu verwenden sind. Beim Einbau der Scheiben darauf achten, daß die Ölnuten der Scheiben zur Seite der Kurbelwelle weisen.

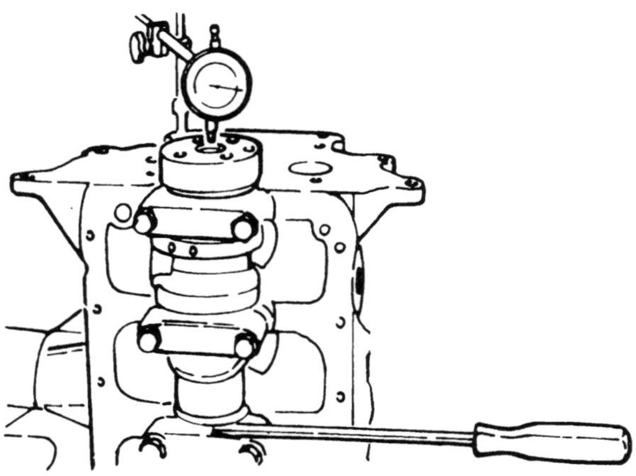

Bild 32
Ausmessen des Kurbelwellenaxialspiels mit Hilfe einer am Zylinderblock angebrachten Messuhr. Der Schraubenzieher wird zum Verschieben der Welle verwendet.

Einbau der Kurbelwelle

- Die Lagerbohrungen des Kurbelgehäuses gut auswischen.
- Lagerschalen trocken einlegen. Die Führungsnasen der Lagerschalen einwandfrei in die Aussparungen der Bohrungen einlegen.
- Lagerschalen gut einölen und die Welle vorsichtig in die Lagerschalen heben.
- Der Reihe nach die Hauptlagerdeckel mit den eingelegten Lagerschalen (Nasen wieder gut in den Aussparungen sitzen) über die Hauptlagerzapfen und auf das Kurbelgehäuse setzen und mit einem Hammer leicht anschlagen. Den hinteren Deckel auf dem hinteren Teil der Auflagefläche leicht mit Dichtungsmasse einstreichen. Beachten, daß der Pfeil auf den Lagerdeckeln in Fahrtrichtung weist.
- Die Schrauben der Hauptlagerdeckel, mit Ausnahme derjenigen des hinteren Deckels, mit dem vorgeschriebenen Anzugsdrehmoment anziehen. Die Schrauben des hinteren Deckels (Bundlagerdeckel) vorläufig nur fingerfest anziehen.
- Kurbelwelle mit einem starken Schraubenzieher bis zum Anschlag nach vorn drücken, den Bundlagerdeckel nach hinten drücken und die Schrauben ebenfalls anziehen.
- Den hinteren Öldichtring an der Dichtlippe mit Öl einstreichen und bis zum Anschlag in das hintere Kurbelwellenlager einschlagen.
- Die keilförmigen Dichtungen am hinteren Hauptlagerdeckel einschieben, wie es aus Bild 33 ersichtlich ist.
- Nach dem Einbau Kurbelwelle einige Male durchdrehen, um festzustellen, daß sie nicht an bestimmten Stellen schwer zu drehen ist.

Nach fertigem Einbau sicherheitshalber nochmals das Axialspiel der Kurbelwelle ausmessen.

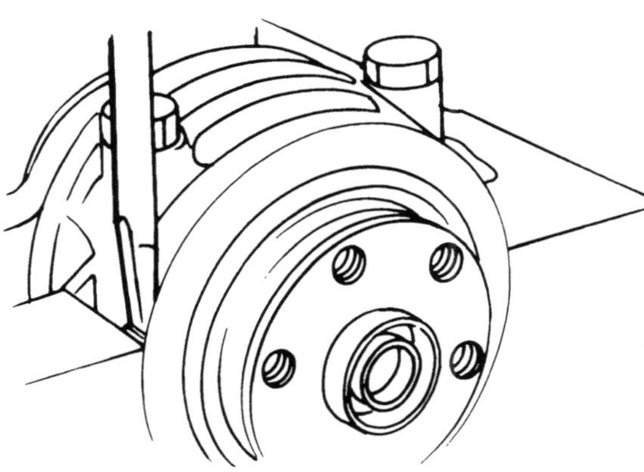

Bild 33
Mit einem Schraubenzieher die Dichtungsstücke an den Seiten des hinteren Hauptwellenlagersvorsichtig hineinstossen.

Nockenwelle

Leichte Schäden an den Nocken oder Lagerzapfen können mit einem Ölstein geglättet werden. Kratzer oder gar Risse erfordern eine Erneuerung der Nockenwelle. Die Lagerzapfen der Nockenwelle sind mit einem Mikrometer auf ihren Durchmesser auszumessen, so daß Verschleiß oder Unrundheit bestimmt werden können. Den Nockenhub ausmessen, indem man die Welle in zwei Lagerzapfen in zwei Prismen einlegt und die Meßspitze einer Meßuhr gegen die runden Seiten der Nocken anlegt. Beim Durchdrehen der Welle arbeitet sich die Meßspitze auf dem Nocken nach oben, bis der Nockenhub an der obersten Stelle angegeben wird. Falls die erhaltenen Werte nicht den Angaben entsprechen (durch Abnutzung), muß die Nockenwelle erneuert werden.

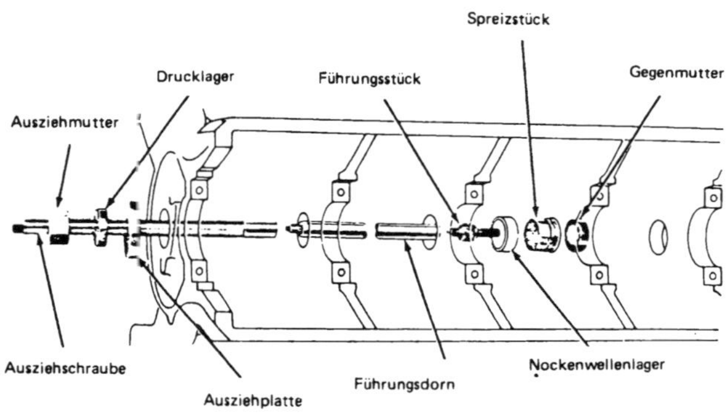

Bild 34
Erneuerung der Nockenwellenlager bei einem V6-Motor.

Die Nockenwellenlager im Kurbelgehäuse oder im Zylinderkopf (beim 2,0-Liter-OHC) können erneuert werden, jedoch sind Spezialwerkzeuge dazu erforderlich, um die alten Lager herauszuziehen und die neuen Lager einzuziehen. Falls diese Arbeit vorgenommen werden soll, sollten keine Schwierigkeiten auftreten. Beim Einziehen der neuen Lagerbüchsen ist jedoch darauf zu achten, daß die Ölbohrungen in den Büchsen in eine Linie mit den Schmierbohrungen im Kurbelgehäuse (V4 und V6) oder in den Lagerbohrungen des Zylinderkopfes (2,0 OHC) kommen. Bei V4- und V6-Motoren von der Oberseite der Zylinderkopffläche mit einem Draht durch die Bohrung und die Ölbohrung der Nockenwellenlager von Nr. 2 und 3 Lager stoßen, um festzustellen, ob die Bohrungen wirklich in einer Linie fluchten. Bild 34 zeigt die Erneuerung der Nockenwellenlager bei einem V6-Motor, während Bild 35 die Erneuerung der Lager beim 2,0-OHC-Motor zeigt.

Bild 35
Erneuerung der Nockenwellenlager bei einem 2,0 Liter OHC-Motor.

Einbau der Nockenwelle

Lagerbohrungen gut mit Öl einschmieren und die Nockenwelle vorsichtig in die Lagerbohrungen einschieben, ohne dabei die Lagerbüchsen zu beschädigen. Bei beiden Motorenausführungen die Halteplatte an der Stirnseite der Nockenwelle anbringen. Die Konstruktionsweise beim 2,0-Liter-Motor ist in Bild 36 gezeigt. Den gezeigten Stopfen in die Welle schrauben. Beim V4- und V6-Motor ist die Form der Halteplatte unterschiedlich und die Platte ist in eingebautem Zustand in Bild 37 gezeigt. Zu beachten ist, daß die V4- und V6-Motoren eine Scheibenfeder zur Befestigung des Steuerrades besitzen, während beim 2,0-OHC-Motor ein Paßstift zur Führung des Steuerrades verwendet wird.

HINWEIS: Unter der Halteplatte für die Nockenwelle beim V4- und V6-Motor befindet sich ein Distanzring, welcher zur Regulierung des Axialspiels der Nockenwelle dient. Die Halteplatte und der Distanzring sind mit roter oder blauer Farbe gezeichnet, um deren Zusammengehörigkeit anzugeben. Der Distanzring ist etwas stärker als die Halteplatte, so daß das Axialspiel auf diese Weise hergestellt wird. Beim 2,0-Liter-OHC-Motor den Öldichtring vorsichtig in das vordere Lagergehäuse einschlagen. Abschließend den Paßstift in die Seite der Welle schlagen.

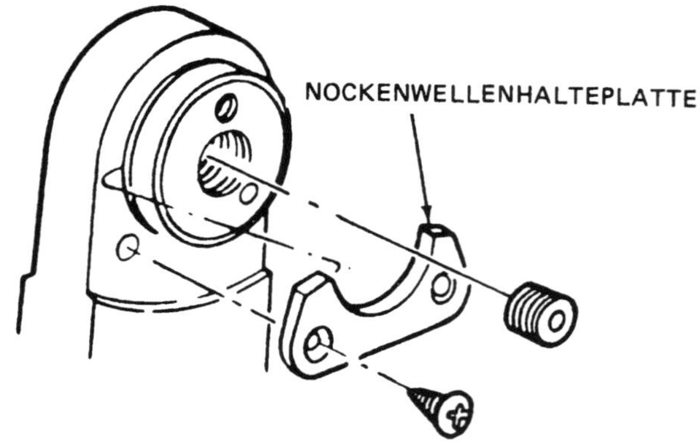

Bild 36
Die Befestigung der Nockenwelle beim 2,0 Liter OHC-Motor.

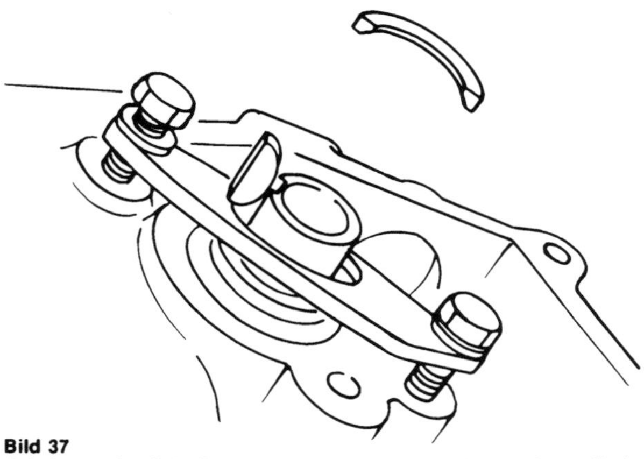

Bild 37
Anbringen der Scheibenfeder und Druckplatte der Nockenwelle beim V4- und V6-Motor.

Axialspiel der Nockenwelle ausmessen

Eine Meßuhr an der Vorderseite des Zylinderblocks anbringen (anschrauben oder mit Magnetfuß), so daß der Meßstift gegen das Ende der Nockenwelle ansitzt. Welle nach einer Richtung drücken, die Meßuhr auf Null stellen und die Welle in die andere Richtung drücken. Der angezeigte Wert ist das Axialspiel. Zum Berichtigen des Axialspiels beim 2,0-OHC-Motor die Halteplatte erneuern. Bei V4- oder V6-Motoren ist dagegen der Distanzring oder die Halteplatte zu erneuern, je nachdem, wie die Kombination zum vorschriftsmäßigen Ergebnis führt. Der Wert des Axialspiels der einzelnen Motoren ist der Maß- und Einstelltabelle (Seite 115) zu entnehmen.

Einstellen der Steuerzeiten

Nachdem die Nockenwelle eingebaut wurde, sind die Steuerzeiten entsprechend der Motorenausführung einzustellen:

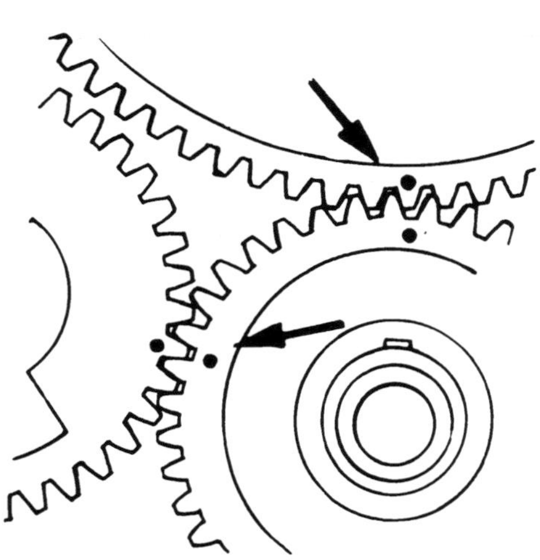

Bild 38
Die Steuermarkierungen an den Zahnrädern des 1,7 Liter V4-Motors.

2,0-OHC-Motor: Der Zahnriemen dieses Motors ist unter Zuhilfenahme von Bild 4 zu montieren. Die Steuerzeichen an Kurbelwellen- und Nockenwellenrad entsprechend ausrichten und die Spannrolle zurücklassen, wie es beim Zusammenbau dieses Motors bereits weiter vorn beschrieben wurde. Ausgleichswelle muß eingebaut sein.

V4-Motor: Bei diesem Motor ist vorher die Ausgleichswelle einzubauen, wie es weiter unten beschrieben wird. Nachdem alle drei Steuerräder montiert sind, die Wellen durchdrehen, bis die Steuerzeichen von Nockenwellenrad und Kurbelwellenrad und Kurbelwellenrad und Ausgleichswellenrad sich gegenüber stehen, wie es aus Bild 38 ersichtlich ist. Nach der Montage von Nockenwelle, Ausgleichswelle und Steuerräder ist das Flankenspiel zwischen den drei Steuerrädern auszumessen. Dazu eine Meßuhr in geeigneter Weise anbringen und den Meßfinger auf einen Zahn des Nockenwellenrades aufsetzen. Steuerrad der Ausgleichswelle festhalten und das Steuerrad der Nockenwelle leicht hin- und herbewegen. Anzeige der Meßuhr ablesen. Das Spiel sollte zwischen 0,5 bis 0,14 mm liegen. Falls keine Meßuhr vorhanden ist, kann man auch eine Fühlerlehre zwischen die Steuerräder einschieben, wie es aus Bild 39 ersichtlich ist.

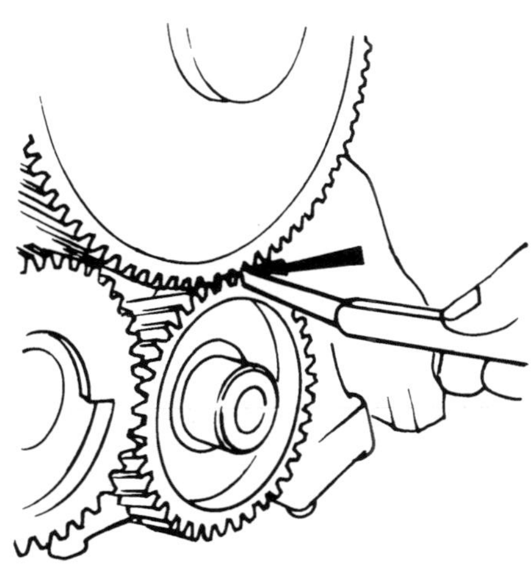

Bild 39
Ausmessen des Flankenspiels zwischen den Steuerrädern am Beispiel des 1,7 Liter V4-Motors.

Die Zahnräder werden während der Produktion in Toleranzklassen eingeteilt und sind durch Farbpunkte gezeichnet. Rot gezeichnete Steuerräder bedeuten, daß es sich um die hohe Meßgrenze handelt, gelb ist die Mittelstufe und blau ist die untere Stufe. Durch Auswahl der Steuerräder mit passenden Farbkennzeichnungen wird das erforderliche Flankenspiel erhalten. Falls das Flankenspiel nicht stimmt (wenn es zu groß ist), könnte es sein, daß das Steuerrad erneuert werden muß, um die nächstgrößere Stufe einzubauen. Man muß daran denken, daß ein neues Nockenwellenrad nach dem Einbau sich leicht vergrößert (aufgrund der Materialzusammenstellung), so daß ein leicht größeres Flankenspiel vielleicht während des Betriebs ausgeglichen werden kann.

V6-Motoren: Bei diesen Motoren sind die beiden Steuerräder für die Kurbelwelle und die Nockenwelle je mit einem Punkt in der Mitte zwischen zwei Zähnen gezeichnet. Die beiden Wellen entsprechend durchdrehen, so daß sich die Zahnräder aufstecken lassen, wenn sich die beiden Punkte genau gegenüberstehen (siehe Bild 40)! Nach Montage der Nockenwelle und Steuerräder ist das Flankenspiel auszumessen. Falls dieses nicht innerhalb der zulässigen Werte liegt (0,05 bis 0,14 mm), so müssen beide Steuerräder erneuert werden. Die Messung kann entweder mit einer Meßuhr oder mit einer Fühlerlehre erfolgen.

> ACHTUNG: Nicht versuchen, ein etwas zu großes Flankenspiel zu übersehen. Ihr Motor wird Ihnen dafür danken, indem er sehr geräuschvoll läuft, besonders im kalten Zustand.

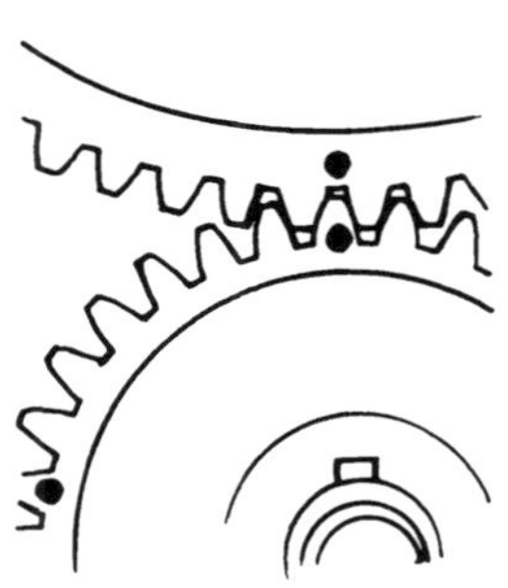

Bild 40
Die genaue Ausfluchtung der Steuerräder muss die Steuermarken genau gegenüber haben.

Zwischenwelle (2,0 OHC-Motor)

Zum Ausbau der Zwischenwelle das Steuerrad entfernen und die Druckplatte abschrauben. Welle aus dem Motor ziehen, ohne die Lager für die Zwischenwelle zu beschädigen. Falls der Motor noch zusammengebaut ist, müssen Schutzblech des Zahnriemens, der Zahnriemen, der Zündverteiler und die Kraftstoffpumpe vorher ausgebaut werden.

Falls erforderlich, können die Lagerbüchsen aus dem Zylinderblock gezogen werden, wozu jedoch geeignete Spezialwerkzeuge vorhanden sein müssen. Beim Einziehen der neuen Lager darauf achten, daß die Bohrungen der Lager mit den Schmierölkanälen im Zylinderblock in eine Linie kommen.

Welle in den Zylinderblock einschieben (gut eingeölt) und mit der Halteplatte befestigen. Eine neue Dichtung auflegen und den Deckel befestigen. Die drei Schrauben anziehen. Verbleibende Teile montieren und die Steuerung einstellen, wie es weiter vorn für diesen Motor beschrieben wurde.

Ausgleichswelle (V4-Motor)

Die Ausgleichswelle des V4-Motors ist in Bild 41 gezeigt. Wie es aus dem Bild ersichtlich ist, wird das Steuerrad durch eine Schraube mit Scheibe gehalten. Die Ausgleichswelle selbst wird in ähnlicher Weise wie die Nockenwelle durch eine Halteplatte befestigt. In der Innenseite der Halteplatte und auf der Ausgleichswelle befindet sich ein Distanzring, der zur Regulierung des Axialspiels der Welle dient. Ebenfalls wie bei der Nokkenwelle sind die Platte und der Ring entweder mit blau oder rot gezeichnet, um die Zusammengehörigkeit anzugeben.

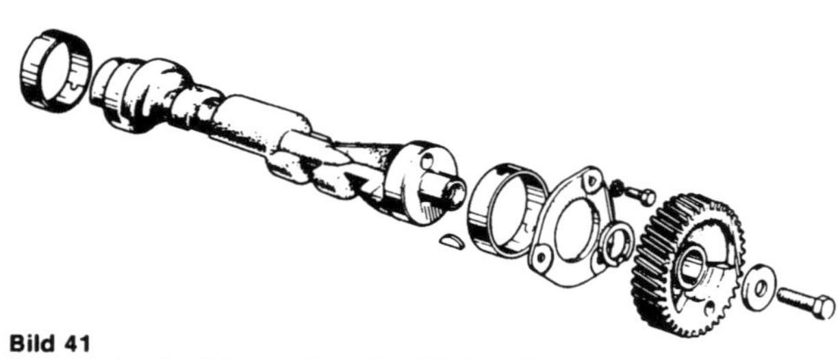

Bild 41
Ansicht der Angleichswelle beim 1,7 Liter V4-Motor.

Die Lagerbüchsen für die Ausgleichswelle können erneuert werden, jedoch müssen Spezialwerkzeuge verwendet werden. Beim Einziehen der neuen Büchsen darauf achten, daß die Schmierbohrungen mit den Bohrungen im Zylinderblock in eine Linie kommen. Der Einbau der Ausgleichswelle geschieht in umgekehrter Reihenfolge wie der Ausbau. Falls nur die Ausgleichswelle ausgebaut wurde, sind Nockenwelle und Kurbelwelle so durchzudrehen, daß die beiden Steuermarken dieser Zahnräder ausgerichtet sind. Danach die Ausgleichswelle drehen, bis beim Aufstecken des Zahnrades dieser Welle auf den Keil die Steuerzeichen von Kurbelwellenrad und Ausgleichswellenrad ebenfalls ausgerichtet sind. Nicht vergessen, das Flankenspiel auszumessen, wie es bereits vorher beschrieben wurde.

Diverse Arbeiten am Motor

Vordere Motoraufhängungen

2,0 Liter OHC

- Obere und untere Befestigungsmuttern lösen.
- Motor mit einem Wagenheber anheben, bis die Lager frei sind.
- Gummilager entfernen.
- Falls erforderlich, kann der Tragbügel ebenfalls erneuert werden.

In umgekehrter Reihenfolge wieder montieren.

V4- und V6-Motoren

Arbeiten in gleicher Weise durchführen.

Hintere Motoraufhängungen

Alle Motoren

- Einen Wagenheber unter das Getriebe fahren und dieses leicht anheben.
- Schraube des Gummilagers herausdrehen.
- Die vier Schrauben aus den Ecken des Motorträgers entfernen.
- Getriebe ausreichend anheben, bis der Motorträger herausgenommen werden kann.
- Gummilager vom Motorträger abschrauben.

Der Einbau erfolgt in umgekehrter Reihenfolge wie der Ausbau.

Erneuerung eines Kipphebels (OHC-Motor)

- Luftfilter mit Schläuchen abmontieren.
- Zylinderkopfhaube abnehmen.
- Kurbelwelle durchdrehen, bis die flache Seite des betreffenden Nockens gegen den auszubauenden Kipphebel anliegt.
- Befestigungsfeder des Kipphebels entfernen.
- Ventilfeder in geeigneter Weise nach unten drücken, bis sich der Kipphebel herausnehmen läßt.

Der Einbau erfolgt in umgekehrter Reihenfolge.

Aus- und Einbau einer Kipphebelwelle (V4- und V6-Motoren)

- Zylinderkopfhaube ausbauen.
- Zündkerzenkabel von der Zylinderkopfhaube lösen.
- Gasgestänge vom Vergaser abschließen, da es im Wege ist.
- Befestigungsschrauben der Kipphebelböcke in Reihenfolge gleichmäßig lockern (zwei Umdrehungen auf einmal).
- Kipphebelwelle vom Zylinderkopf abheben.

Der Einbau erfolgt in umgekehrter Reihenfolge wie der Ausbau.

Aus- und Einbau eines Kipphebels (3,0 Liter V6-Motor)

Bei diesem Motor sind die Kipphebel einzeln mit einer selbstsichernden Mutter befestigt. Nach Abnahme der Zylinderkopfhaube auf der betreffenden Seite die Mutter des in Frage kommenden Kipphebels abschrauben und den Kipphebel herunternehmen. Der Einbau geschieht in umgekehrter Reihenfolge.

> ACHTUNG: Bei allen vorhin beschriebenen Arbeiten muß das Ventilspiel nach Wiedereinbau des Kipphebels oder der Kipphebelwelle neu eingestellt werden. Dabei die «Kaltwerte» beachten.

Ansaugkrümmer aus- und einbauen

2,0 OHC-Motor

- Luftfilter ausbauen.
- Kraftstoffleitung vom Vergaser abschließen.
- Unterdruckleitung des Zündverteilers vom Ansaugkrümmer abziehen.
- Schlauch für die Motorbelüftung entfernen.
- Befestigungsmuttern des Ansaugkrümmers vom Zylinderkopf lösen.
- Ansaugkrümmer zusammen mit dem Vergaser herausheben.

Der Einbau geschieht in umgekehrter Reihenfolge wie der Ausbau. Eine neue Dichtung verwenden. Beim Anziehen von der Mitte aus nach den Seiten vorgehen.

V4- und V6-Motoren

- Luftfilter ausbauen.
- Massekabel der Batterie abklemmen.
- Kühlanlage ablassen.
- Schlauch zwischen Wasserauslaß und Kühler sowie Schlauch und Leitung zwischen Wasserauslaß und Wasserpumpe abschliessen.
- Verteilerdeckel zusammen mit den Zündkabeln entfernen.
- Die Einbaulage des Zündverteilers so markieren, daß beim Wiedereinbau die Zündung nicht eingestellt zu werden braucht.
- Verteiler durch Lösen der Befestigungsschraube der Klemmplatte (nicht durch Lösen der Klemmschraube) herausziehen.
- Kraftstoffleitung zwischen Pumpe und Vergaser und Zylinderkopfhauben ausbauen.
- Ansaugkrümmer abschrauben und vorsichtig mit einem Hammer dagegenschlagen, um die Dichtung zu trennen. Krümmer herausheben.

Der Einbau geschieht in umgekehrter Reihenfolge wie der Ausbau. Dichtung erneuern. Dichtflächen vorher gut reinigen. Beim Anziehen zuerst die Schraube an der linken vorderen Ecke anziehen, danach die Schraube diagonal gegenüber, die beiden Muttern in den anderen Ecken und danach die vier mittleren Schrauben übers Kreuz.

Auspuffkrümmer

Alle Motoren

- Luftfilter ausbauen.
- Die vier Befestigungsmuttern des Auspuffschildes (nur auf der rechten Seite beim V4- und V6-Motor) entfernen.
- Verbindung zwischen Krümmer und Auspuffrohr lösen.
- Krümmer abschrauben und herausheben.

Beim Einbau die Verbindungsflächen des Krümmers mit etwas Graphitfett einschmieren. Neue Dichtung verwenden. Muttern gleichmäßig übers Kreuz anziehen, zuerst in der Mitte und danach zu den Enden zugehend.

Erneuerung des Zahnriemens (2,0 OHC-Motor)

- Kurbelwelle auf den oberen Totpunkt drehen.
- Schutzdeckel des Zahnriemens abschrauben.
- Mutter der Spannrolle lockern, Spannrolle nach innen drücken und Mutter wieder festziehen.
- Riemen abnehmen.

- *Kurbelwelle und Nockenwelle jetzt nicht mehr durchdrehen.*

Der Einbau geschieht in umgekehrter Reihenfolge wie der Ausbau. Unter der Überschrift «Zusammenbau des Motors» finden Sie die ausführliche Beschreibung über die Spannung des Zahnriemens, sowie die Steuereinstellung.

- Alle Teile wieder in umgekehrter Reihenfolge wie beim Ausbau montieren.
- Kühlanlage füllen.
- Keilriemenspannung einstellen.

Öldichtringe für Stirndeckel und Zwischenwelle erneuern (2,0 OHC-Motor)

- Keilriemen der Lichtmaschine ausbauen.
- Schraube der Kurbelwellenriemenscheibe lösen und Riemenscheibe herunterziehen. Auf die untergelegte Scheibe achten.
- Zahnriemen ausbauen, wie es vorhin beschrieben ist.
- Antriebsrad der Kurbelwelle und die Riemenführung von der Kurbelwelle herunterziehen. Falls notwendig, muß ein Abzieher dazu verwendet werden.
- Öldichtring vorsichtig mit einem Schraubenzieher vom Ende der Kurbelwelle herausheben und mit einem Abzieher herausziehen. Der Öldichtring der Zwischenwelle wird in gleicher Weise ausgebaut.

Zum Einbau den neuen Dichtring sehr vorsichtig in die Bohrung schlagen. Innenseite des Dichtringes mit Fett einschmieren. Alle Arbeiten in umgekehrter Reihenfolge wie beim Ausbau durchführen. Steuerzahnriemen und Spannung des Keilriemens für die Drehstromlichtmaschine entsprechend einstellen.

Erneuerung des vorderen Kurbelwellen-Dichtringes (V4 und V6)

- Kühlmittel ablassen.
- Kühlerverkleidung ausbauen.
- Lüfter und Riemenscheibe der Kurbelwelle entfernen.
- Keilriemen der Wasserpumpe lösen.
- Der Deckel selbst braucht nicht abgeschraubt zu werden, falls sich der Öldichtring mit einem Schraubenzieher heraushebeln läßt.
- Neuen Öldichtring vorsichtig und gerade in den Stirndeckel einschlagen.

Nockenwelle bei eingebautem Motor ausbauen

Beim 2,0-OHC-Motor ist es offensichtlich, daß die Nockenwelle bei eingebautem Motor ausgebaut werden kann, da sie im Zylinderkopf sitzt und nach Ausbau des Kopfes aus diesem befreit werden kann.

Beim V4- und V6-Motor kann die Welle bei eingebautem Motor folgendermaßen ausgebaut werden:

- Kühlanlage ablassen.
- Kühler, Lüfter, Abstandsring, Wasserpumpenriemenscheibe und Keilriemen entfernen.
- Verteilerkappe mit Kabeln abnehmen.
- Kraftstoffleitung abschließen.
- Folgende Teile ausbauen: Verteiler, Drehstromlichtmaschine, Zylinderkopfhauben, Vergaser und Ansaugkrümmer.
- Ölwanne entleeren.
- Beide Kipphebelwellen ausbauen.
- Stößelstangen herausziehen.
- Ölwanne abschrauben.
- Antriebssteuerrad der Kurbelwelle entfernen.
- Stirndeckel zusammen mit der Wasserpumpe abschrauben.
- Nockenwellensteuerrad abschrauben und Zahnrad herunterziehen.
- Halteplatte der Nockenwelle abschrauben und die Platte abnehmen.
- Mit einem Stabmagnet die Ventilstößel aus den Bohrungen heben.
- Nockenwelle vorsichtig aus den Lagern ziehen.
- Scheibenfeder und den Distanzring abnehmen.

Der Einbau der Nockenwelle geschieht in umgekehrter Reihenfolge wie der Ausbau. Weitere Einzelheiten sind den Überschriften weiter vorn im Text zu entnehmen, die sich ausführlich mit dem Einbau der Nockenwelle befassen (Axialspiel, Steuereinstellung, usw.).

Erneuerung von Hauptlagern, Kolben, Pleuellagern usw. bei eingebautem Motor

Die oben genannten Teile können ohne weiteres bei eingebautem Motor ausgebaut werden. Zum Ausbau eines Hauptlagers nach Ablassen des Motorenöles die Ölwanne abschrauben und den ersten Hauptlagerdeckel abschrauben. Nur ein Lager auf einmal vornehmen und die anderen befestigt lassen. Um die obere Lagerschale zu entfernen, kann man versuchen, die Schale mit einem flachen Gegenstand um den Lagerzapfen herumzustoßen, bis sie herausgezogen werden kann. Außerdem ist es möglich, daß man einen kleinen Stift in das Schmierloch des Lagerzapfens einsetzt und durch Drehen der Kurbelwelle im Drehsinn die Schale herausschiebt, während der Stift die Schale um den Zapfen schiebt.
Beim Einbau der oberen Lagerschale diese so einschieben, daß die Seite mit der Führungszunge sich auf der richtigen Seite befindet und wiederum einen Stift in die Schmierungsbohrung der Kurbelwelle einsetzen, die Welle diesmal jedoch entgegengesetzt der Drehrichtung drehen, bis die Lagerschale sitzt. Ein Spezialwerkzeug steht zu dieser Arbeit zur Verfügung. Der weitere Zusammenbau geschieht in umgekehrter Reihenfolge wie die Zerlegung.
Um Kolben oder Pleuelstangen bei eingebautem Motor zu erneuern, ist außer der Ölwanne ebenfalls der Zylinderkopf auszubauen, da die Kolben nach oben herauskommen. Falls nur ein Kolben erneuert werden soll, darauf achten, in welcher Zylinderbank der betreffende Kolben sitzt, da nur ein Kopf ausgebaut zu werden braucht, wenn es sich um einen V4- oder V6-Motor handelt. Zur Erleichterung des Ausbaus ist die Kurbelwelle so durchzudrehen, daß der auszubauende Kolben sich an der Unterseite seines Hubes befindet, d. h. das Pleuellager sitzt so weit wie möglich an der Unterseite und ist ohne weiteres zugängig.

Schwungrad und hinterer Kurbelwellendichtring

Der Ausbau des Schwungrades ist nur bei ausgebautem Getriebe möglich. Falls der Öldichtring erneuert werden soll, ist es notwendig, daß man das Schwungradgehäuse und die hintere Zwischenplatte ausbaut. Zum Herausziehen des Dichtringes mit einer Spitzahle zwei Löcher an gegenüberliegende Stellen einschlagen und zwei Blechschrauben gut in die Löcher drehen. Diese Schrauben als Ansatzstelle für einen kräftigen Schraubenzieher benutzen und den Öldichtring heraushebeln. Der Einbau geschieht in umgekehrter Reihenfolge. Beim Einbau des Öldichtringes dieses gerade einschlagen. Dichtlippe mit Fett einschmieren.

Die Motorschmierung

Eine Kreiselläuferpumpe wird bei allen Motoren im Druckschmierungssystem verwendet. Obwohl sich die Pumpe der einzelnen Motoren äußerlich

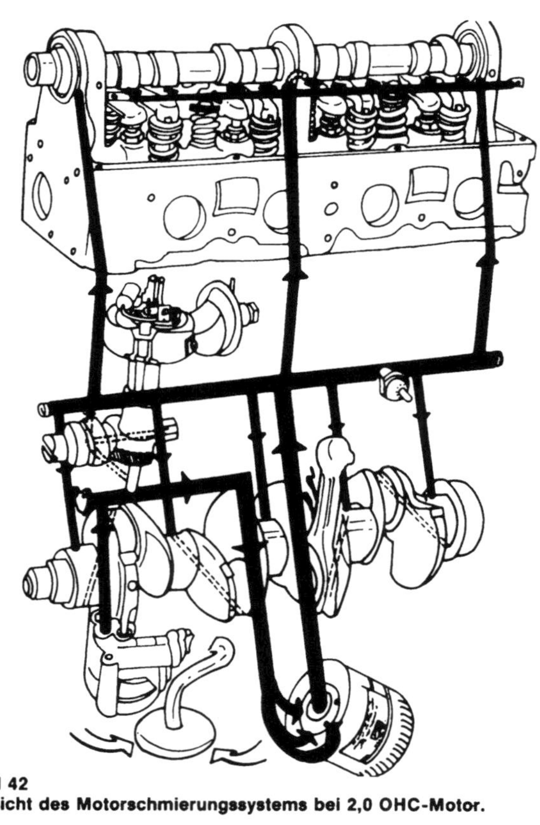

Bild 42
Ansicht des Motorschmierungssystems bei 2,0 OHC-Motor.

unterscheidet, ist die Arbeitsweise und der innere Aufbau bei allen Motoren gleich. Bild 42 zeigt das Schmierschema am Beispiel des 2,0-Liter-OHC-Motors, während Bild 43 das Schmierschema eines V6-Motors zeigt.

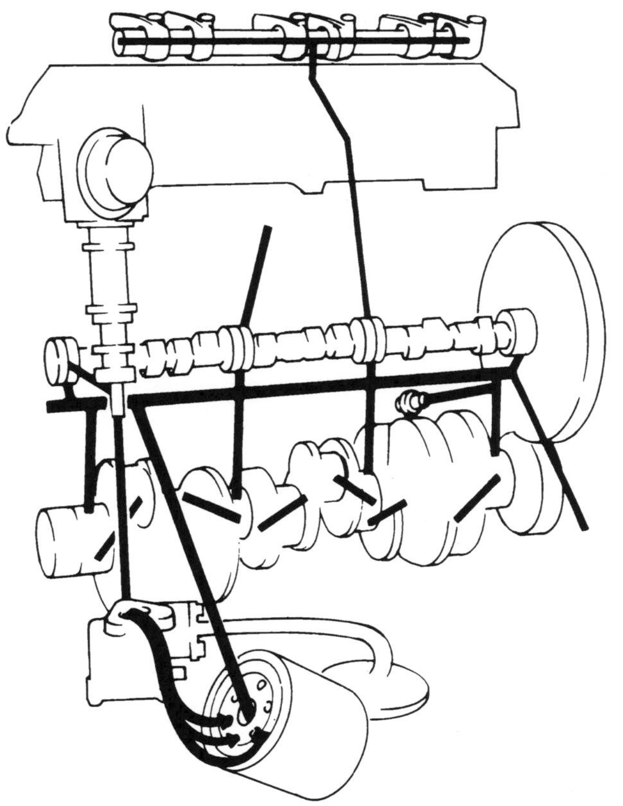

Bild 43
Ansicht des Motorschmierungssystems beim V6-Motor (2,0, 2,3, 2,6 Liter).

Die Ölpumpe

Aus- und Einbau der Ölpumpe

Beim 2,0-Liter-OHC-Motor wird die Ölpumpe durch die Zwischenwelle angetrieben. Zum Ausbau der Pumpe die Ölwanne abschrauben und die Ölpumpe von der Innenseite des Kurbelgehäuses zusammen mit dem Saugrohr entfernen. Zum Lösen der Ölpumpe ist jedoch der Spezialschlüssel 21 012 erforderlich, oder ein anderer passender Schlüssel, der sich in die Innenkerbverzahnungen der Ölpumpenschrauben einsetzen läßt. Die Ölwanne muß natürlich vorher abgeschraubt sein.

Bei V4- und V6-Motoren wird die Ölpumpe von der Nockenwelle angetrieben. Zum Ausbau die Ölwanne abschrauben, zusammen mit dem Saugrohr von der Innenseite des Kurbelgehäuses lösen und die Pumpe herausziehen.
Der Einbau der Ölpumpe erfolgt bei allen Motoren in umgekehrter Reihenfolge wie der Ausbau.

Überholen der Ölpumpe

Den Pumpendeckel abschrauben und das Ölsieb zusammen mit dem Saugrohr entfernen. Die Läufer aus dem Pumpengehäuse nehmen. Falls man beabsichtigt, die Läufer wieder zu verwenden, ist die Oberfläche beider Läufer vor dem Herausnehmen mit einem Farbpunkt zu kennzeichnen, damit man sie wieder in der ursprünglichen Lage, d. h. mit der richtigen Fläche nach oben weisend, einsetzen kann.
Alle Teile gründlich in Waschbenzin reinigen. Danach die Läufer wieder in das Pumpengehäuse einsetzen und als erstes das Spiel zwischen den Spitzen der Läufer ausmessen, wie es aus Bild 44 ersichtlich ist. Eine Fühlerlehre ist zur Messung erforderlich. Falls das Spiel den Höchstwert überschreitet (Maß- und Einstelltabelle, Seite 115), sind die Läufer paarweise zu erneuern.

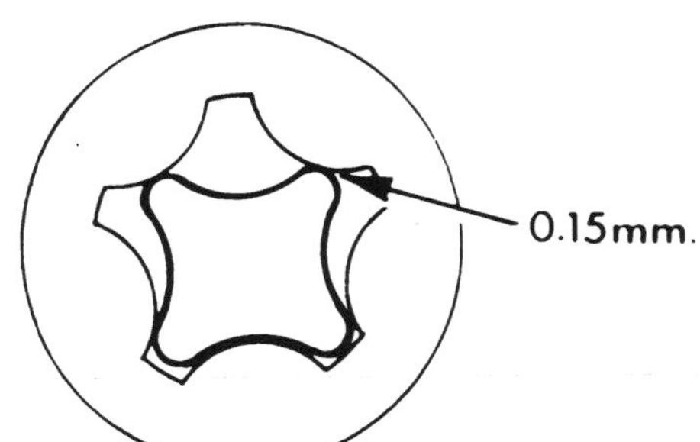

Bild 44
Ausmessen des Spiels zwischen den Spitzen des inneren und äusseren Läufers der Ölpumpe. Die Läufer müssen vor der Messung in die gezeigte Lage gedreht werden.

Als nächstes das Spiel zwischen dem äußeren Läufer und der Wandung des Pumpengehäuses mit einer Fühlerlehre ausmessen. Diese Messung ist in Bild 45 gezeigt. Falls das Höchstmaß überschritten wird, ist entweder das Läuferpaar oder das Ölpumpengehäuse zu erneuern.

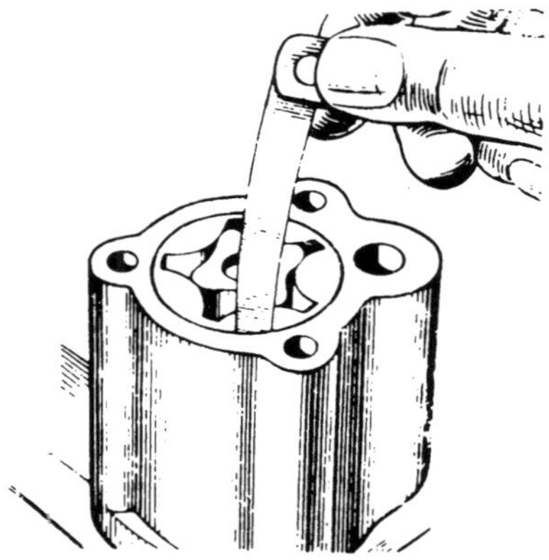

Bild 45
Ausmessen des Spiels zwischen der Wandung der Ölpumpenbohrung und dem äusseren Läufer mit einer Fühlerlehre.

Ein Stahllineal auf die Oberfläche des Pumpengehäuses auflegen und mit einer Fühlerlehre den Spalt zwischen der Oberseite der Läufer und der Pumpenfläche ausmessen. Falls der Höchstwert überschritten wird, und die Fläche des Pumpengehäusedeckels ist in gutem Zustand, kann man die Pumpengehäusefläche mit Schmirgelleinwand auf einer Richtplatte abziehen, um übermäßiges Axialspiel zu beseitigen. Die Messung ist in Bild 46 gezeigt.

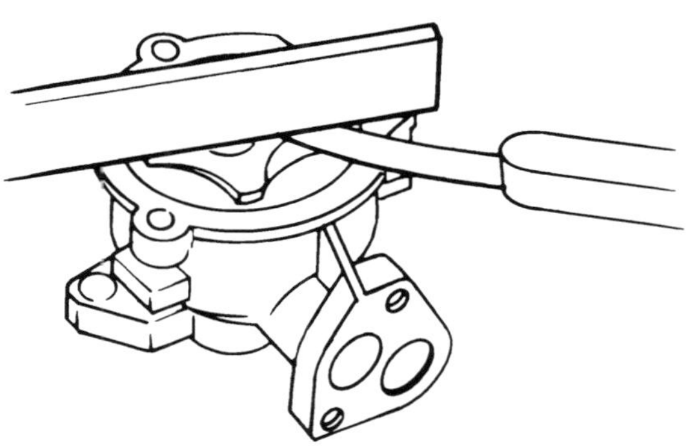

Bild 46
Ausmessen des Axialspiels zwischen der Oberfläche der Läufer und der Dichtfläche des Pumpengehäuses. Die Läufermarkierungen sind ebenfalls gezeigt.

Falls die Läufer erneuert werden müssen, ist der Sicherungsstift für das Antriebsrad der Pumpe auszuschlagen, um die Läuferwelle aus dem Gehäuse zu bekommen. Beim Zusammenbau der Ölpumpe die beiden Enden des Sicherungsstiftes verstemmen, um das Antriebsrad zu sichern. Bild 47 zeigt die Teile der Ölpumpe, wie sie in den 3,0-Liter-V6-Motor eingebaut sind.
Die beiden Läufer sind so einzubauen, daß die abgeschrägten Kanten der Läufer zur Innenseite der Pumpe stehen.

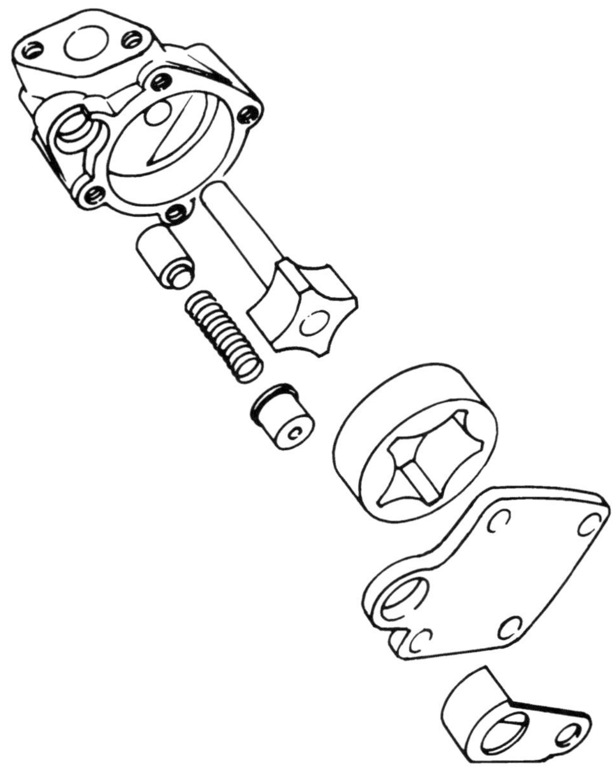

Bild 47
Montagebild einer typischen Ölpumpe am Beispiel des 3,0 Liter V6-Motors.

Das Öldruckventil bei der Ölpumpe des 3,0-Liter-Motors ist, wie in Bild 47 gezeigt, eingesetzt. Bei den anderen Motoren befindet sich das Überdruckventil unter einem Kernlochstopfen. Zum Ausbau dieses Stopfens ein Loch in die Mitte des Stopfens bohren und ein Gewinde für eine kleine Schraube einschneiden. Eine Schraube in das Gewinde drehen und mit Hilfe eines Schraubenziehers den Kernlochstopfen heraushebeln, wie es aus Bild 48 ersichtlich ist. Die Arbeit ist in diesem Bild am Beispiel des 2,0-OHC-Motors gezeigt.

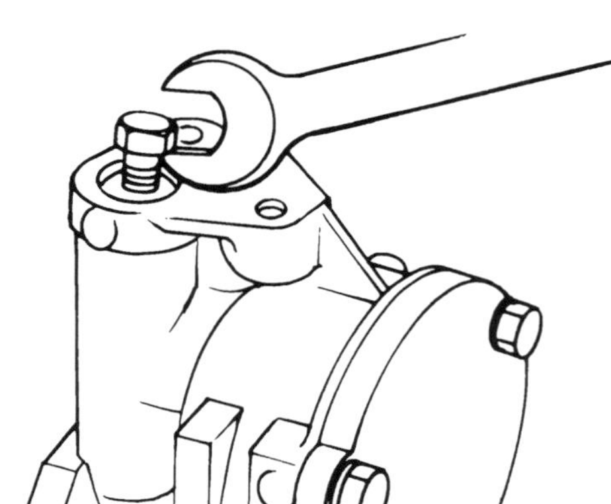

Bild 48
Das Überdruckventil kann in der gezeigten Weise aus der Pumpe gezogen werden (siehe ebenfalls Text).

Beim Einbau des Überdruckventils, in umgekehrter Reihenfolge wie beim Ausbau, einen neuen Kernlochstopfen in die Öffnung einsetzen und mit einem gut gezielten Schlag mit einem kugelendigem Hammer in die Mitte des Stopfens schlagen. Der Stopfen dehnt sich dabei gegen die Wandung aus und bleibt in seiner Stellung.

HINWEIS: Für alle Ölpumpen stehen Reparatursätze zur Verfügung und alle im Satz enthaltenen Teile sollten verwendet werden, um eine einwandfreie Reparatur durchzuführen. Vor dem Wiedereinbau der Pumpe diese einige Male durchdrehen, um festzustellen, ob sich die Läufer einwandfrei drehen können. Falls möglich, Ölsaugkorb in einen Ölbehälter tauchen und die Antriebswelle durchdrehen, bis das Öl aus der Auslaßöffnung heraustritt. Dies ist die Gewährleistung, daß die Ölpumpe einwandfrei arbeitet.

Ölfilter

Der Filtereinsatz ist entsprechend der Anweisungen in der Betriebsanleitung in den in Frage kommenden Zeitabständen zu erneuern. Den alten Filter mit der Hand abschrauben, oder falls er zu fest sitzt, mit einem Spannband entfernen, wie es aus Bild 49 ersichtlich ist. Eine alte Fahrradkette z. B. kann in ähnlicher Weise um den Filter gelegt werden.

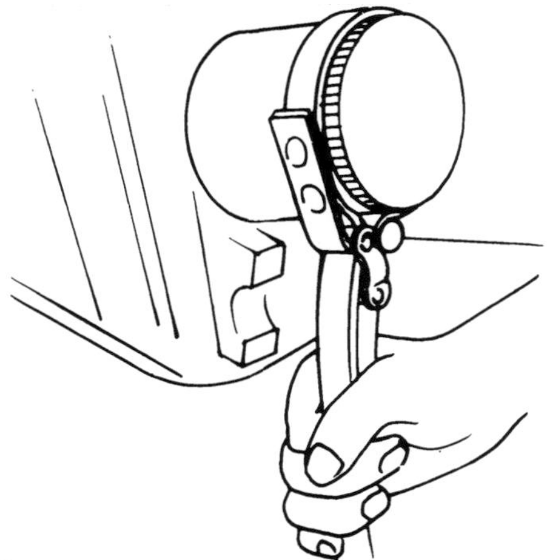

Bild 49
Ausbau der Ölfilterpatrone mit einem Spezialspannband.

Filtereinsatz wegwerfen und einen neuen Einsatz am Motor anbringen. Den Dichtring vor dem Einlegen leicht einölen. Filter mit der Hand anziehen, bis er gegen den Dichtring ansitzt und danach um eine weitere halbe bis dreiviertel Umdrehung festziehen. Motor anlassen und kontrollieren, daß sich keine Öllleckstellen um den Filtersockel gebildet haben.

Ölwanne

Zum Ausbau der Ölwanne beim 2,0-Liter-OHC-Motor:

- Motorenöl ablassen.
- Ölmeßstab herausziehen.
- Deckel von der Unterseite des Schwungradgehäuses abschrauben.
- Ölwanne abschrauben und herausheben.
- Es könnte erforderlich sein, daß man die Lenkungsscheibe vom Lenkritzel trennen muß, so daß man die Zahnstangenlenkung vom Querträger abschrauben kann. Dies gibt genügend Raum zum Herausheben der Ölwanne nach dem Abschrauben.
- Alle Dichtungsreste entfernen, wobei besonders darauf zu achten ist, daß die Dichtungsrillen im vorderen Deckel und im hinteren Hauptlagerdeckel einwandfrei gereinigt werden.

Die Dichtung besteht aus zwei Teilen, die zuerst auf die Seiten des Kurbelgehäuses mit Dichtungsmasse anzukleben sind. Danach den vorderen Dichtstreifen auflegen, so daß die Enden des Dichtstreifens auf den beiden Seitendichtungen aufliegen. Dichtstreifen auf den hinteren Lagerdeckel auflegen und alle Dichtungen nochmals mit Dichtungsmasse einstreichen. Ölwanne in umgekehrter Reihenfolge wie beim Ausbau wieder montieren.

Bei Ausbau der Ölwanne an den anderen Motoren:

- Befestigungsschrauben der Lüfterverkleidung lösen und die Verkleidung über den Lüfter hängen.
- Batterie abklemmen.
- Befestigung der Drehstromlichtmaschine entfernen.
- Vorderseite des Fahrzeuges auf Böcke setzen.

- Motorenöl ablassen.
- Spritzblech von der Unterseite entfernen.
- Anlasser ausbauen.
- Kupplungsgehäusedeckel (oder Wandlergehäusedeckel) abschrauben.
- Befestigungsschrauben der vorderen Motoraufhängung lösen.
- Vorderseite des Motors mit einem Wagenheber anheben und Holzblöcke zwischen die Aufhängungen und die Träger am Motor einschieben.
- Wagenheber wieder ablassen.
- Befestigungsschrauben der Ölwanne entfernen.
- Ölwanne abnehmen.
- Dichtungsreste sofort entfernen.

Die Ölwannendichtung besteht aus zwei Teilen, mit der Ausnahme des 3,0-Liter-Motors, bei welchem sie aus vier Teilen besteht. Bei diesem Motor darauf achten, daß die Verbindungsstücke der vier Teile genau ineinander zusammenkommen. Diese Stellen besonders gut mit Dichtungsmasse einstreichen. Andernfalls werden die Dichtungen in gleicher Weise aufgelegt, wie es vorhin für den 2,0-OHC-Motor beschrieben wurde, da außerdem ein Dichtstreifen an der Vorderseite und ein Dichtstreifen für den hinteren Lagerdeckel verwendet werden. Eine Ausnahme bildet in diesem Fall der V4-Motor, welcher vorn keinen Dichtstreifen für den Stirndeckel besitzt.

Beim Anbringen der Ölwanne bei allen Motoren zuerst je eine Schraube in die Ecken einschrauben, um die Ölwanne zu führen und danach die verbleibenden Schrauben einschrauben. Die Anzugsreihenfolge ist unterschiedlich beim 2,0-OHC-Motor und den anderen Motoren. Beim OHC-Motor zuerst die Schraube an der schmalen Seite der Ölwanne anziehen und danach im Uhrzeigersinn um die Ölwanne herumgehen. Bei den V4- und V6-Motoren das Anziehen an der vorderen Ecke anziehen und danach in Reihenfolge um die Ölwanne herumgehen. Das Anzugsdrehmoment muß in allen Fällen beachtet werden.

Die Kühlanlage

Aus- und Einbau der Wasserpumpe

2,0 OHC-Motor

- Kühlanlage ablassen, jedoch in einem Behälter auffangen (Frostschutzmittel).
- Heizungsschlauch und unteren Schlauch von der Pumpe entfernen.
- Keilriemen der Drehstromlichtmaschine abnehmen.
- Kühlerverkleidung ausbauen.
- Lüfter abschrauben und mit Riemenscheibe herausnehmen.
- Schutzdeckel des Zahnriemens abschrauben.
- Wasserpumpe vom Block lösen. Alle Dichtungsreste sofort entfernen.

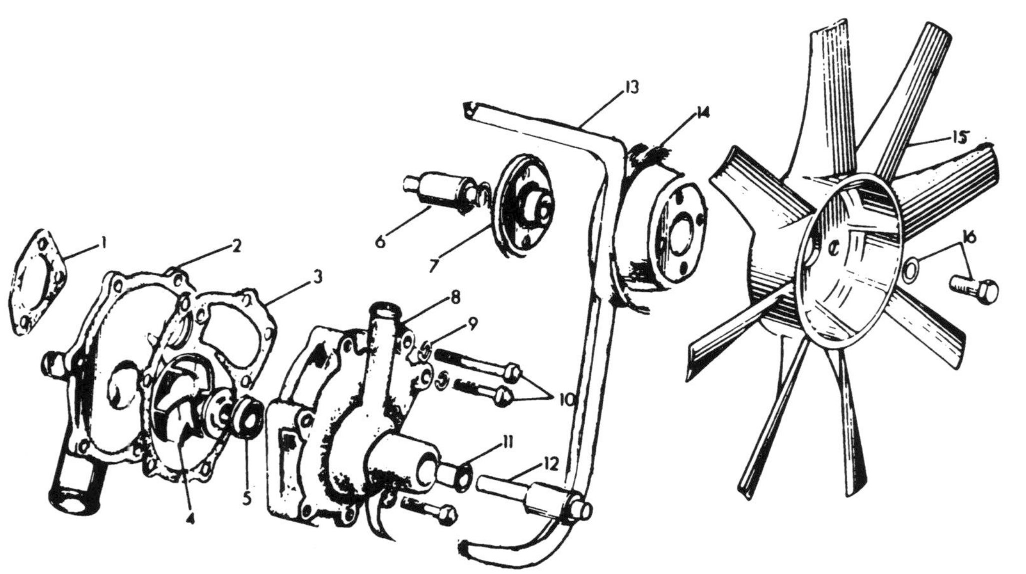

Bild 50
Einzelteile der Wasserpumpe des 3,o Liter V6-Motors.

1 Dichtung
2 Wasserpumpendeckel
3 Deckeldichtung
4 Flügelrad
5 Dichtring
6 Lüfterwelle
7 Lüfternarbe
8 Wasserpumpengehäuse
9 Federring
10 Schrauben
11 Büchse
12 Wasserpumpenwelle
13 Keilriemen
14 Riemenscheibe
15 Lüfter
16 Schraube und Scheibe

V4- und V6-Motoren

Der Ausbau erfolgt in ähnlicher Weise, wie es vorhin beschrieben wurde. Beim Ausbau der Kühlerverkleidung diese zuerst hinter den Lüfter ablegen, danach den Lüfter und die Riemenscheibe ausbauen und die Verkleidung abnehmen. Die Pumpe wird zusammen mit dem Thermostat und dem Wassereinlaßgehäuse abgenommen.
Beim Einbau der Wasserpumpe eine neue Dichtung verwenden und kontrollieren, ob beide Dichtflächen einwandfrei sauber sind, ehe die Pumpe angesetzt wird. Nach Einbau die Keilriemenspannung einstellen, wie es weiter hinten in diesem Abschnitt beschrieben wird.

Überholen der Wasserpumpe

Zu beachten ist, daß das Lager und die Welle eine Einheit bilden und nicht voneinander getrennt werden können. Zum Zerlegen der Pumpe stehen verschiedene Ford-Werkzeuge zur Verfügung. Falls notwendig, können jedoch geeignete Abzieher oder Preßdorne benutzt werden, um die Pumpe zu zerlegen. Die Pumpe nur zerlegen, wenn es unbedingt notwendig ist.
Zum Zerlegen die Lagersicherungsspange entfernen und unter einer Presse mit einem passenden Dorn gleichzeitig die Pumpenwelle aus der Riemenscheibe und aus dem Gehäuse pressen. Das Flügelrad und die Stopfbüchse von der anderen Seite der Pumpe abpressen.
Beim Zusammenbau der Pumpe die Welle und das Lager in das Gehäuse einpressen, bis die Vorderseite des Lagers bündig mit dem Pumpengehäuse abschneidet. Lagersicherungsspange durch das Pumpengehäuse schieben und danach die Riemenscheibennabe aufpressen, bis die Enden der Nabe und der Welle bündig abschneiden. Beim Einbau der Stopfbüchse darauf achten, daß die Kohlelauffläche zum Flügelrad weist. Das Flügelrad ist aufzupressen, bis ein Spalt von 0,75 mm zwischen den Flügeln des Flügelrades und der Gehäusefläche vorhanden ist. Dieser Spalt läßt sich am besten herstellen, indem man eine Fühlerlehre der genannten Stärke einschiebt, wie es in Bild 50 gezeigt ist. Wenn das Flügelrad aufgepreßt ist (und gegen die Fühlerlehre anliegt), kann man die Lehre herausziehen und der Spalt verbleibt.

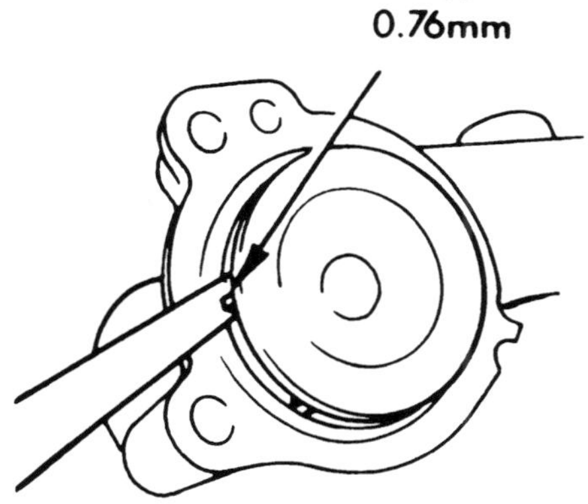

Bild 51
Beim Einbau des Flügelrades das Spiel an der gezeigten Stelle mit einer Fühlerlehre ausmessen.

Obwohl Reparatursätze für die Wasserpumpe zur Verfügung stehen, sollte man sich jedoch überlegen, ob es nicht vielleicht besser ist, wenn man eine neue Pumpe montiert, da die Kosten der Reparatur leicht den Neupreis einer Pumpe überschreiten könnten.

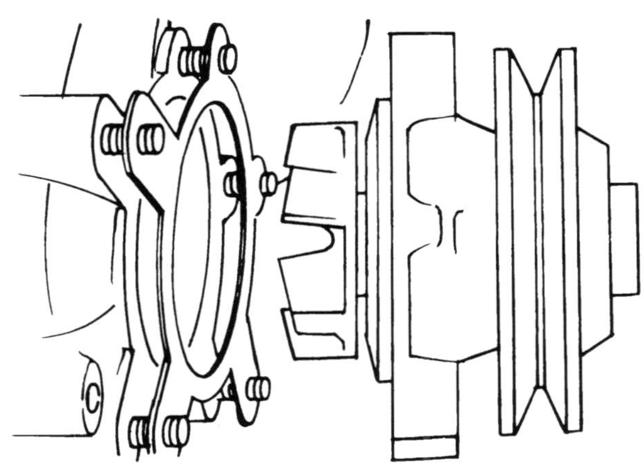

Bild 52
Zum Aus- und Einbau der Wasserpumpe.

Thermostat

Beim 2,0-Liter-OHC-Motor befindet sich das Thermostat im Wasserauslaßstutzen. Zum Ausbau Kühlmittel ablassen, bis der Spiegel unter dem Thermostat steht und danach die Schrauben des Gehäuses lösen. Gehäuse abnehmen und das Thermostat herausheben.

Beim V4-Motor und bei den V6-Motoren, mit der Ausnahme des 3-Liter-Motors, den unteren Kühlwasserschlauch abschließen und den Heizungsschlauch vom Einlaßstutzen an der Wasserpumpe entfernen. Einlaßstutzen so abschrauben, daß das Thermostat herausgezogen werden kann. Beim 3-Liter-Motor den oberen Wasserschlauch abschrauben, um das Thermostat herauszunehmen.

ACHTUNG: Bei den V4- und V6-Motoren (mit der Ausnahme des 3-Liter-Motors) das Kühlmittel vollkommen ablassen, um das Thermostat auszubauen.

Zur Prüfung der Arbeitsweise des Thermostats dieses an ein Stück Draht binden und in einen mit Wasser gefüllten Behälter einhängen. Ein Thermometer in ähnlicher Weise in den Behälter hängen. Darauf achten, daß weder das Thermostat noch das Thermometer den Boden oder die Seiten des Behälters berühren können. Wasser im Behälter jetzt allmählich erwärmen und am Thermometer kontrollieren, bei welcher Temperatur sich das Thermostat öffnet und wann es vollkommen geöffnet ist. Diese Werte mit den Angaben in der Maß- und Einstelltabelle (S. 134) vergleichen. Nach der Prüfung das Thermostat (immer noch am Draht) in kaltes Wasser einhängen und kontrollieren, ob es innerhalb 20 Sekunden geschlossen ist.

Der Einbau des Thermostats geschieht in allen Fällen in umgekehrter Reihenfolge wie der Ausbau. Immer eine neue Dichtung verwenden.

Kühler — Aus- und Einbau

- Kühlmittel ablassen, indem man den Kühlerverschlußdeckel öffnet und den Wasserablaßstopfen aus der Unterseite des Kühlers und den Stopfen an der Seite des Zylinderblocks herausdreht.
- Schlauchschellen des oberen und unteren Wasserschlauchs entfernen und die beiden Schläuche abziehen.
- Falls ein automatisches Getriebe eingebaut ist, ebenfalls die Schläuche vom Ölkühler entfernen.
- Befestigungsschrauben von beiden Seiten des Kühlers lösen.
- Kühler abnehmen. Bei einigen Motoren muß vorher das Luftleitblech abgeschraubt und über den Lüfter gehoben werden, ehe man den Kühler herausheben kann.

Der Einbau des Kühlers geschieht in umgekehrter Reihenfolge wie der Ausbau. Schläuche vor dem Einbau kontrollieren und ebenfalls die Schlauchbänder erneuern, falls sie Anlaß zu Zweifeln geben. Kühlanlage mit der vorgeschriebenen Kühlmittelmenge füllen.

Keilriemen — Erneuerung und Einstellung

Befestigung der Drehstromlichtmaschine lockern, die Lichtmaschine nach innen drücken und den Keilriemen herunterheben. Danach von den anderen Riemenscheiben abnehmen. Den neuen Keilriemen in umgekehrter Reihenfolge wieder auflegen.

Zum Einstellen die Drehstromlichtmaschine nach außen drücken und die Schrauben festziehen, wenn sich der Keilriemen an der längsten Laufstrecke zwischen den zwei Riemenscheiben um ca. 13 mm durchdrücken läßt.

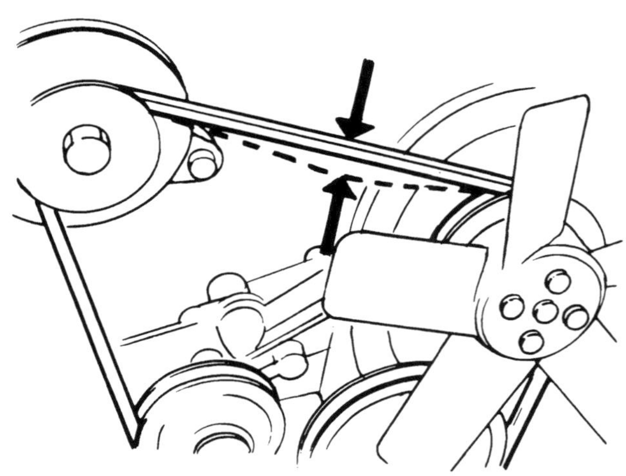

Bild 53
Zum Spannen des Keilriemens. Spannung an der mit Pfeil gezeigten Stelle messen.

Daran denken, daß sich der neue Keilriemen während der ersten Zeit etwas ausdehnt, so daß nach einer Kilometerleistung von 500 km eine Nachprüfung der Keilriemenspannung erfolgen sollte.

Ventilator

Beim V4-Motor und den V6-Motoren, mit der Ausnahme des 3-Liter-Motors, ist der Ventilator am Stirnräderdeckel angeschraubt und wird von der Kurbelwelle her mittels Keilriemen angetrieben. Die Lüfterflügel des V4-Motors drehen, von vorn gesehen, nach links, die der V6-Motoren rechts herum. Aus diesem Grund sind die Anstellwinkel der Flügel bei 4-Zylinder- und 6-Zylinder-Motoren verschieden. Zum Ausbau die Lichtmaschinenhalterung lösen und den Keilriemen abnehmen. Die vier Befestigungsschrauben lösen und danach den Ventilatorflügel, das Zwischenstück und die Riemenscheibe abnehmen. Die Riemenscheibe ist mit einer Schraube gehalten und kann mit zwei dahinter angesetzten Reifenhebeln abgedrückt werden.

Der Kühler muß ausgebaut werden

Um die Flüssigkeitskupplung vom Lüfter zu lösen, brauchen nur die vier Schrauben in der Mitte des Lüfters gelöst werden.

Falls die Wellenlager ausgeschlagen sind, muß der Stirndeckel vom Motor abgebaut werden. Dazu beim 3,0-Liter-Motor die Kraftstoffpumpe ausbauen. Beim Lösen der Befestigungsschrauben des Stirndeckels darauf achten, daß sechs der Schrauben ebenfalls die Ölwanne halten. Deckel und Platte entfernen.

Jetzt den Sicherungsring der Welle entfernen, wie es aus Bild 53 ersichtlich ist, den Stirndeckel unter eine Presse legen und den Kernstopfen und das Lager aus dem Deckel pressen. Ein neues Lager einpressen, bis sich der Sicherungsring einsetzen läßt. Eine neue Nabe auf die Welle pressen, bis der Abstand zwischen der Rückfläche des Deckels und der Vorderseite der Nabe 85,5 mm beträgt (3 Liter) oder bis das Lager mit dem Deckel bündig abschneidet (andere V-Motoren). Danach den Stirndeckel wieder in umgekehrter Reihenfolge wie beim Ausbau einbauen.

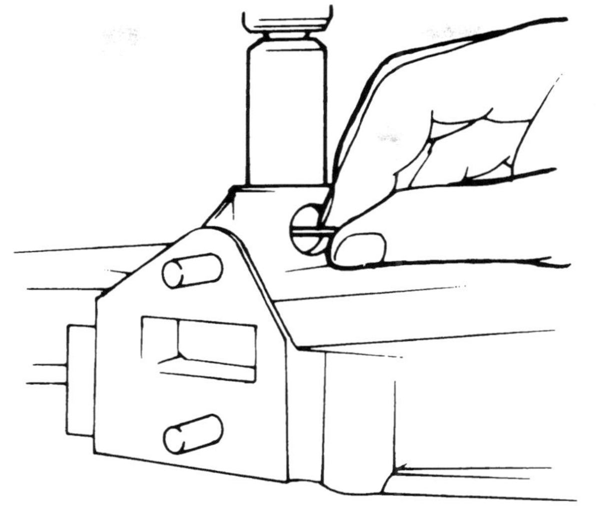

Bild 54
Die Lagerwelle des Lüfterlagers ist mit einem Sprengring gesichert, welcher durch eine Bohrung im Gehäuse erreichbar ist.

Der Ventilator des 2,0-OHC-Motors ist einfach an der Riemenscheibe angeschraubt. Zum Ausbau die Kühlerverkleidung lösen und über den Lüfter hängen. Danach die vier Schrauben des Ventilatorflügels lösen und Ventilator mit Riemenscheibe abnehmen. Der Einbau erfolgt in umgekehrter Reihenfolge wie der Ausbau.

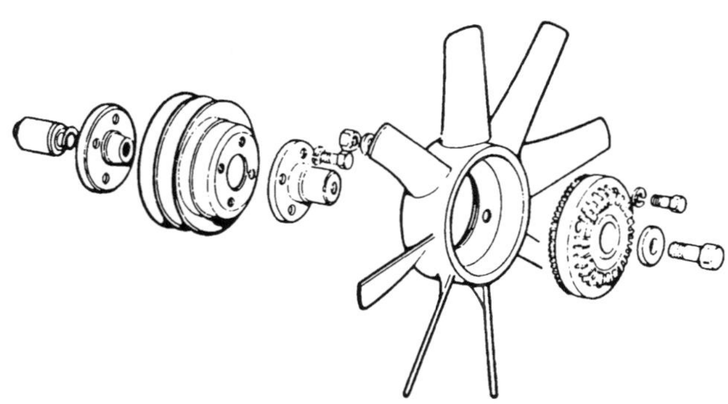

Bild 55
Ansicht eines Lüfters mit Flüssigkeitskupplung bei V6-Motoren.

Die Zündanlage

Die Zündanlage besteht aus einer Zündspule mit Vorwiderstand, dem Zündverteiler und den Zündkerzen. Der Strom für die Zündanlage wird der Batterie entnommen. Die Zündverstellung geschieht durch Fliehkraft und Unterdruck. Zu beachten ist, daß die Drehrichtung des Zündverteilers vom Läuferarm gesehen entweder nach links oder nach rechts sein kann. Außerdem befindet sich der Verteiler bei einigen Motorenausführungen auf der rechten Seite des Motors, während er bei anderen auf der linken Seite des Motors liegt. Die Antriebsweise des Verteilers hängt ebenfalls von der Konstruktion des Motors ab (Nockenwelle — V4, V6, oder Ausgleichswelle — OHC).

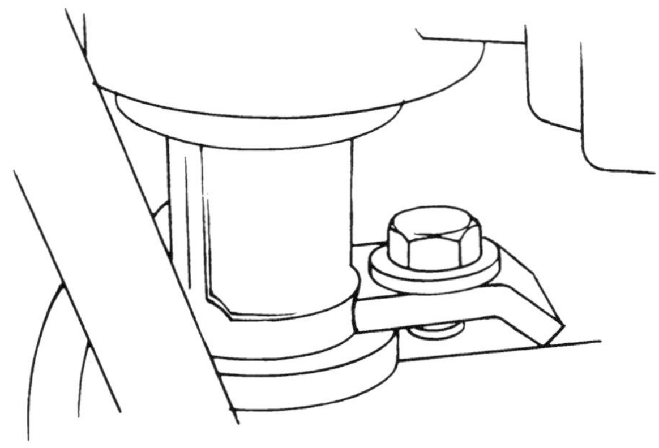

Bild 56
Die Befestigung des Zündverteilers beim 2,0 Liter OHC-Motor.

Der Zündverteiler

Ausbau des Zündverteilers

Vor dem Ausbau des Zündverteilers muß daran gedacht werden, daß er wieder in der gleichen Stellung einzubauen ist, ohne daß der Motor dabei durchgedreht wird, wenn man sich die Einstellung des Zündzeitpunktes ersparen will. In diesem Fall nicht die Klemmschraube des Verteilers lösen, sondern den Verteiler durch Lösen der Halteplatte ausbauen. Beim Ausbau folgendermaßen vorgehen:

2,0-OHC-Motor

- Die vier Zündkerzenkabel abziehen.
- Verteilerkappe abnehmen, nachdem ebenfalls das Kabel aus der Mitte der Zündspule herausgezogen wurde.
- Gummischlauch für die Unterdruckverstellung abziehen.
- Stellung des Läufers am Rand des Verteilergehäuses kennzeichnen.
- Schraube der Klemmplatte lösen (siehe Bild 56).
- Verteiler aus dem Motor ziehen. Die Zündzeitpunktmarkierung an der Kurbelwellenriemenscheibe sollte zur Sicherheit in eine Linie mit der Markierung am Stirndeckel gebracht werden.

V4- und V6-Motoren

Der Ausbau des Zündverteilers geschieht in gleicher Weise wie es oben beschrieben wurde. Motor durchdrehen, bis die Kerbe im Verteilerläufer in einer Linie mit der Kerbe im Rande des Verteilergehäuses steht. In dieser Stellung die Schraube der Verteilerklemmplatte lösen und den Verteiler herausziehen (siehe Bild 57).

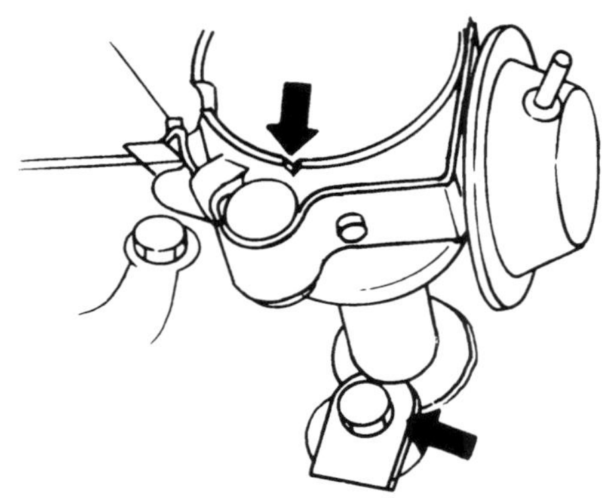

Bild 57
Die Befestigung des Zündverteilers bei V4- und V6-Motoren.

Bei allen Motoren, außer dem 3-Liter-Motor, könnte es sein, daß die Verteilerwelle zusammen mit dem Verteiler herauskommt, da sie nicht mit einem Sicherungsring an der Ölpumpenwelle gehalten ist, wie dies bei 3-Liter-Motor der Fall ist.

Einbau des Zündverteilers

Der Einbau des Zündverteilers geschieht im allgemeinen in umgekehrter Reihenfolge wie der Ausbau, jedoch sind die folgenden Punkte bei den einzelnen Motoren zu beachten, besonders wenn es sein könnte, daß der Motor in der Zwischenzeit durchgedreht wurde.

2,0-OHC-Motor

Kurbelwelle durchdrehen, bis die betreffende Zündzeitpunktmarkierung (siehe Maß- und Einstelltabelle, Seite 131) in einer Linie mit der Markierung am Stirndeckel steht, wie es aus Bild 58 ersichtlich ist. Jetzt kontrollieren, daß der Kolben des ersten Zylinders auf o.T. steht (man kann die Zylinderkopfhaube abnehmen und kontrollieren, ob beide Ventile geschlossen sind). Falls dies nicht der Fall ist, Motor nochmals um 180° durchdrehen. Verteiler über die Bohrung halten und so verdrehen, daß die Unterdruckdose zur Rückseite des Motors weist und der Verteilerläufer im rechten Winkel zum Zylinderblock steht. Kontrollieren, daß die Markierungen an Läufer und Gehäuse in einer Linie stehen.

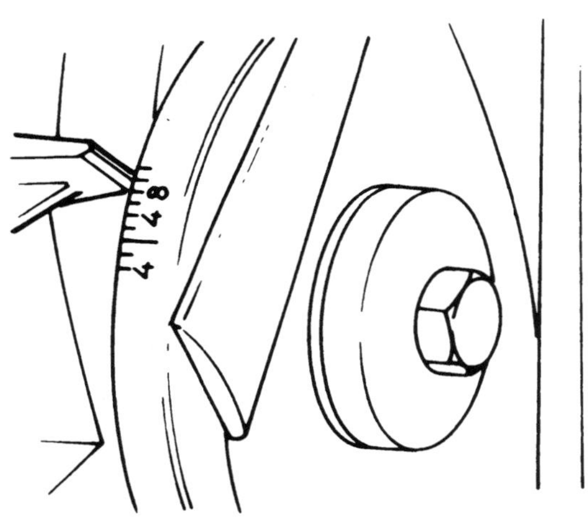

Bild 58
Die Zündzeitpunktmarkierung beim OHC-Motor.

V4- und V6-Motoren

Wiederum kontrollieren, ob der Kolben des ersten Zylinders auf o.T. steht. Die Kerbe in der Kurbelwellenriemenscheibe in eine Linie mit der o.T.-Markierung am Steuerdeckel bringen. Beim 3,0-Liter-Motor muß die Kerbe in der Riemenscheibe in einer Linie mit der Kerbe im Deckel stehen. Bild 59 und 60 zeigen zwei Beispiele der Zündeinstellmarkierungen. Verteiler so einsetzen, daß die Unterdruckdose nach vorn weist und ungefähr in einer Linie mit der Mittellinie des Motors steht (etwas nach hinten). Bei Motoren mit Bosch-Verteiler ebenfalls die Markierung am Läufer mit der Markierung am Rand des Verteilergehäuses ausrichten. Darauf achten, daß die Antriebswelle der Ölpumpe in Eingriff mit dem Verteilerantriebsrad kommt. Falls die Welle beim Ausbau herausgekommen ist, kann sie mit dickem Fett am Zündverteiler angeklebt werden.

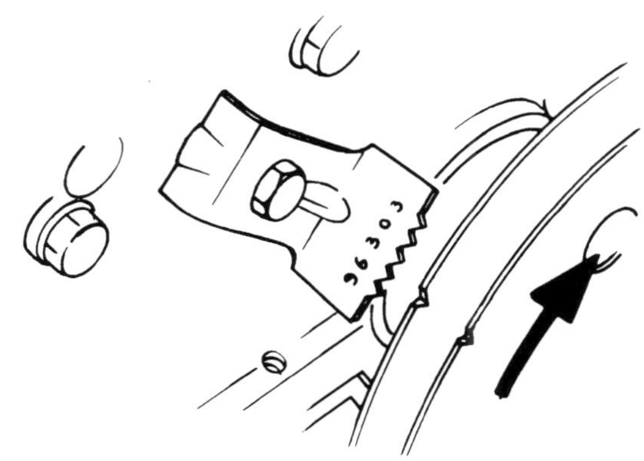

Bild 59
Die Zündzeitpunktmarkierung beim 1,7 Liter V4-Motor.

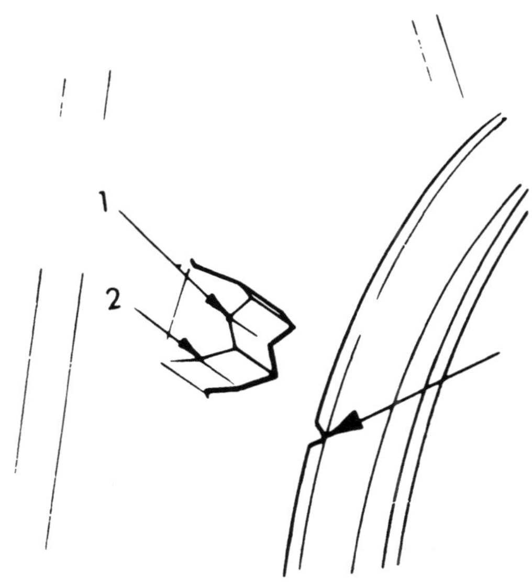

Bild 60
Die Zündeinstellmarkierung am Stirndeckel und die Kerbe in der Kurbelwellenriemenscheibe beim V6-Motor.

Alle Motoren

Ganz gleich, ob der Motor während des Ausbaus des Zündverteilers durchgedreht wurde oder nicht, sollte der Zündzeitpunkt eingestellt werden, wie es weiter hinten beschrieben ist.

Erneuerung der Unterbrecherkontakte und Einstellen des Kontaktabstandes

Während des Betriebs bilden die Kontakte einen Höcker in einem Kontakt und einen Krater in dem anderen Kontakt. Wenn dies so weit fortgeschritten ist, daß man den Kontaktabstand nicht mehr genau messen kann, sind die Kontakte auszubauen, damit man den Höcker mit einem Ölstein oder einer Kontaktfeile entfernen kann. Oder man erneuert die Kontakte. Der Krater braucht nicht herausgefeilt werden. Die Erneuerung des Kontaktsatzes läßt sich am besten bei ausgebautem Verteiler durchführen.

- Verteilerkappe und Läufer abziehen.
- Leitungen des Kondensators abklemmen.
- Befestigungsschraube des feststehenden Unterbrechers entfernen.
- Unterbrecherhebel lösen.
- Kontakte herausnehmen.
- Einen neuen Unterbrechersatz in umgekehrter Reihenfolge wie beim Ausbau wieder einbauen.

Unterbrecherabstand folgendermaßen einstellen:

- Motor durchdrehen, bis das Fiberklötzchen des Unterbrecherhebels auf der höchsten Stelle eines Nockens steht.
- Die Befestigungsschraube des feststehenden Kontaktes sehr leicht lockern.
- Einstellschraube verdrehen oder einen Schraubenzieher in die Kerbe am Rande des feststehenden Kontaktes einsetzen, bis der Kontaktabstand den Angaben in der Maß- und Einstelltabelle (Seite 131) entspricht.
- Befestigungsschrauben des feststehenden Kontaktes danach festziehen.
- Unterbrecherabstand mit einer Fühlerlehre der entsprechenden Stärke nachprüfen.
- Unter das Fiberklötzchen mit einem Holzspan etwas Fett schmieren und außerdem die Flächen des Verteilernockens mit einem Fettfilm versehen.

Überholen des Zündverteilers

Da entweder ein Bosch- oder ein Ford-Zündverteiler eingebaut sein können, sollen beide Verteilerarten getrennt beschrieben werden.

Bosch-Verteiler

Ein Montagebild des Bosch-Verteilers ist in Bild 61 gezeigt.

- Unterbrecherkontakte wie vorhin beschrieben, ausbauen.
- Befestigungsschraube des Kondensators lösen.
- Kondensator nach Abklemmen herausnehmen.
- Sicherungsspange der Zugstange für die Unterdruckdose entfernen.
- Unterdruckdose abschrauben und die Dose herausziehen.
- *Bei Verteilern für V-Motoren* die Befestigungsschrauben der Federspangen entfernen, welche ebenfalls die Grundplatte des Verteilers halten. Einen Schraubenzieher wie in Bild 62 gezeigt in die Seite des Verteilers einsetzen und die Platte auf diese Weise aus dem Gehäuse hebeln.
- *Bei Verteilern für den OHC-Motor* die Klemmhalterungen des Verteilerdeckels abschrauben und die Unterbrecherplatte trennen, indem man die Federspange löst, die die Platten zusammenhält.
- Vor der Zerlegung des Fliehgewichtmechanismus die Einbaulage der beiden Federn und der Fliehgewichte achten, um die Teile bei der Montage wieder in die ursprüngliche Stellung zu bringen.
- Beide Federn vorsichtig aushängen, ohne sie auszudehnen.
- Mit einem Schraubenzieher, wie in Bild 63 gezeigt, den Nocken von der Oberseite der Verteilerwelle abdrücken.
- Schmierfilz, Sicherungsring und Federn vom Nocken aushängen.
- Falls das Antriebsritzel ausgebaut werden soll (und damit die Verteilerwelle), zuerst den Sicherungsstift aus dem Ritzel und der Welle schlagen und danach das Ritzel mit einem Zweiklauenabzieher von der Welle ziehen.
- Die Büchse des Verteilergehäuses kann erneuert werden. Beim Einpressen der neuen Büchse darauf achten, daß sie mindestens um 4 mm heraussteht.

Alle Teile gründlich reinigen und überprüfen. Der Zusammenbau erfolgt sinngemäß in umgekehrter Reihenfolge wie das Zerlegen, jedoch sind die folgenden Punkte zu beachten:

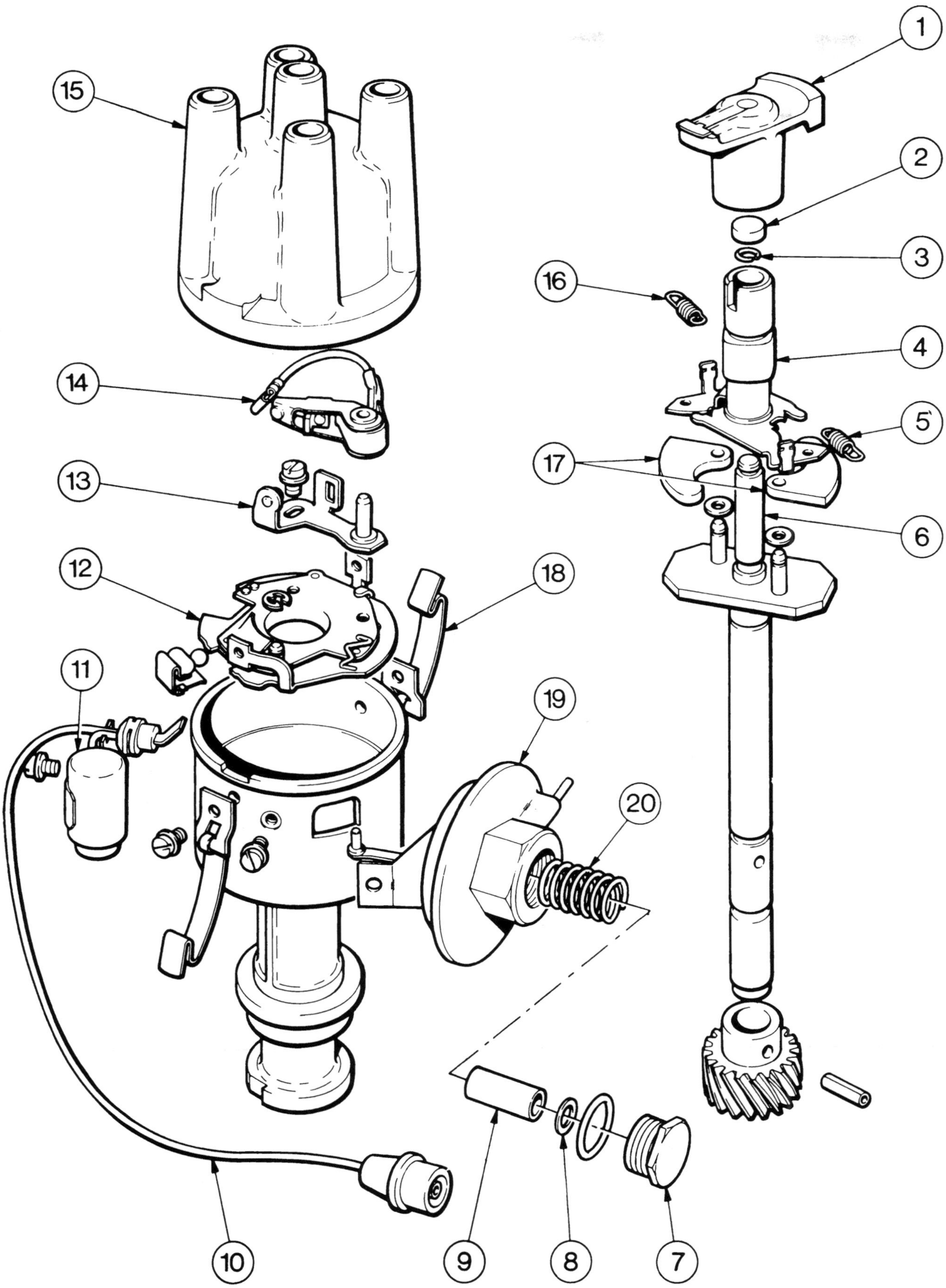

Bild 61
Montagebild eines typischen Bosch-Zündverteilers.

1 Verteilerläufer
2 Schmierfilz
3 Sprengring
4 Nocken
5 Fliehgewichtfeder
6 Verteilerwelle
7 Schraubstopfen
8 Scheibe
9 Distanzbüchse
10 Kabel
11 Kondensator
12 Unterbrechergrundplatte
13 Unterbrecherfestplatte
14 Unterbrecherarm
15 Verteilerkappe
16 Fliehgewichtfeder
17 Fliehgewichte
18 Federspange
19 Unterdruckdose
20 Feder

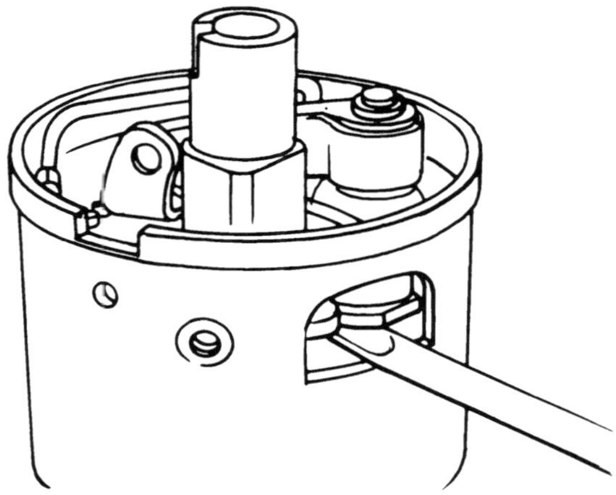

Bild 62
Ausbau der Unterbrecherplatte beim V-Motor.

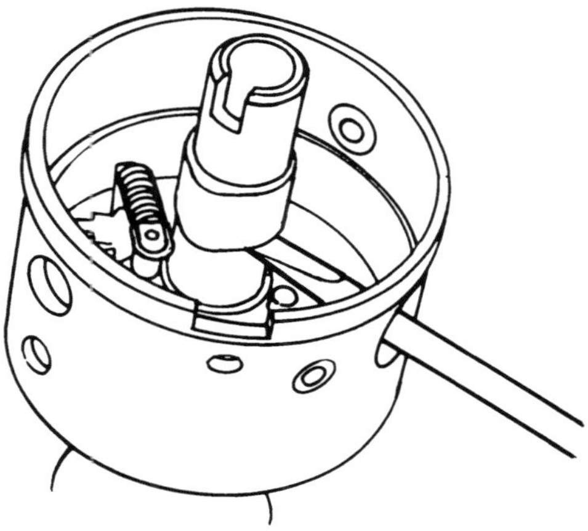

Bild 63
Abhebeln des Nockens von der Verteilerwelle mit einem Schraubenzieher.

Alle beweglichen Teile mit einem Tropfen Motorenöl einschmieren. Die Fliehgewichte und die Federn wieder in die ursprüngliche Stellung einbauen. Nicht vergessen die kleinen Scheiben unter den Fliehgewichten unterzulegen. Oberteil der Verteilerwelle einölen und den Nocken aufsetzen. Die Fliehgewichtsfedern jetzt in den Nokken einhängen. Nocken mit dem Sicherungsring befestigen und den Schmierfilz einsetzen.
Unterbrecherplatte in das Verteilergehäuse einsetzen. Die beiden Verteilerdeckelspangen auf die Schrauben stecken und die Schrauben durch das Gehäuse und die Unterbrecherplatte einsetzen. Unterbrechersatz wieder montieren und den Unterbrecherabstand einstellen, wie es bereits beschrieben wurde. Zugstange der Unterdruckdose einhängen und die Sicherungsspange anbringen. Dose an der Außenseite des Verteilergehäuses anschrauben.

Zum Aufpressen des Antriebsritzels dieses so auf die Welle stecken, daß das Loch für den Sicherungsstift in der Welle und im Ritzel in einer Linie liegen und das Ritzel vorsichtig aufpressen oder aufschlagen. Ein geeignetes Rohrstück sollte dazu verwendet werden. Abschließend den Sicherungsstift einschlagen und die beiden Enden des Stiftes umschlagen, um den Stift zu befestigen.

Ford (Motorcraft)-Verteiler

Ein derartiger Verteiler ist in Bild 64 in zerlegtem Zustand gezeigt.

- Kondensatorkabel abklemmen.
- Kondensator abschrauben.
- Sicherungsstange der Zugstange für die Unterdruckdose entfernen (mit einem kleinen Schraubenzieher).
- Unterdruckdose vom Verteiler abschrauben.
- Die Unterbrecherplatte aus der Innenseite des Verteilers lösen.
- Zum Zerlegen der Unterbrecherplatte den großen Sprengring entfernen und Unterlegscheiben, Wellenscheiben und die obere Kontaktplatte von der Unterbrechergrundplatte abnehmen. Obere Platte verdrehen, um den Verbindungsstift aus der unteren Platte auszuhängen.
- Sicherungsspangen der Fliehgewichte, wie in Bild 65 gezeigt, herausdrücken und die Fliehgewichtsfedern sowie die Fliehgewichte mit Farbe kennzeichnen, um die Teile wieder wie ursprünglich zusammenzubringen.
- Federn vorsichtig aushängen.
- Verteilernocken abziehen.
- Falls das Antriebsritzel ausgebaut werden soll, als erstes den Stift herausschlagen und danach das Ritzel abziehen. Die beiden Scheiben herausnehmen. Verteilerwelle nach oben aus dem Gehäuse ziehen und wiederum auf eingelegte Scheiben achten.

Alle Teile gründlich reinigen und genau überprüfen. Scheiben in ursprünglicher Weise wieder auf die Welle stecken, falls sie noch in gutem Zustand sind. Falls das Antriebsritzel erneuert werden soll, wird es erforderlich, daß man ein neues Loch für den Sicherungsstift bohrt. Das neue Ritzel ist bereits mit einer Andeutung für das zu bohrende Loch versehen. Anlaufscheiben

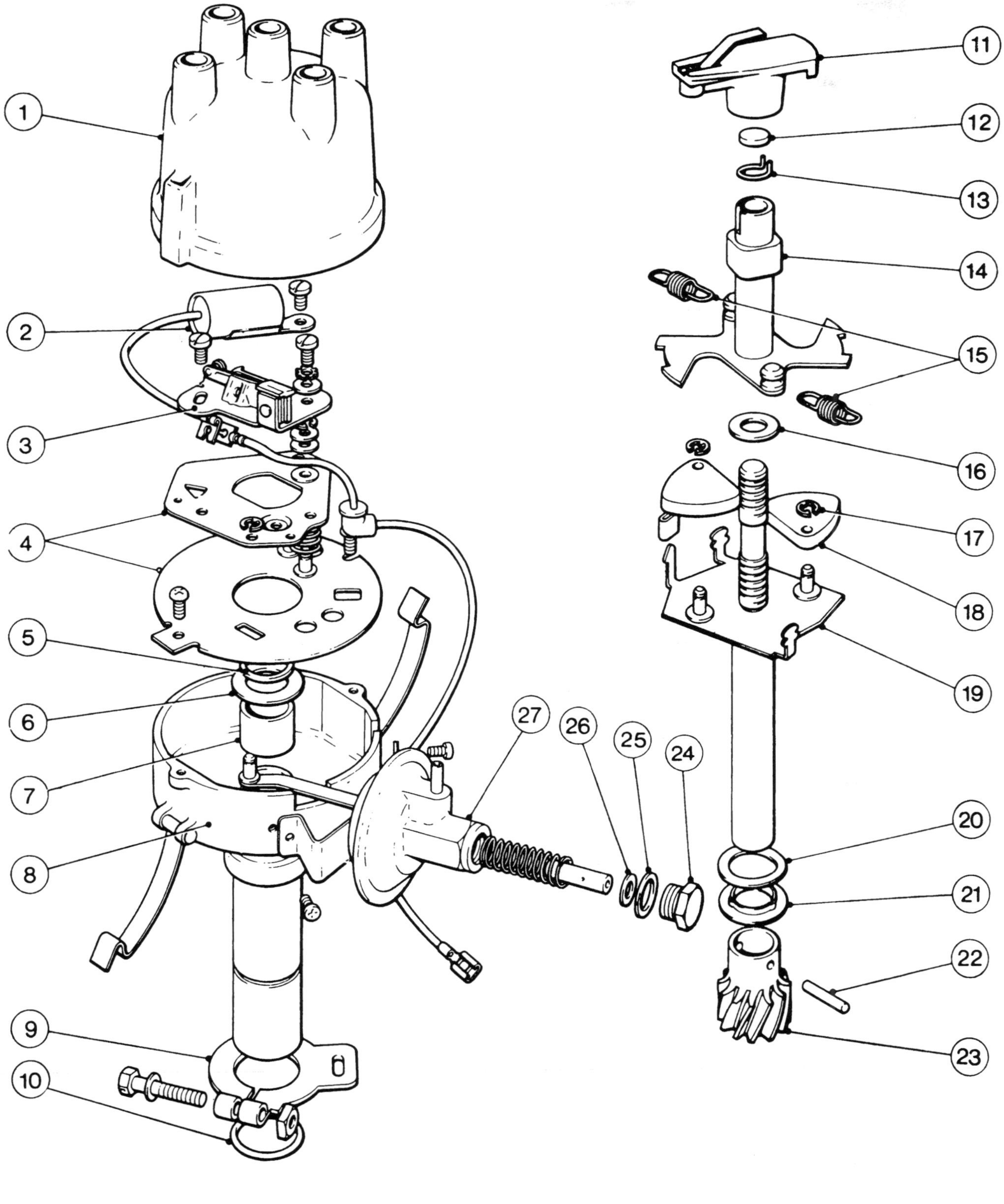

Bild 64
Montagebild eines typischen Motorcraft (Ford)-Verteilers.

1 Verteilerkappe
2 Kondensator
3 Unterbrecherkontakte
4 Unterbrechergrundplatte
5 Anlaufscheiben
6 Anlaufscheiben
7 Büchse
8 Klemmplatte
9 Verteilergehäuse
10 «O»-Dichtring
11 Verteilerläufer
12 Schmierfilz
13 Sprengring
14 Verteilernocken
15 Fliehgewichtsfedern
16 Scheiben
17 Sprengring
18 Fliehgewichte
19 Verteilerwelle
20 Abstandsscheibe
21 Scheibe
22 Sicherungsstift
23 Antriebsritzel
24 Mutter
25 Scheibe
26 Scheibe
27 Unterdruckdose

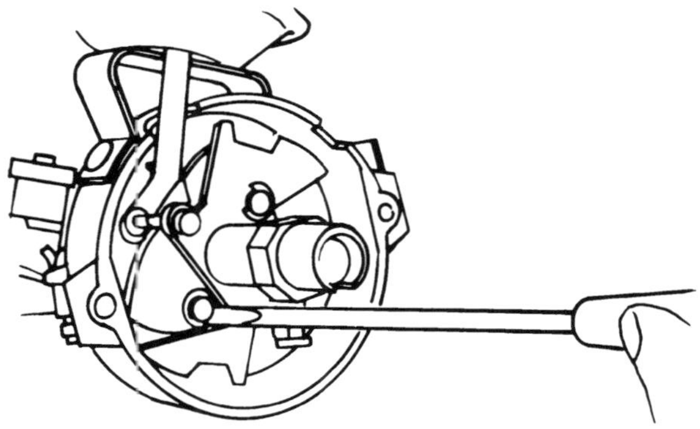

Bild 65
Ausbau der Fliehgewichte. Sicherungsspangen mit einem Schraubenzieher herausdrücken.

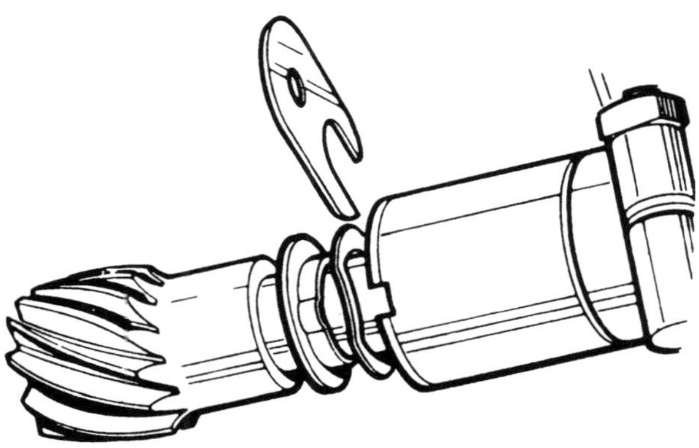

Bild 66
Zum Einstellen des Axialspiels des Motocraft-Zündverteilers eine Scheibe von 0,38 mm Stärke wie gezeigt einsetzen und nach Anbringen des Antriebsritzels wieder herausziehen.

auf die Welle stecken und das Ritzel aufpressen, ohne es aber in Anschlag mit den Anlaufscheiben zu bringen. Jetzt eine Scheibe der in Bild 66 gezeigten Form herstellen, die eine Stärke von 0,38 mm haben soll und zwischen das Ritzel und die untere Anlaufscheibe einsetzen. Ritzel jetzt vollkommen aufpressen. Dabei muß aber noch darauf geachtet werden, daß das Ritzel vorschriftsmäßig mit dem Schlitz für die Aufnahme des Verteilerläufers ausgerichtet ist, d. h. die beiden Teile müssen wie in Bild 67 gezeigt zueinander stehen. Nachdem diese Vorbereitungen geschaffen sind, die Behelfsscheibe zwischen Ritzel und Anlaufscheibe herausziehen, so daß das vorgeschriebene Axialspiel der Verteilerwelle vorhanden bleibt. Jetzt ein 3,18-mm-Loch durch das Ritzel und die Verteilerwelle bohren und einen neuen Sicherungsstift einschlagen. Falls ein ursprüngliches Ritzel mit einer neuen Welle benutzt wird, muß man durch Ritzel und Welle im rechten Winkel zum vorhandenen Loch bohren.

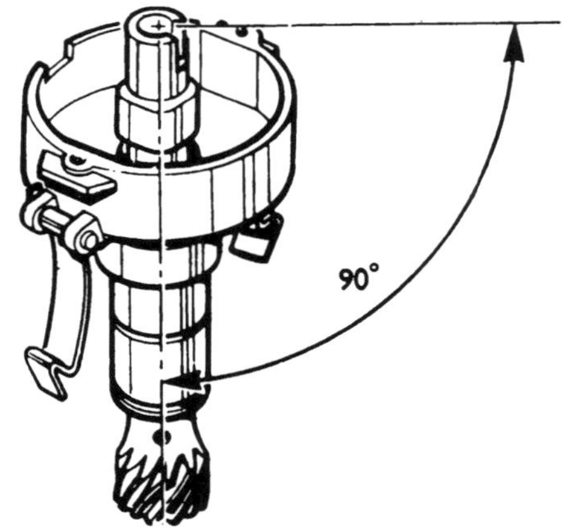

Bild 67
Der Schlitz in der Oberseite des Verteilernockens muss im richtigen Verhältnis zur Bohrung für den Sicherungsstift stehen, wenn das Antriebsrad erneuert wird.

Der weitere Zusammenbau des Zündverteilers geschieht in umgekehrter Reihenfolge wie das Zerlegen. Abschließend Kontaktabstand einstellen, wie es bereits beschrieben wurde.

Einstellen des Zündzeitpunktes

Bei der Einstellung der Zündung kann entweder eine Prüflampe verwendet werden oder man benutzt eine Lichtblitzlampe, welche einwandfreie Ergebnisse erzielt. Beide Methoden sollen hier beschrieben werden.

Einstellen mit der Prüflampe (statischer Zündzeitpunkt)

- Prüflampe (12 V) zwischen dem kleinen Anschluß an der Seite des Zündverteilers und einen guten Massepunkt anschließen.
- Verteilerkappe so abnehmen, daß man die Unterbrecherkontakte beobachten kann.
- Motor durchdrehen, bis die Zündzeitpunktmarkierung am Steuerdeckel in einer Linie mit der Kerbe in der Riemenscheibe liegt. Verschiedene Zündzeitpunkt-Markierungen wurden bereits in den weiter vorn befindlichen Bildern gezeigt.
- Zündung einschalten.
- Verteilergehäuse entweder nach links oder rechts drehen, bis der Punkt gefunden wird, bei welchem die Prüflampe aufleuchtet. Dadurch wird angezeigt, daß sich die Kontakte geöffnet haben.

- Klemmschraube des Verteilers in dieser Stellung anziehen.
- Zur Nachprüfung Motor durchdrehen (180° bei Vierzylindermotoren oder 120° bei Sechszylindermotoren) und kontrollieren, daß die Lampe aufleuchtet, wenn die Zündzeitpunktmarkierung wieder ausgerichtet ist.

Einstellen mit Lichtblitzlampe

- Motor warmlaufen lassen und abstellen.
- Kerbe in der Riemenscheibe und die Markierung am Steuerdeckel mit weißer Farbe anzeichnen.
- Lichtblitzlampe entsprechend der Anweisungen des Herstellers anschließen (Kerze Nr. 1 und Masse). Darauf achten, daß die Leitungen nicht in den Lüfter kommen können.
- Motor anlassen.
- Unterdruckleitung abschließen.
- Motor im Leerlauf drehen lassen.
- Blitz der Lampe auf die Kurbelwellenriemenscheibe richten. Falls die beiden Zündmarkierungen nicht in einer Linie liegen, die Klemmschraube des Verteilers lösen und den Verteiler verdrehen, bis dies der Fall ist. Da sich einige Verteiler nach links und andere nach rechts drehen, ist es zum Zweck dieser Beschreibung am besten, wenn man den Verteiler in eine Richtung verdreht und beobachtet, in welche Richtung sich die Kerbe in der Riemenscheibe «verdreht». Falls sie von der Markierung am Steuerdeckel «wegrückt», Verteiler in die andere Richtung drehen.
- Klemmschraube anziehen und Einstellung nachkontrollieren.

Bei dieser Gelegenheit kann man auch die Zündverstellung kontrollieren. Dazu bei laufendem Motor die Lichtblitzlampe auf die Riemenscheibe richten und den Motor aus dem Leerlauf beschleunigen. «Wandert» die Kerbe in der Riemenscheibe, kann angenommen werden, daß die Fliehkraftverstellung arbeitet. Danach Motor im erhöhten Leerlauf halten und die Unterdruckleitung abwechselnd aufstecken und abziehen, während die Lampe weiterhin auf die Riemenscheibe gerichtet wird. Beim Aufstecken oder Abziehen der Leitung sollte sich die Kerbe in der Riemenscheibe merklich versetzen, wenn die Unterdruckverstellung einwandfrei arbeitet.

Die Kraftstoffanlage

Die Vergaser

Die folgenden Vergaser sind bei den in dieser Ausgabe behandelten Fahrzeugmodellen eingebaut:

1,7 Liter, V4, 75 PS-Motor:
Solex 32 TDID-Fallstromvergaser
65 PS-Motor:
1,7 Liter, V4, Motorcraft GPD-Fallstromvergaser
2,0 Liter, V6:
Solex 32/32 EEIT-Fallstrom-Doppelvergaser
2,0 Liter, Vierzylinder:
Solex 32/32 EEIT-Fallstrom-Doppelvergaser
2,3 Liter, V6:
Solex 35/35 EEIT-Fallstrom-Doppelvergaser
2,0 Liter, Vierzylinder (1975):
Weber Fallstrom-Registervergaser 32/36 DGAV
2,6 Liter, V6:
Solex 35/35 Fallstrom-Doppelvergaser
3,0 Liter, V6:
Weber Fallstrom-Doppelvergaser 38/38 EGAS

Solex 32 TDID-Vergaser

Aus- und Einbau

- Luftfilter zusammen mit dem Belüftungsschlauch ausbauen.
- Kraftstoff- und Unterdruckleitung abschliessen.
- Bi-Metallgehäuse abschrauben und das Gehäuse mit den daran angebrachten Heizungsschläuchen zur Seite legen.

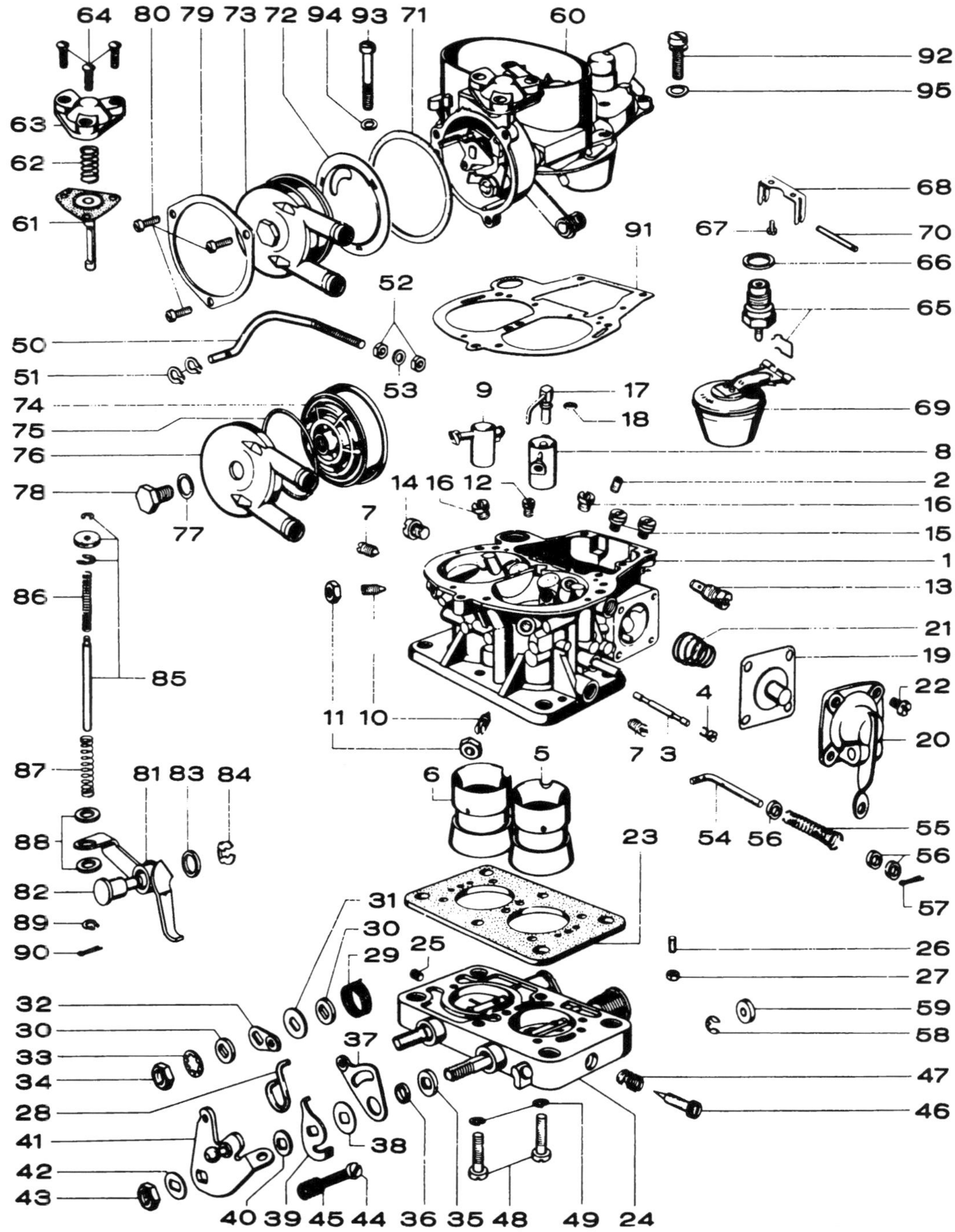

Bild 68
Solex-Vergaser Typ 32 TDID, Montagebild

1 Schwimmergehäuse, komplett
2 Düse
3 Füllstift
4 Zylinderschraube
5 Lufttrichter, 1. Stufe
6 Lufttrichter, 2. Stufe
7 Lufttrichterhalteschraube
8 Vorzerstäuber, 1. Stufe
9 Vorzerstäuber, 2. Stufe
10 Halteschraube
11 Sechskantmutter
12 Leerlaufluftdüse
13 Leerlaufdüse
14 Verschlußschraube
15 Hauptdüse
16 Luftkorrekturdüse
17 Pumpenspritzrohr
18 O-Ring
19 Pumpenmembrane
20 Pumpendeckel
21 Druckfeder
22 Zylinderschraube
23 Isolierdichtung
24 Drosselklappenteil, komplett
25 Gewindestift
26 Gewindestift
27 Sechskantmutter
28 Verbindungsstange
29 Biegefeder
30 Scheibe
31 Scheibe
32 Hebel
33 Zahnscheibe
34 Sechskantmutter
35 Scheibe
36 Distanzbuchse
37 Mitnehmerhebel
38 Scheibe
39 Anschlaghebel
40 Scheibe
41 Übertragungshebel
42 Sicherungsscheibe
43 Sechskantmutter
44 Leerlaufeinstellschraube
45 Druckfeder
46 Leerlaufgemisch-Regulierschraube
47 Druckfeder
48 Zylinderschraube
49 Federring
50 Starterstange
51 Spannring
52 Sechskantmutter
53 Federscheibe
54 Pumpenstange
55 Druckfeder
56 Scheibe
57 Splint
58 Sicherungsscheibe
59 Scheibe
60 Vergaserdeckel, komplett
61 Membrane
62 Druckfeder
63 Ventildeckel
64 Linsensenkschraube
65 Schwimmernadelventil
66 Dichtring
67 Linsenschraube
68 Halter
69 Schwimmer
70 Schwimmerachse
71 Isolierdichtung
72 Abschirmblech
73 Starterdeckel
74 Starterdeckel
75 Rundschnurring
76 Wasserschlußstutzen
77 Dichtring
78 Sechskantschraube
79 Haltering
80 Zylinderschraube
81 Mitnehmerhebel
82 Bolzen
83 Zwischenring
84 Sicherungsscheibe
85 Ventilstange
86 Druckfeder
87 Druckfeder
88 Scheibe
89 Spannring
90 Splint
91 Vergaserdeckeldichtung
92 Zylinderschraube
93 Zylinderschraube
94 Federring
95 Federscheibe

- Vergasergestänge am Drosselklappenhebel aushängen.
- Muttern und Federscheiben von den Stiftschrauben der Vergaserbefestigung entfernen.
- Vergaser mit Zwischenflansch und Dichtungen vom Ansaugkrümmer abnehmen. Ansaugkanal sofort mit einem Lappen abdekken, um ein Eindringen von Fremdkörpern zu vermeiden.

Der Einbau des Vergasers geschieht in umgekehrter Reihenfolge wie der Ausbau. Die Flanschdichtungen unbedingt erneuern, falls sie nicht mehr im besten Zustand sind, da der Vergaser andernfalls «falsche» Luft ansaugen kann, was zu einem schlechten Leerlauf führt.

Zerlegung, Reinigung und Überholung

Bei der folgenden Beschreibung ist das Montagebild in Bild 68 hinzuzuziehen.

- Verbindungsgestänge zwischen Startautomatik und Drosselklappe abschrauben.
- Gestänge aus dem Starterhebel ziehen.
- Vergaserdeckel abschrauben.
- Dichtung entfernen.
- Schwimmerachse herausnehmen.
- Schwimmer aus dem Vergasergehäuse heben.
- Das Schwimmernadelventil kann, falls erforderlich, aus der Innenseite des Vergaserdeckels geschraubt werden.
- Starterklappe von der Welle abschrauben und nach oben herausnehmen.
- Um die Starterklappenwelle auszubauen (nur wenn unbedingt notwendig), müssen eventuell vorhandene Grate an der Gewindebohrung der Starterklappenwelle entfernt geschoben wird.
- Starterkörper vom Vergaserdeckel abschrauben, wobei auf den O-Ring am Unterdruckkanal zu achten ist.
- Deckel der Unterdruckmembrane vom Startkörper abschrauben.
- Deckel, Feder und Membrane abnehmen.
- Alle Düsen und die Leerlaufgemisch-Regulierschraube herausdrehen.
- Auslaßventil der Beschleunigungspumpe vorsichtig herausnehmen.
- Deckel dieser Pumpe abschrauben (Bild 69) und Feder und Membrane entfernen.

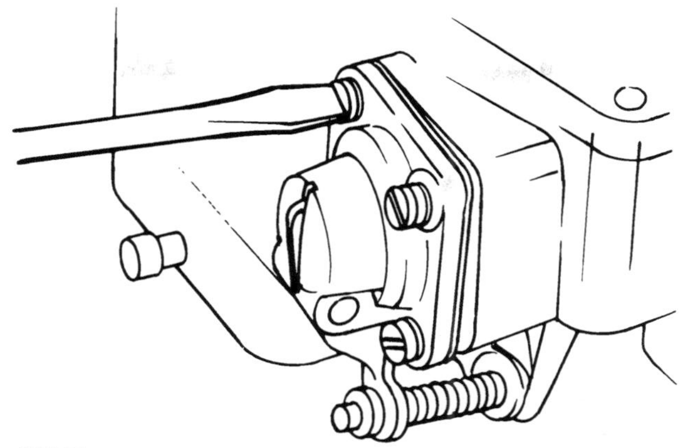

Bild 69
Lösen des Deckels der Beschleunigungspumpe beim Solex-Vergaser.

- Gestänge am Drosselklappenhebel aushängen und mit dem Deckel ablegen.
- Splint, Spannring und Scheibe an der Ventilstange der umschaltbaren Schwimmergehäuse-Belüftung abnehmen.
- Ventilstange mit Feder herausnehmen.
- Drosselklappenteil vom Hauptgehäuse abschrauben.

Alle Vergaserteile von Schmutz, Ablagerungen und altem Dichtungsmaterial reinigen. Alle Kanäle des Vergasers und die Düsen mit Preßluft durchblasen. Keine Teile mit Draht oder Drahtbürste reinigen, da sonst eine Verletzung der Kalibrierung möglich ist. Vergasergehäuseteile auf Beschädigung prüfen. Spiel der Starterklappenwelle und der Drosselklappenwelle prüfen.

Schwimmer in heißes Wasser tauchen und kontrollieren, daß keine Luftblasen aufsteigen. Falls dies der Fall ist, den Schwimmer erneuern. Messingplättchen an der Berührungsstelle der Schwimmernadel, falls angeschlagen, glatt polieren oder in schlimmen Fällen, den Schwimmer erneuern. Die Bi-Metallfeder muß bei 60° vollkommen geöffnet sein. Zur Kontrolle Feder in Wasser einlegen und auf die genannte Temperatur erhitzen. Alle im Dichtungssatz befindliche Teile bei der Montage verwenden.

Zusammenbau

- Je eine neue Dichtbüchse mit der Dichtlippe nach außen auf die Drosselklappenwelle schieben.
- Neue Dichtbüchsen in den Drosselklappenteil, mit den Dichtlippen nach außen, in das Ende der Drosselklappenlagerung einsetzen.

- Drosselklappe der zweiten Stufe so montieren, daß im geschlossenen Zustand der Körnerschlag in der Klappe nach unten zeigt.
- Schrauben bei geschlossener Klappe anziehen und vorsichtig unter Gegenhalten die Schrauben verstemmen.
- Kontrollieren, ob sich die Drosselklappe einwandfrei bewegen läßt.
- Drosselklappenwelle der zweiten Stufe so einstellen, daß bei geschlossener Klappe die Anschlagschraube gerade anliegt und die Klappe nicht klemmt.
- Rückholfeder der Drosselklappenwelle für die erste Stufe einsetzen.
- Welle in das Vergasergehäuse einführen.
- Klappe montieren und wieder darauf achten, daß der Körnerschlag nach unten weist, wenn die Klappe geschlossen ist.
- Schrauben bei geschlossener Klappe anziehen und verstemmen.
- Umschalthebel der Schwimmergehäuse-Belüftung am Schwimmergehäuse anbringen.
- Ventilstange der umschaltbaren Schwimmergehäuse-Belüftung mit der schwächeren Feder von oben einsetzen.
- Die zweite Feder mit Scheibe von unten aufschieben.
- Umschalthebel einbringen.
- Scheibe und Spannring von unten auf die Ventilstange schieben.
- Neuen Splint in die obere Bohrung einsetzen.
- Drosselklappenteil am Vergasergehäuse anschrauben, dabei auf das Langloch im Flansch und in der Dichtung achten.
- Verbindungsstange der Beschleunigungspumpe am Drosselklappenhebel anhängen.
- Feder, Membrane und Deckel der Beschleunigungspumpe aufsetzen und die Schrauben festdrehen.
- Membrane durch Öffnen der Drosselklappe vorspannen und dann die Schrauben vollkommen anziehen.
- Auslaßventil der Beschleunigungspumpe mit Einspritzrohr einsetzen. Auf die kleine Gummidichtung achten.
- Alle Düsen einschrauben.
- Leerlaufgemischregulierschraube leicht bis zum Anschlag einschrauben und danach wieder 2 bis 2½ Umdrehungen zurückschrauben.
- Unterdruckmembrane mit Feder und Deckel in den Starterkörper einbauen, dabei den O-Ring beachten.
- Starterklappenwelle mit Distanzscheiben anbringen. Sitz der Rückholfeder an der Stufenscheibe beachten.
- Starterklappe mit dem langen Teil nach unten in den Spalt der Starterklappenwelle einsetzen. Auf jeder Seite der Klappe muß je eine Distanzscheibe vorhanden sein. Bei geschlossener Starterklappe die Schrauben festziehen. Die Schrauben unter Gegenhalten leicht verstemmen.
- Gängigkeit der Welle kontrollieren.
- Schwimmernadelventil mit Original-Dichtung in den Vergaserdeckel einschrauben.
- Schwimmer einbauen.
- Deckeldichtung aufbringen.
- Verbindungsgestänge zwischen Startautomatik und Drosselklappe einhängen.

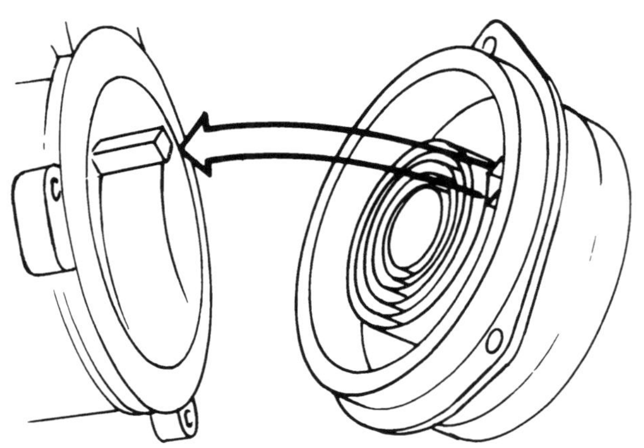

Bild 70
Beim Zusammenbau muss der Mitnehmerhebel der Startautomatik mit der Bi-Metallfeder verbunden werden (Solex-Vergaser).

Einstellungen

Siehe Beschreibung Seite 58.

Motorcraft-Vergaser — 1,7 Liter-V4 (65 PS-Motor)

Aus- und Einbau

- Luftfilter ausbauen.
- Unterdruckleitungen sowie Kraftstoffleitungen abschließen.

- Sicherungsspange zurückschieben, um die Drosselklappenbetätigungswelle vom Hebel zu trennen.
- Ungefähr 2,5 Liter des Kühlmittels ablassen, um den Kühlmittelspiegel zu senken.
- Schläuche der Startvorrichtung abschließen.
- Befestigungsmuttern des Vergasers lösen.
- Vergaser vom Ansaugkrümmer abnehmen.

Beim Einbau eine neue Flanschdichtung verwenden und kontrollieren, ob die Startautomatik einwandfrei arbeitet (Klappe im kalten Zustand geschlossen und im warmen Zustand geöffnet).

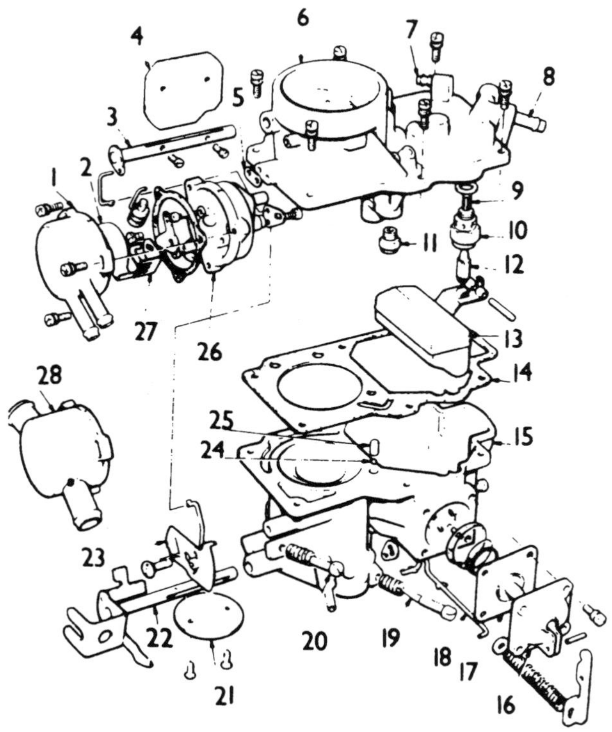

Bild 71
Montagebild eines Motorcraft-Vergasers mit automatischer Startvorrichtung.

1 Thermostat- und Wassergehäuse
2 Thermostatfeder
3 Luftklappenwelle
4 Luftklappe
5 Dichtung
6 Vergaserdeckel
7 Deckelbelüftung
8 Kraftstoffeinlass
9 Kraftstoffilter
10 Schwimmernadelventilgehäuse
11 Hauptdüse
12 Schwimmernadelventil
13 Schwimmer
14 Vergaserdichtung
15 Vergaserhauptgehäuse
16 Deckel der Beschleunigungspumpe
17 Pumpenmembrane
18 Pumpengestänge
19 Gemischregulierschraube
20 Drosselklappenanschlagschraube
21 Drosselklappe
22 Drosselklappenwelle
23 Stufennocken
24 Kugelventil
25 Auslassgewicht
26 Gehäuse für Startautomatik
27 Hebel für Starterklappe
28 Thermostat- und Wassergehäuse

Zerlegung

Unter Bezug auf Bild 71 sind die folgenden Arbeiten durchzuführen:

- Befestigungsschrauben des Vergaserdeckels lösen.
- Deckel abnehmen.
- Verbindungsstange für die Startautomatik dabei aushängen.
- Schwimmernadelventil herausschrauben.
- Schwimmer mit Schwimmerwelle entfernen.
- Rückschlagkugelventil für die Beschleunigungspumpe entfernen.
- Hauptdüse herausschrauben. Die Lage der Düse ist aus Bild 72 ersichtlich.

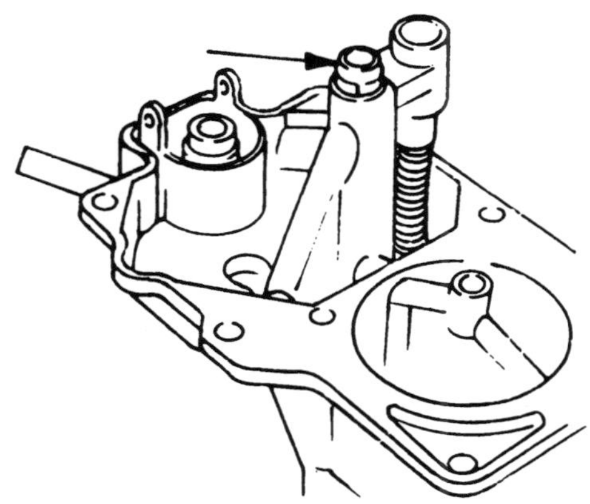

Bild 72
Die Lage der Hauptdüse beim Motorcraft-Vergaser.

- Die Schrauben des Deckels der Beschleunigungspumpe lösen und die gesamte Pumpe mit Membrane und Feder abnehmen.
- Die Befestigungsschrauben der Drosselklappe an der Welle lösen und die Klappe abnehmen.
- Drosselklappenwelle herausziehen.
- Leerlaufgemischregulierschraube und Drosselklappenanschlagschraube mit Federn herausdrehen.
- Alle Düsen und Bohrungen mit Preßluft ausblasen.
- Stufennocken und Verbindungsgestänge vom unteren Gehäuse lösen.
- Thermostatgehäuse abschrauben.
- Federhebel aus dem inneren Gehäuse aushängen, wie es aus Bild 73 ersichtlich ist.
- Kolbenhebel, Verbindungsglied und Kolben ausbauen.
- Inneres Startautomatikgehäuse zusammen mit der Dichtung abschrauben.

- Starterbetätigungshebel und Welle vom inneren Gehäuse lösen. Darauf achten, daß die «Teflon»-Büchse nicht verloren geht.

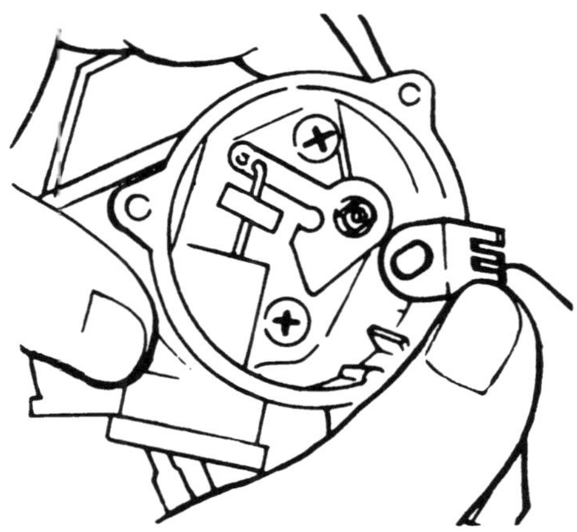

Bild 73
Ausbau des Hebels zur Betätigung der Thermostatfeder.

Überprüfung

Pumpenmembrane auf Leckstellen oder Porösität kontrollieren und, falls erforderlich, erneuern. Schwimmer kontrollieren, indem man ihn in heisses Wasser eintaucht. Falls Luftblasen aufsteigen, ist der Schwimmer undicht. Düsengröße entsprechend der Angaben in der «Maß- und Einstelltabelle» (Seite 132) kontrollieren. Unbedingt nur Ford-Teile bei Erneuerungen verwenden.
Überprüfen, ob die Drosselklappenwelle oder die Lagerbohrung nicht ausgeschlagen sind, da durch Eintritt von Luft an dieser Stelle der Leerlauf beeinträchtigt wird. Falls der Vergaser bereits eine lange Betriebszeit hinter sich hat, sollte man sich überlegen, ob man nicht den gesamten Vergaser erneuern sollte, da sich dies vielleicht besser auszahlt, als eine Überholung.

Zusammenbau

Der Zusammenbau geschieht in umgekehrter Reihenfolge wie das Zerlegen, jedoch sind die nachstehenden Punkte zu beachten. Die Teile müssen vor dem Zusammenbau peinlich sauber sein. Darauf achten, daß kein Schmutz in die Düsen oder Bohrungen gelangen kann.
Beim Zusammenbau der Startautomatik den Betätigungshebel, die Welle und die «Teflon»-Büchse einsetzen. Kolben, Hebel und Verbindungsglied am inneren Gehäuse montieren. Kolbenhebel mit der Welle verbinden und den thermostatischen Federhebel und die Schraube befestigen.
Inneres Startergehäuse anbringen und das Unterdruckgehäuse und die Dichtung montieren. Das äußere Gehäuse so ansetzen, daß die Feder in den mittleren Schlitz eingreift und die Einstellmarkierungen wie in Bild 74 gezeigt ausrichten.

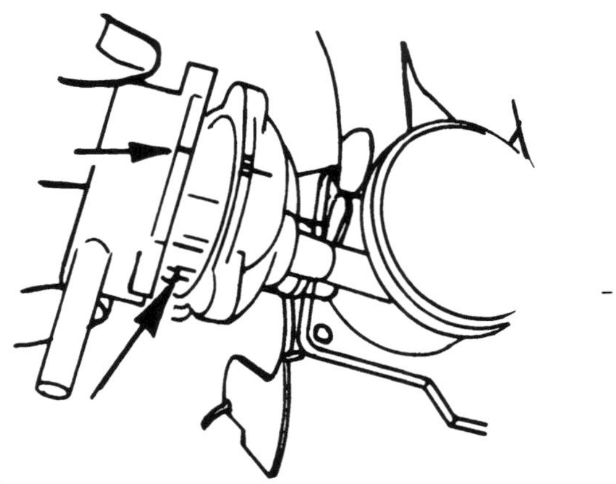

Bild 74
Ausrichten der Markierungen am Thermostat- und Wassergehäuse und am inneren Gehäuse.

Einstellen des Vergasers

Schwimmereinstellung: Unter Bezug auf Bild 75 die zwei angegebenen Messungen durchführen. Bei der Messung mit dem gestrichelt angedeuteten Schwimmer den Vergaserdeckel senkrecht halten. Keine Dichtung auflegen. Bei der anderen Messung den Vergaserdeckel waagrecht halten. Zur Berichtigung der Einstellung die gegen das Schwimmernadelventil anliegende Zunge verbiegen.

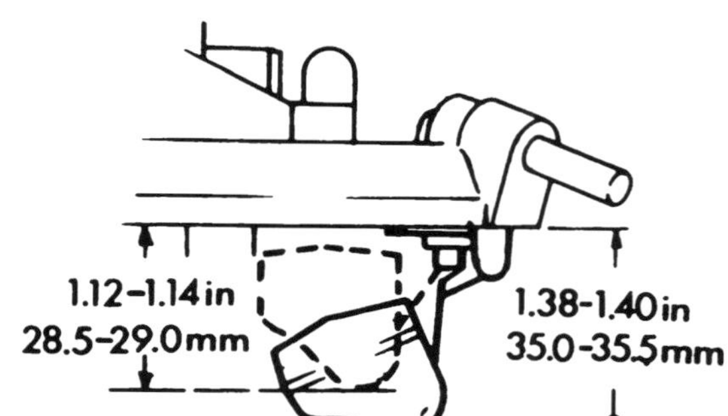

Bild 75
Überprüfen des Schwimmerstandes beim Motorcraft-Vergaser. Zwei Messungen sind erforderlich.

Starterklappenöffnung: Wassergehäuse abschrauben. Kolben vollkommen nach innen drükken und die Starterklappe schließen, bis die Bewegung durch das Gestänge begrenzt wird. Den

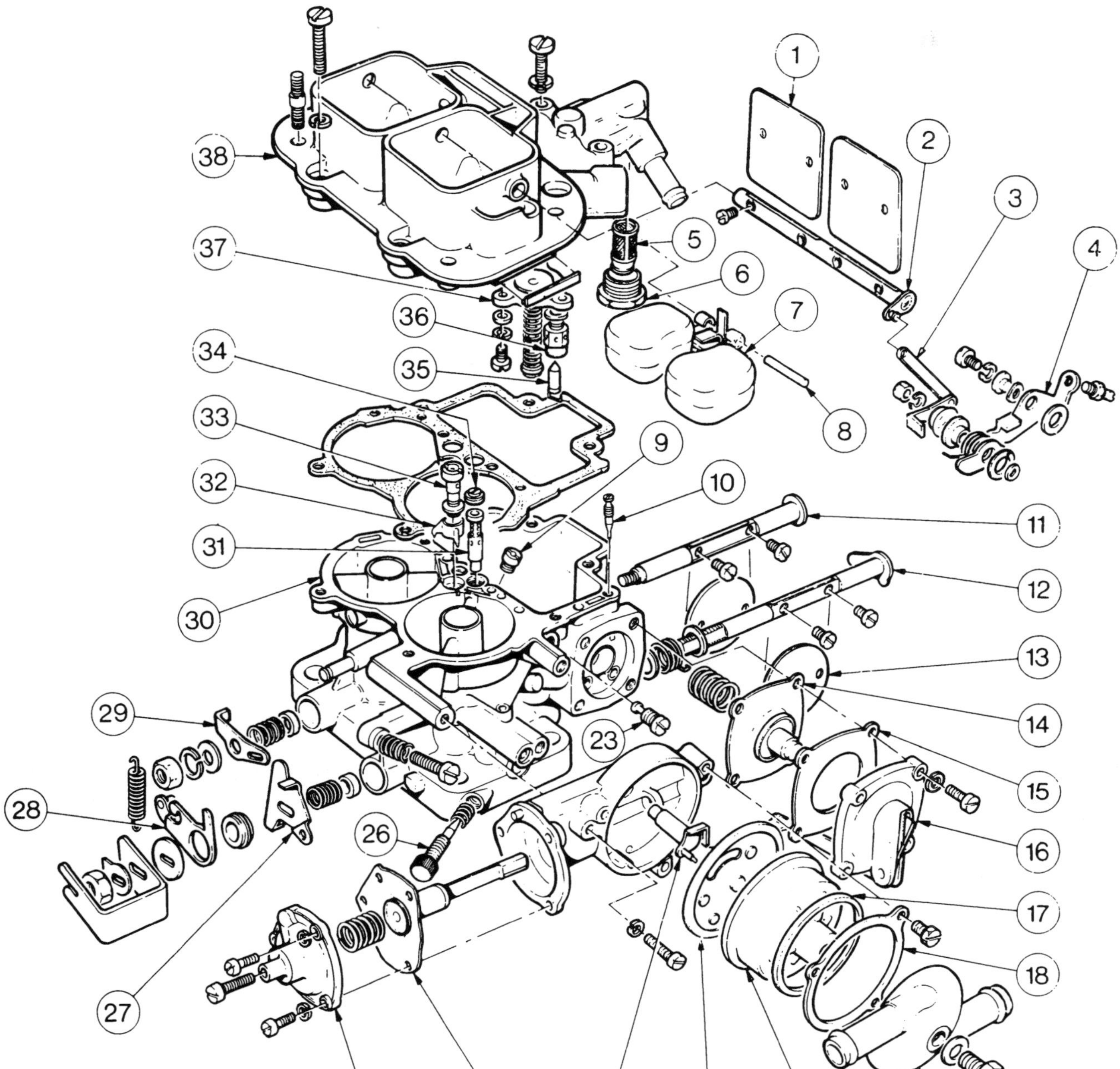

Bild 76
Montagebild eines Weber-Vergasers (OHC-Motor).

1 Luftklappe
2 Luftklappenwelle
3 Luftklappenhebel
4 Stufennockenhebel
5 Filter
6 Filterstopfen
7 Schwimmer
8 Schwimmerwelle
9 Hauptdüse (1. Stufe)
10 Beschleunigungsdüse
11 Drosselklappenwelle (2. Stufe)
12 Drosselklappenwelle (1. Stufe)
13 Drosselklappe
14 Membrane (Beschleunigungspumpe)
15 Dichtung
16 Pumpendeckel
17 Dichtung
18 Befestigungsring
19 Kühlwassergehäuse
20 Thermostatfedergehäuse
21 Isolierungsdichtung
22 Welle und Hebel
23 Leerlaufdüse und Träger
24 Membrane und Welle
25 Deckel
26 Gemischregulierschraube
27 Drosselklappenhebel
28 Drosselklappenhebel
29 Drosselklappenhebel
30 Vergasergehäuse
31 Zerstäuber
32 Spritzdüse für Beschleunigungspumpe
33 Rückschlagventil
34 Luftkorrekturdüse (1. Stufe)
35 Schwimmernadelventil
36 Schwimmernadelventilgehäuse
37 Membrane
38 Vergaserdeckel

Spalt zwischen der Starterklappe und der Vergaserbohrung mit einem Spiralbohrerschaft auf der Seite der Beschleunigungspumpe ausmessen und mit den Angaben in der Maß- und Einstelltabelle (Seite 132) verglichen.

Schnelleerlauf: Die zu erzielenden Leerlaufwerte sind der Maß- und Einstelltabelle (Seite 132) zu entnehmen. Starterklappe vollkommen öffnen und kontrollieren, ob der Stufennocken in der Schnelleerlaufstellung steht. Die «V»-Markierung am Stufennocken muß in einer Linie mit dem Drosselklappenhebel liegen. Der Motor muß dabei auf Betriebstemperatur sein. Drosselklappe zurücklassen, um den Nocken in dieser Stellung zu halten. Motor anlassen und wie erforderlich die Zunge am Drosselklappenhebel verbiegen, um die angegebene Leerlaufdrehzahl zu erreichen.

Leerlaufeinstellung: Einen Unterdruckmesser am Ansaugkrümmer anschließen. Motor laufen lassen und die Drosselklappenanschlagschraube verstellen, bis der richtige Leerlauf zustandekommt. Jetzt die Gemischregulierschraube verstellen, bis der angezeigte Unterdruck den Höchstwert erreicht. Falls erforderlich, Korrekturen an der Drosselklappenschraube vornehmen. Einen CO-Anteil-Prüfer und einen Drehzahlmesser entsprechend der Anweisungen des Herstellers anschließen und den Motor ungefähr 30 Sekunden lang mit 3000 U/min laufen lassen. Motor in den Leerlauf zurückkommen lassen und den CO-Anteil ablesen. Gemischregulierschraube und Drosselklappenanschlagschraube verstellen, um den CO-Anteil zwischen 2,8 bis 3,2 % zu bringen, ohne dabei den Leerlauf zu verschnellern oder zu verlangsamen.

Weber-Fallstrom-Registervergaser 32/36 DGAV

Aus- und Einbau des Vergasers

- Batterie abklemmen.
- Luftfilter ausbauen.
- Sicherungslaschen zurückschlagen, die vier Muttern lösen und das Befestigungsblech für den Luftfilter ausbauen.
- Schläuche der Startautomatik abschließen (Kühlmittel vorher teilweise ablassen).
- Drosselklappengestänge aushängen.
- Kraftstoffschlauch und Unterdruckleitung entfernen.
- Die vier Befestigungsmuttern des Vergasers lösen.
- Vergaser abheben.

Der Einbau geschieht in umgekehrter Reihenfolge wie der Ausbau. Neue Dichtung verwenden.

Zerlegung und Überholung des Vergasers

- Vergaser außen gründlich reinigen.
- Sicherungsspange entfernen.
- Betätigungsgestänge für die Starterklappe aushängen.
- Federspange vorsichtig mit einem Schraubenzieher herausdrücken.
- Sechs Schrauben lösen und den Vergaserdeckel abheben.
- Messingstopfen in der Nähe des Kraftstoffeinlasses herausdrehen.
- Filter herausziehen.
- Schwimmerwelle entfernen.
- Schwimmer und Schwimmernadelventil ausbauen.
- Die drei Schrauben des Hochleistungsventils lösen.
- Membranventil herausnehmen.
- Düsen und Düsenstopfen aus dem Hauptgehäuse herausschrauben.
- Die beiden nebeneinander liegenden Düsen aus der Oberfläche des Vergasers schrauben und die darunter liegenden Mischrohre entfernen.
- Beschleunigungspumpe abschrauben und die Gemischregulierschraube herausdrehen.

Alle Teile reinigen und in ähnlicher Weise kontrollieren, wie es für den Ford-Vergaser beschrieben wurde.
Der Zusammenbau des Vergasers geschieht in umgekehrter Reihenfolge wie beim Zerlegen.

Einstellen des Vergasers

Schwimmerstand: Der Schwimmerstand wird in zwei Stellungen geprüft. Zuerst den Vergaserdeckel senkrecht halten, so daß das Schwimmernadelventil geschlossen wird und in dieser Stellung das Maß zwischen Dichtfläche und Unterkante des Schwimmers ausmessen. Diese Messung ist in Bild 77 gezeigt und sollte den in der Maß- und Einstelltabelle (Seite 133) angegebenen Wert haben. Danach den Deckel waagrecht halten, so daß der Schwimmer nach unten hängt und wiederum den Abstand zwischen Deckelfläche und Schwimmerkante ausmessen. Falls erforderlich, bei der ersten Prüfung die Zunge an der Schwimmernadel und bei der zweiten Prüfung die Zunge hinter der Schwimmerwelle verbiegen.

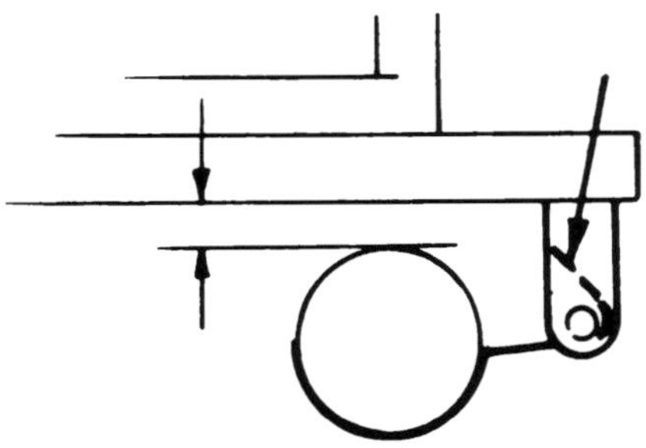

Bild 77
Ausmessen des Schwimmerstandes beim Weber-Vergaser. Den Deckel dabei senkrecht halten. Zum Einstellen die mit dem Pfeil gezeigte Zunge verbiegen.

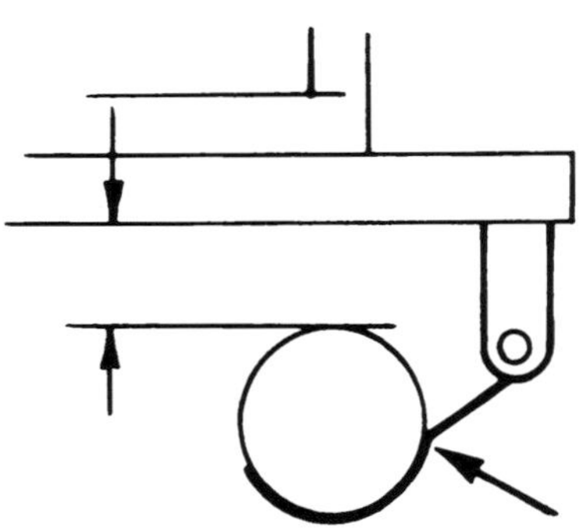

Bild 78
Ausmessen des Schwimmerstandes beim Weber-Vergaser. Bei dieser Messung den Deckel waagrecht halten. Zum Einstellen an der mit Pfeil gezeigten Stelle verbiegen.

Leerlaufeinstellung: Die Einstellung des Leerlaufs erfolgt in gleicher Weise wie es beim Ford-Vergaser beschrieben wurde, mit dem Unterschied, daß sich die Gemischregulierschraube im unteren Vergaserflansch befindet.

Weber-Fallstrom-Doppelvergaser 38/38 EGAL

Da dieser Vergaser ungefähr in gleicher Weise ausgebaut wird wie der Weber-Fallstrom-Registervergaser 32/36 DGAV, gelten die gleichen Beschreibungen (siehe Seite 133). Der Hauptunterschied dieses Vergasers liegt in der gleichzeitigen Öffnung der Drosselklappen durch eine Zahnsegmentverbindung, anstelle der früheren Öffnung der ersten Stufe und des nachfolgenden Öffnens der zweiten Stufe beim Vergaser des 2,0-Liter-Motors.

Beim Einstellen des Leerlaufs sind zwei Gemischregulierschrauben zu berücksichtigen. Beide Schrauben vollkommen hineindrehen und danach um drei Umdrehungen herausschrauben. Bei der Feineinstellung immer beide Schrauben um den gleichen Wert verstellen.

Eine weitere Einstellung dieses Vergasers ist die Synchronisierung der Drosselklappen. Dabei folgendermaßen vorgehen:

Drosselklappenanschlagschraube zurückdrehen, bis sie frei vom Drosselklappengestänge ist und die Schraube in der Mitte des Zahnsegmentes lockern. Starterklappen in geöffneter Stellung halten, Gaspedal betätigen und beide Drosselklappen vollkommen schließen lassen. Beide Drosselklappen nach innen drücken, um sie vollkommen zu schließen. In dieser Stellung die Schraube in Zahnsegment festziehen. Zur Kontrolle der Einstellung die Drosselklappenschraube hineinschrauben, bis die Drosselklappe an der Kante einen Spalt von 0,05 mm zur Vergaserbohrung hinterläßt und an der anderen Drosselklappe kontrollieren, ob das Maß gleich ist.

Bild 79 zeigt ein Montagebild dieses Vergasers.

Solex-Vergaser der V6-Motoren

Aus- und Einbau des Vergasers

- Luftfilter ausbauen.
- Wasserschläuche der Startautomatik abschließen. Die Kühlanlage muß teilweise entleert werden, so daß der Wasserspiegel unterhalb der Schläuche fällt.
- Vergasergestänge und Verteilerunterdruckleitung trennen.
- Kraftstoffleitung abziehen.
- Muttern von den Stiftschrauben der Vergaserbefestigung lösen.
- Vergaser mit Dichtung herunterheben.

Der Einbau geschieht in umgekehrter Reihenfolge wie der Ausbau.

Bild 79
Montagebild des Weber-Vergasers, eingebaut in den 3,0 Liter Motor.

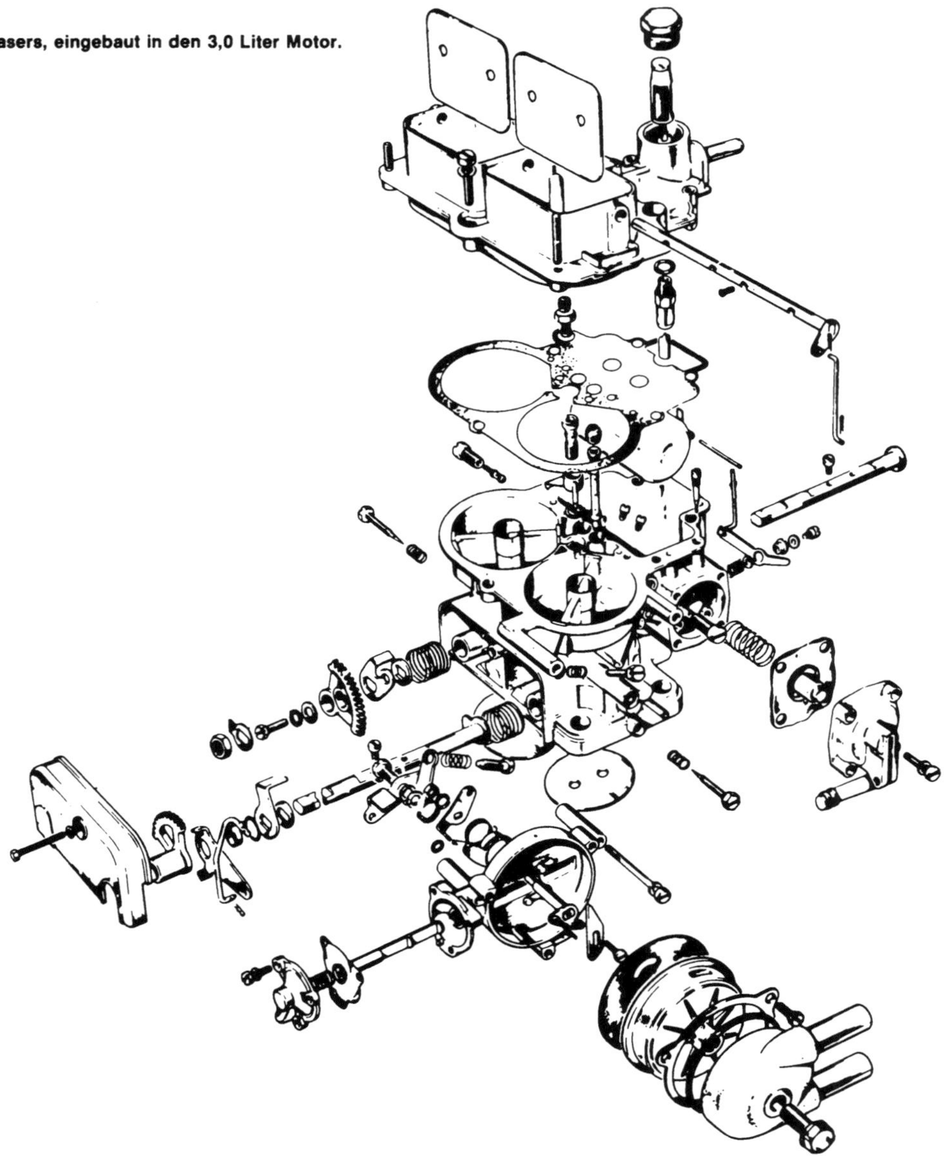

Zerlegung des Vergasers

- Mutter vom Verbindungsgestänge zwischen Startautomatik und Drosselklappe abschrauben.
- Gestänge aus dem Starterhebel herausnehmen.
- Vergaserdeckel abschrauben und die Dichtung entfernen.
- Schwimmernadelventil mit Dichtung aus dem Vergaserdeckel ausschrauben.
- Schwimmerwelle entfernen.
- Schwimmer herausnehmen.
- Kugelventil und Einspritzrohre vorsichtig herausnehmen.
- Hauptdüsen ausschrauben.
- Luftkorrekturdüsen und Leerlaufluftdüsen ausschrauben.
- Deckel der Beschleunigungspumpe abschrauben und den Deckel mit den Teilen der Pumpe abnehmen.
- Drosselklappenteil vom Vergaser abschrauben.
- Gemischregulierschraube ausschrauben.

Überprüfung und Zusammenbau

Die Überprüfung der Teile des Vergasers geschieht in gleicher Weise, wie es beim Ford-Vergaser beschrieben wurde. Der Zusammenbau erfolgt in umgekehrter Reihenfolge wie das Zerlegen, jedoch sind die folgenden Punkte zu beachten:
Beim Zusammensetzen der Primär- und Sekundärdrosselklappenwelle muß bei geschlossenen

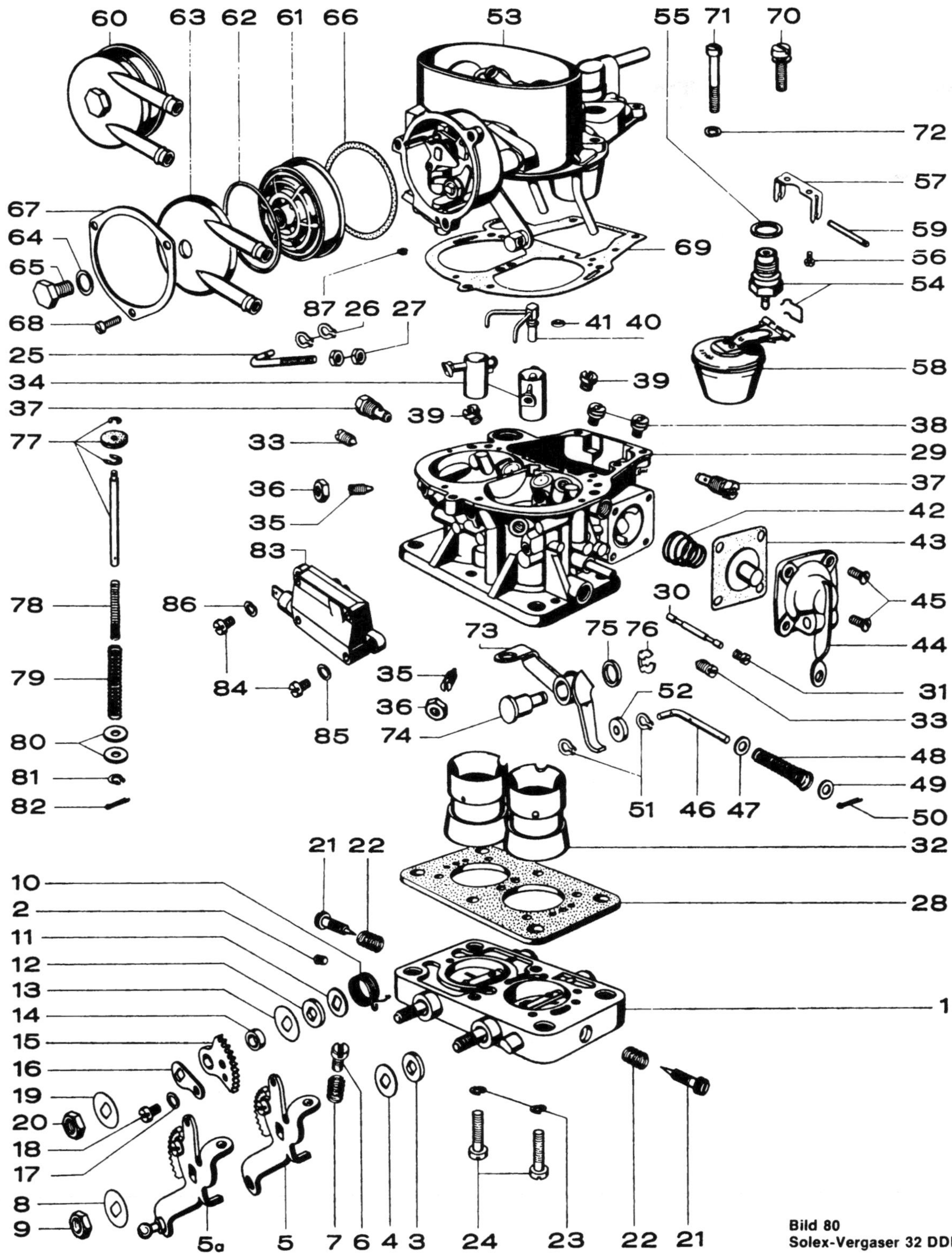

Bild 80
Solex-Vergaser 32 DDIST, Montagebild

1 Drosselklappenteil, komplett
2 Gewindestift
3 Unterlegscheibe
4 Unterlegscheibe
5 Übertragungshebel
6 Leerlaufeinstellschraube
7 Druckfeder
8 Sicherungsblech
9 Sechskantmutter
10 Rückdrehfeder
11 Unterlegscheibe
12 Unterlegscheibe
13 Sicherungsblech
14 Distanzbuchse
15 Zahnsegment
16 Mitnehmerhebel
17 Federscheibe
18 Zylinderschraube
19 Sicherungsblech
20 Sechskantmutter
21 Leerlaufgemisch-Regulierschraube
22 Druckfeder
23 Federring
24 Zylinderschraube
25 Starterverbindungsstange
26 Spannring
27 Sechskantmutter
28 Isolierdichtung
29 Schwimmergehäuse, komplett
30 Schwimmergehäuse, komplett
31 Verschlußschraube
32 Lufttrichter
33 Lufttrichterhalteschraube
34 Vorzerstäuber
35 Halteschraube
36 Sechskantmutter
37 Leerlaufdüse
38 Hauptdüse
39 Luftkorrekturdüse
40 Einspritzrohr, komplett
41 Rundschnurring
42 Membranfeder
43 Membrane, komplett
44 Membrane, komplett
45 Zylinderschraube
46 Verbindungsstange
47 Unterlegscheibe
48 Druckfeder
49 Splint
50 Spannring
51 Spannring
52 Scheibe
53 Vergaserdeckel, komplett
54 Schwimmernadelventil
55 Dichtring
56 Linsensenkschraube
57 Halter
58 Schwimmer
59 Schwimmerachse
60 Starterdeckel, komplett
61 Starterdeckel
62 Rundschnurring
63 Wasseranschlußstutzen
64 Dichtring
65 Sechskantschraube
66 Isolierdichtung
67 Haltering
68 Zylinderschraube
69 Dichtung
70 Zylinderschraube
71 Zylinderschraube
72 Federring
73 Mitnehmerhebel
74 Bolzen
75 Zwischenring
76 Sicherungsscheibe
77 Ventilstange, komplett
78 Druckfeder
79 Druckfeder
80 Unterlegscheibe
81 Spannring
82 Splint
83 Thermo-Startventil
84 Zylinderschraube
85 Federscheibe
86 Federring
87 Sieb

Drosselklappen der untere Zahn des Sekundärzahnbogens unter dem unteren Zahn des Primärzahnbogens liegen. Beim Einbau der Drosselklappen darauf achten, daß sie gleichzeitig öffnen und schließen.

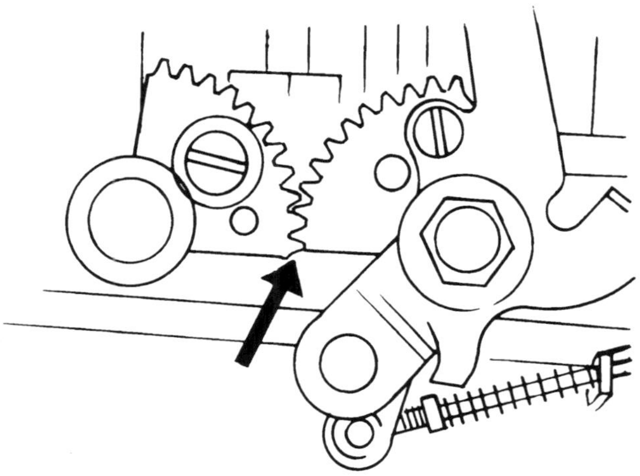

Bild 81
Beim Zusammenbau ist zu beachten, dass bei geschlossenen Drosselklappen der unterste Zahn des Sekundärzahnbogens unter den untersten Zahn des Primärzahnbogens kommt.

Einstellen des Vergasers

Schwimmerstand: Der Schwimmerstand wird bei diesem Vergaser mit Hilfe einer Tiefenlehre ausgemessen. Die Tiefenlehre auf die Oberfläche des Vergasers auflegen und die Spitze der Lehre gegen den in der Kammer hängenden Schwimmer ansetzen. Der vorgeschriebene Wert ist in der Maß- und Einstelltabelle (Seite 133) angeführt. Zur Berichtigung die Zunge am Schwimmer verbiegen.

Synchronisierung der Drosselklappen: Diese werden in gleicher Weise eingestellt, wie es beim Vergaser für den 3,0-Liter-Motor beschrieben wurde.

Leerlaufeinstellung: Einen CO-Anteil-Messer und einen Drehzahlmesser entsprechend der Anweisungen des Herstellers am Motor anschließen. Als erstes wird das Zusatz-Leerlaufsystem eingestellt. Motor 30 Sekunden lang mit einer Drehzahl von 3000 U/min laufen lassen und danach wieder in den Leerlauf zurückbringen. CO-Anteil am Messer ablesen. Die Einstellschraube im Vergaserhauptgehäuse verstellen und die Gemischschraube im Vergaserdeckel verdrehen, bis der CO-Anteil zwischen 2,8 und 3,2 % liegt, während der Leerlauf innerhalb der angegebenen Umdrehung liegt.
Die folgende Einstellung sollte nur notwendig sein, falls Probleme mit dem Leerlauf vorliegen oder der Vergaser wurde überholt. In diesem Fall die Leerlaufeinstellschraube im Vergaserhauptgehäuse vollkommen hineindrehen, um das Zusatzleerlaufsystem außer Betrieb zu setzen. Jetzt die Kunststoffkappen von der Einstellschraube in der Nähe des Drosselklappenhebels und den beiden Gemischeinstellschrauben in den Enden des Drosselklappenteils entfernen. Bei abgestelltem Motor die beiden letztgenannten Schrauben vollkommen hineindrehen und wieder um genau 5 Umdrehungen herausschrauben. Motor anlassen.
Drosselklappenanschlagschraube verstellen, bis ein Leerlauf von 590 bis 610 U/min erhalten wird. Der CO-Anteil sollte jetzt 4,5 $\pm$ 0,2 % betragen. Zum Verringern des CO-Anteils die beiden Gemischeinstellschrauben nach rechts drehen (beide um den gleichen Wert) oder die Schrauben nach links drehen, um den CO-Anteil zu erhöhen. Abschließend die Kunststoffkappen wieder anbringen und das Zusatzleerlaufsystem einstellen, wie es bereits oben beschrieben wurde.

Die Kraftstoffpumpe

Eine mechanisch betätigte Kraftstoffpumpe wird bei allen Motoren verwendet. Die Pumpe ist beim OHC-Motor und den meisten V6-Motoren sowie dem V4-Motor auf der linken Seite des Motors montiert. Beim V6-3-Liter-Motor befindet sich die Pumpe an der linken Seite des Steuerdeckels.

Aus- und Einbau der Kraftstoffpumpe

Die bei den meisten Motoren verwendete Pumpe unterscheidet sich von der Pumpe des 3,0- und 2,0-OHC-Motors dadurch, daß sie durch einen Stößel von einem Exzenter an der Nockenwelle

betätigt wird. Die anderen Pumpen werden durch einen Schwinghebel entweder von der Nockenwelle (3 Liter) oder der Zwischenwelle (2,0 OHC) angetrieben.
Zum Ausbau die Kraftstoffleitungen abziehen, die Befestigung der Pumpe am Zylinderblock oder am Stirndeckel (3,0 Liter) lösen und die Pumpe zusammen mit der Dichtung abnehmen. Falls ein Stößel vorhanden ist, diesen herausziehen und die Seite, die gegen den Exzenter der Nokkenwelle anliegt, mit Farbe kennzeichnen.

Überholen der Kraftstoffpumpe

Die Kraftstoffpumpe des 3-Liter-Motors kann nicht zerlegt werden. Zum Zerlegen der anderen Pumpenausführungen die beiden Gehäusehälften mit einer Reißnadel in der zusammengeschraubten Lage zeichnen, die Schrauben herausdrehen und das Oberteil vom Unterteil abnehmen. Die Verstemmung des Lagerstiftes für den Schwinghebel entfernen (siehe nachstehende Beschreibung der Zerlegung der Pumpe für die 4- und 6-Zylinder und den Stift aus dem unteren Gehäuse herausschlagen. Membrane aus der Zugstange aushängen und die Membrane und den unteren Dichtring herausnehmen. Die beiden Ventile auf Undichtheiten kontrollieren und falls erforderlich erneuern.
Bei der Pumpe des V4- und der anderen V6-Motoren das Unterteil der Membrane auf eine ebene Fläche auflegen und mit einem Gabelschlüssel den Federteller der Stößelfeder zusammendrükken, wie es in Bild 82 gezeigt ist. Die «U»-förmige

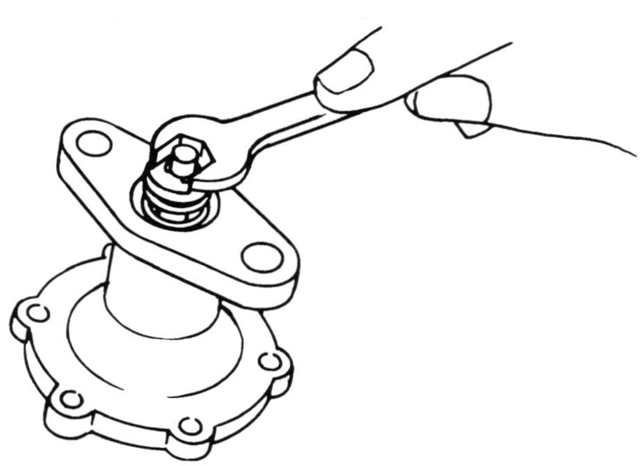

Bild 82
Zum Zerlegen der Kraftstoffpumpe als erstes den Federteller wie gezeigt nach unten drücken und danach die Sicherungsspange entfernen.

Sicherungsspange aus der Ringnut des Stößels herausdrücken und Federteller und Stößel abnehmen. Die Sicherungsspange wird wieder in die Ringnute des Stößels eingeschoben.
Unterteil in die Hand nehmen, leicht auf die Membrane drücken und die «U»-förmige Sicherungsspange wieder herausziehen. Den Druck auf die Membrane und somit auf die Membranfeder zurücklassen, so daß der Verbindungsstift zwischen Membrane und Membranstößel mit einer Reißnadel herausgeschoben werden kann (siehe Bild 83). Jetzt den Stößel nach der Antriebsseite hin herausnehmen.

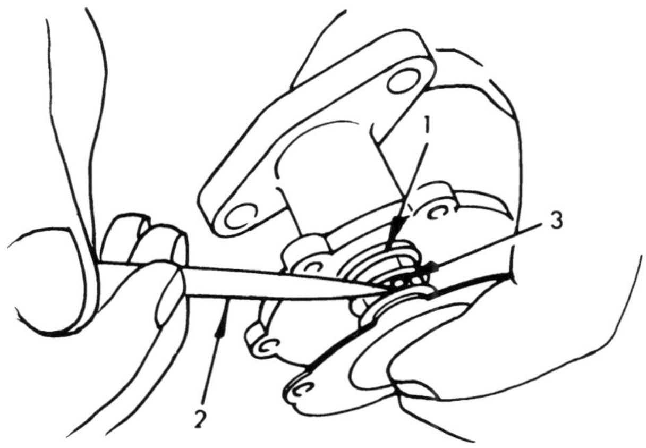

Bild 83
Zum Zerlegen der Kraftstoffpumpe
1 Feder
2 Reissnadel
3 Verbindungsstift

Die obere Pumpengehäusehälfte dieser Pumpe kann nicht zerlegt werden.
Der Zusammenbau aller Kraftstoffpumpen geschieht in umgekehrter Reihenfolge wie das Zerlegen. Der Sicherungsstift bei Pumpen mit Schwinghebel ist auf beiden Seiten nach dem Einschlagen zu verstemmen. Beim Aufsetzen der oberen Pumpenhälfte muß die Membrane flach auf der unteren Pumpenhälfte aufliegen und die Löcher in der Membrane müssen gut mit den Löchern im Pumpengehäuse ausgerichtet sein. Darauf achten, daß die Reißnadelmarkierungen der beiden Pumpenhälften nach dem Zusammenschrauben wieder miteinander übereinstimmen. Die Schrauben gleichmäßig übers Kreuz anziehen, so daß sich die Membrane nicht vorspannen kann.

Die Kupplung

Eine mit einer Tellerfeder arbeitende Einscheibentrockenkupplung wird bei allen Ford Granada- und Consul-Modellen verwendet. Eine seilbetätigte Kupplungsausrückgabel drückt auf ein Ausrücklager, welches die Tellerfeder zusammendrückt oder zurückläßt und dabei den Kraftantrieb zwischen dem Motor und Getriebe unterbricht oder herstellt. Bild 84 zeigt die Einzelteile einer typischen Kupplung für diese Modellbaureihe.

daß man einen Schraubenzieher zwischen Schwungrad und Druckplatte einsetzen muß, um die Teile auseinander zu drücken.

Überprüfung der Kupplungsteile

Kupplungsdeckel auf Verzug kontrollieren, welcher manchmal durch ungleichmäßiges Lösen der Kupplungsschrauben vorkommen kann. Ebenfalls den Deckel sowie die Kupplungsdruckplatte auf Risse oder Verschleiß kontrollieren.

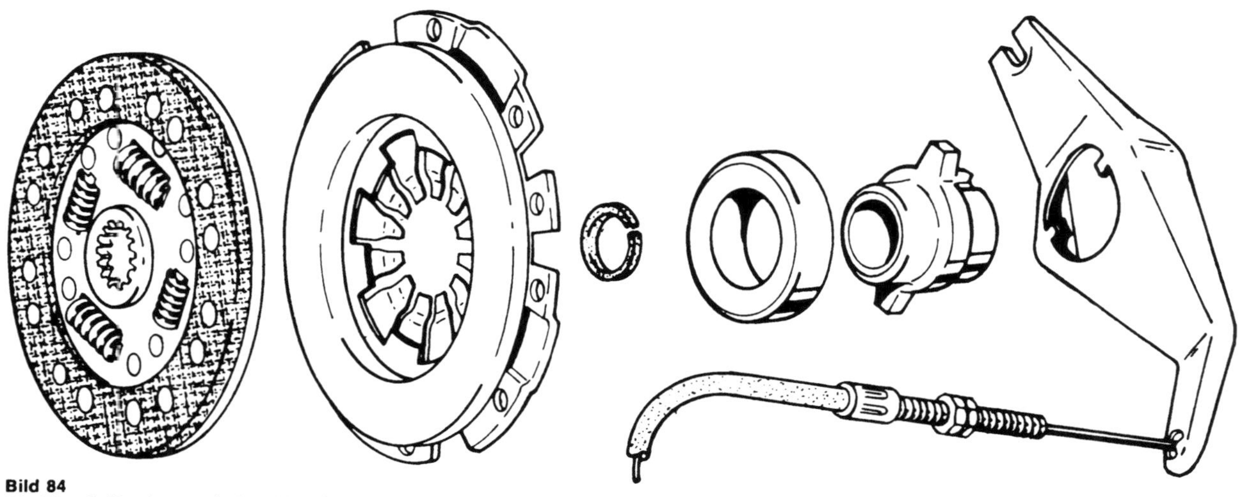

Bild 84
Die Einzelteile einer typischen Kupplung.

Ausbau der Kupplung

Die Kupplung kann ausgebaut werden, nachdem entweder der Motor oder das Getriebe vorher aus dem Fahrzeug gehoben wurden. Beide Arbeiten sind in der entsprechenden Abschnitten beschrieben.

- Kupplungsdruckplatte und das Schwungrad an der Kante mit einem Körnerschlag kennzeichnen, damit die Druckplatte bei Wiederverwendung wieder in der gleichen Lage eingesetzt werden kann.
- Kupplungsschrauben gleichmäßig übers Kreuz lösen, bis die Spannung der Tellerfeder nachgelassen hat.
- Druckplatte und Mitnehmerscheibe herausnehmen. Da die Druckplatte mit Paßstiften geführt wird, kann es manchmal vorkommen,

Falls die Druckplatte nicht mehr als 0,1 mm verzogen ist, was man durch Auflegen eines Stahllineals und Messen mit einer Fühlerlehre feststellen kann, läßt sich die Reibfläche nachschleifen und polieren. Andernfalls eine neue Kupplung montieren.
Die Mitnehmerscheibe muß sich leicht auf den Keilverzahnungen der Getriebeantriebswelle verschieben lassen, ohne daß sie übermäßiges Seitenspiel aufweist. Mitnehmerscheibe mit beschädigten oder ausgeschlagenen Keilverzahnungen sind zu erneuern. Die Scheibe ebenfalls erneuern, falls die Kupplungsbeläge verbrannt oder bis auf die Niete abgeschliffen sind. Mitnehmerscheibe zwischen die Spitzen einer Drehbank einspannen und mit einer an der Außenkante angesetzten Meßuhr auf Schlag kontrollieren. Der Schlag darf einen Wert von 0,8 mm nicht überschreiten.

Einbau der Kupplung

Der Einbau der Kupplung geschieht in umgekehrter Reihenfolge wie der Ausbau. Zum Zentrieren der Mitnehmerscheibe muß ein Spezialdorn verwendet werden, der sich in das Führungslager der Kurbelwelle und die Keilverzahnungen der Mitnehmerscheibe einsetzen läßt. Mit gut geübten Augen kann man die Scheibe jedoch auch notfalls ohne Dorn ausrichten. Schrauben der Kupplungsdruckplatte allmählich und gleichmäßig übers Kreuz anziehen. Darauf achten, daß die Paßstifte gut in die Bohrungen eingreifen. Falls erforderlich, Druckplattendeckel mit einem Hammer leicht anschlagen.

Aus- und Einbau des Kupplungsausrücklagers

- Rückholfeder aushängen.
- Federspangen der Gummimanschette abnehmen.
- Manschette herausziehen.
- Ausrückarm aus dem Getriebegehäuse ziehen.
- Ausrücklager von der Kupplungswelle herunterstreifen.

Das Lager ist auf die Nabe aufgepreßt und zum Zerlegen ist das Lager so nach unten zu halten, daß man den Bund der Nabe auf eine Werkbank aufschlagen kann. Andernfalls kann auch eine Presse zum Abdrücken des Lagers verwendet werden.

Beim Einbau des neuen Lagers darauf achten, daß die Nabe gerade in das Kugellager kommt. Ausrücklager über die Welle stecken und den Ausrückarm von der Seite in das Getriebe stekken. Lager wieder befestigen und die Gummimanschette am Getriebe anbringen.

Aus- und Einbau des Kupplungsseils

Die Erneuerung des Kupplungsseils wird erleichtert, wenn man den Wagen auf eine Hebebühne oder über eine Grube fahren kann. Andernfalls den Wagen sicher aufbocken.

- Kupplungspedal gegen den Anschlag drükken.
- Einstellmuttern am Seilende lockern, bis man das Kugelende aus dem Kupplungsausrückhebel aushängen kann.
- Am Pedalende die Seilöse und den Stift von der Büchse im Pedal entfernen. Dies läßt sich am besten mit einem kleinen Schraubenzieher durchführen.
- Seilöse aushängen und das Seil aus der Führung in der Stirnwand herausziehen.

Der Einbau des Kupplungsseils geschieht in umgekehrter Reihenfolge wie der Ausbau. Abschließend Kupplungsseil einstellen, wie es unten beschrieben wird.

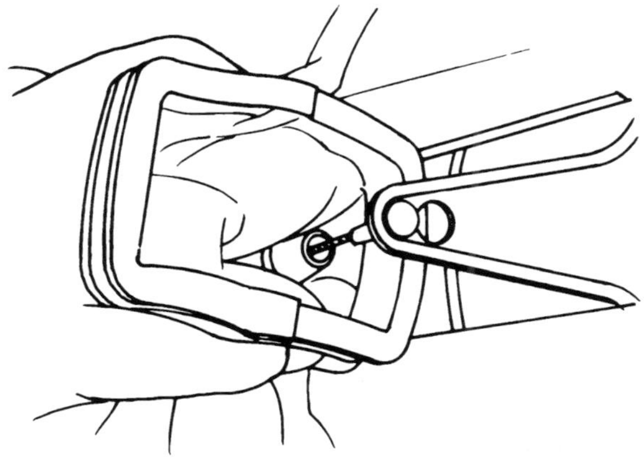

Bild 85
Die Befestigung des Kupplungsseils am Ausrückhebel.

Einstellen des Kupplungsspiels

Das Kupplungsseil sollte so eingestellt werden, daß ein Spiel von 3,5 mm zwischen der Fläche der Einstellmutter und der Anlagefläche vorhanden ist. Dies ist in Bild 86 gezeigt und die Einstellung ist folgendermaßen durchzuführen:

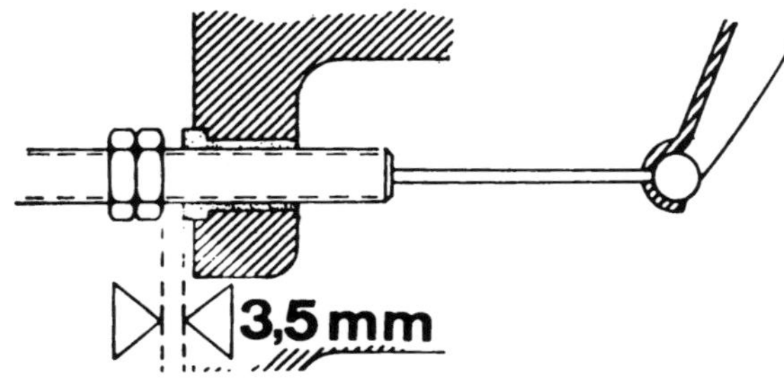

Bild 86
Zur Einstellung des Kupplungsseils. Das Freispiel wird zwischen den beiden Pfeilen gemessen.

- Kupplungspedal zweimal durchtreten und danach kontrollieren, ob es vollkommen bis zum Anschlag zurückgekehrt ist.
- Seil vom Anschlag wegziehen und kontrollieren, ob das oben genannte Spiel vorhanden ist. Falls dies nicht der Fall ist, die Einstellmutter verstellen.
- Beide Muttern gegeneinander kontern, ohne die Stellung der Einstellmutter zu verstellen.

Das Getriebe

Das Wechselgetriebe

Zwei verschiedene Getriebe sind in die Granada- und Consul-Baureihe eingebaut. Das Getriebe vom Typ «B» wird bei allen Ausführungen mit Ausnahme des 2,6- und 3,0-Liter-Motors verwendet. Bei diesen beiden Motoren wird das Getriebe des Typs «E» eingebaut.

Aus- und Einbau des Getriebes

Das Getriebe kann entweder zusammen mit dem Motor oder getrennt ausgebaut werden. Der Ausbau des Motors wurde bereits Seite 3 beschrieben. Beim getrennten Ausbau des Getriebes folgendermaßen vorgehen:

- Batterie abklemmen.
- Fahrzeug über eine Montagegrube oder auf eine Hebebühne fahren. Andernfalls Wagen sicher aufbocken.
- *Bei Fahrzeugen mit OHC-Motor* den Ölmeßstab herausziehen.
- Obere Befestigungsschrauben des Anlassers und der Verbindung zwischen Motor und Getriebe lösen.
- *Bei allen Fahrzeugen ohne Zentralkonsole* das Sicherungsblech des Schalthebels aufbiegen und den Schalthebel und die Kunststoffmutter abschrauben.
- *Bei Fahrzeugen mit Zentralkonsole* diese zuerst abschrauben und danach den Schalthebelknopf entfernen.
- Die beiden Flansche der Gelenkwelle mit einem Körner zeichnen.
- Schrauben der Gelenkwellenverbindung herausdrehen.
- Gelenkwelle aus dem Fahrzeug ziehen.
- Falls eine geteilte Gelenkwelle mit einem mittleren Lager eingebaut ist, muß das Lager vom Boden der Karosserie abgeschraubt werden.
- Eine Plastiktüte um das Ende des Getriebes binden, um ein Auslaufen von Öl zu vermeiden.
- Leitung des Schalters an der Rückfahrlampe abklemmen.
- Auspuffrohr am Auspuffkrümmer abschrauben.
- Aufhängungsbügel von der Seite des Getriebes lösen.
- Anlasser abklemmen und danach vollkommen ausbauen.
- Kupplungsseil von der Befestigung an der Ausrückgabel lösen.
- Tachometerspirale vom Ende des Getriebes lösen (Sprengringbefestigung).
- Schrauben vom Schutzschild an der Unterseite des Schwungrades entfernen und das Blech abnehmen.
- Einen Wagenheber unter den Motor setzen.
- Die vier Schrauben des hinteren Querträgers lösen.
- Befestigungsschrauben zwischen Motor und Getriebe an der Unterseite des Wagens lösen.
- Wagenheber langsam absenken, so daß das Getriebe nach hinten herausgezogen werden kann.
- Getriebeaufhängung abschließend vom Getriebe abschrauben.

ACHTUNG: Auf keinen Fall darf das Gewicht des Getriebes beim Herausheben auf der Kupplungswelle oder der Nabe der Mitnehmerscheibe ruhen, da sonst Schäden auftreten können (Verbiegung der Welle, Beschädigung der Kupplung).

Zerlegen des Getriebes – Typ «E»

- Getriebe mit einem Bügel in geeigneter Weise in einen Schraubstock oder einen Montagestand einspannen.
- Die oberen Deckel vom Getriebegehäuse und der Getriebeverlängerung abschrauben. Darauf achten, daß die drei kleinen Federn unter der Vorderkante des Getriebegehäusedeckels dabei nicht verlorengehen, da diese herauskommen, wenn der Deckel abgenommen wird.
- Die drei Sperrkugeln können mit einem Stabmagnet herausgehoben werden oder man dreht das Getriebegehäuse um.
- An der Hinterkante der Getriebedeckel-Öffnung zwei Schrauben lösen (Bild 87).

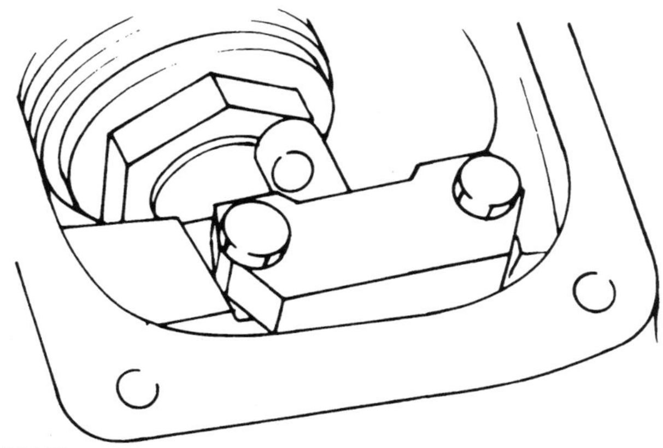

Bild 87
Die beiden Schrauben sind beim Getriebetyp «E» zum Ausbau der Schaltwelle zu entfernen.

- Lager der Schaltwelle abschrauben.
- Schaltturm abschrauben und zusammen mit der Schaltwelle herausnehmen. Die Schaltwelle muß dabei leicht verdreht werden.
- Einen Federspannstift aus der Getriebeverlängerung herausschlagen.
- Umschalthebel für den Rückwärtsgang herausnehmen.
- Mit einem geeigneten Dorn die Federspannstifte aller Schaltgabeln aus den Schaltschienen herausschlagen.
- Sprengring der Schaltschiene für den 3./4. Gang lösen und die Schaltschienen der Reihe nach in Richtung der Getriebeverlängerung herausziehen. Dabei darauf achten, daß die Schaltsperrstifte in der mittleren Schaltschiene (3./4. Gang) nicht herausfallen.
- Alle Schaltgabeln aus der Gehäuseöffnung herausnehmen.
- Stopfen aus der Seite des Getriebes schrauben und die Feder sowie die Kugel entfernen. Getriebe entsprechend verdrehen, bis die Kugel herausfällt.
- Oberhalb des Schalters für die Rückfahrlampe das Sicherungsblech zurückschlagen und den Stopfen herausdrehen. Dieser enthält die Sperre für den Rückwärtsgang.
- Schrauben an der Seite und am Ende der Getriebeverlängerung entfernen und die Federn, Kugeln und Riegel herausnehmen.
- Mit Hilfe von zwei Schraubenziehern das Tachometerritzel aus der Getriebeverlängerung herausdrücken.
- Öldichtring aus der Getriebeverlängerung heraushebeln.
- Falls die Büchse aus der Getriebeverlängerung herausgezogen werden soll, steht ein Spezialwerkzeug zur Verfügung (G3-7041-A). Die Getriebeverlängerung vom Getriebegehäuse abschrauben.
- Die Vorgelegewelle mit einem geeigneten Dorn oder der Hilfsvorgelegewelle 16-003 von vorn nach hinten aus dem Gehäuse herausschlagen. Der Dorn sollte dabei im Vorgelege verbleiben, so daß die Nadelrollen nicht herausfallen können.
- Vorgelege auf den Boden des Getriebegehäuses senken und die Hauptwelle von hinten herausziehen.
- Nadelrollenlager aus dem Ende der Hauptwelle entfernen.
- Von der Vorderseite des Getriebes die Führungsmuffe für das Ausrücklager abschrauben. Der Öldichtring befindet sich in der Rückseite der Muffe.
- Kupplungswelle ausschlagen und Sprengring und Kugellager von der Kupplungswelle entfernen.
- Vorgelege aus dem Getriebe herausheben.
- Anlaufscheiben abnehmen.
- Alle Nadelrollen und Abstandsscheiben aus den Enden des Vorgelegeradsatzes entfernen. 22 Nadelrollen befinden sich in jeder Seite.
- Zum Herausschlagen der Rücklaufwelle ist ein abgekröpfter Dorn zu verwenden, der gegen das Ende der Welle angesetzt werden kann.

Als nächstes wird die Hauptwelle folgendermassen zerlegt:

- Sprengring vor dem Synchronkörper für den 3./4. Gang entfernen.
- Synchronkörper und das Gangrad für den 3. Gang mit der Hand herunterziehen.
- Sicherungsblech der Hauptwellenmutter am anderen Ende zurückschlagen und die Mutter lösen. Dazu kann entweder ein Ring- oder Gabelschlüssel der entsprechenden Größe verwendet werden oder man benutzt den Spezialschlüssel P-7098.
- Antriebsschnecke für den Tachometer abziehen.
- Mitnehmerkugel aus der Welle entfernen (Bild 88).

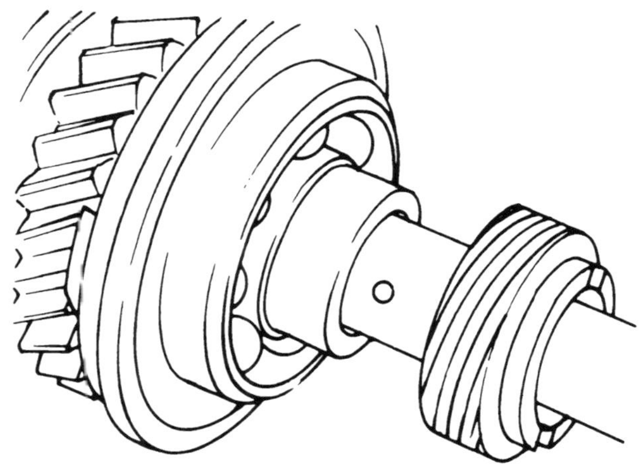

Bild 88
Die Kugel in der Hauptwelle dient zur Führung der Tachometerschnecke beim Getriebetyp «E».

- Abstandsring und Kugellager zusammen mit der Lagerführung herunterziehen.
- Lager, falls erforderlich, aus der Führung pressen.
- Ölleitring und das Gangrad für den 1. Gang von der Welle ziehen.
- Sprengring vor dem Synchronkörper für den 1./2. Gang entfernen.
- Synchronkörper komplett mit Schiebemuffe und Gangrad für den 2. Gang von der Welle ziehen.
- Zum Zerlegen des Synchronkörpers die Schiebemuffe und die Synchronnabe an gegenüberliegenden Stellen zeichnen (falls keine Kennzeichnung vorhanden ist) und danach die Schiebemuffe abstreifen. Einen Lappen um die Teile legen, damit die Schaltteile nicht verloren gehen.

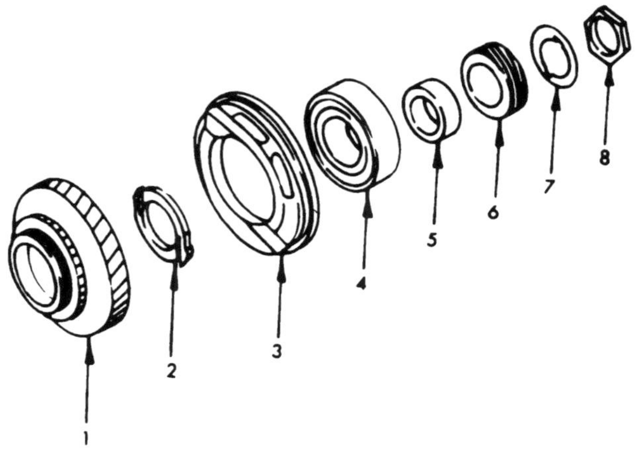

Bild 89
Die gezeigten Teile bilden das Ende der Hauptwelle beim Getriebetyp «E»

1 Gangrad, 1. Gang
2 Ölleitring
3 Lagergehäuse
4 Kugellager
5 Abstandshülse
6 Tachometerschnecke
7 Sicherungsblech
8 Mutter

Zerlegen des Getriebes – Typ «B»

- Getriebe an einen geeigneten Montagebügel spannen und in den Schraubstock einspannen oder in einen Montagestand montieren.
- Getriebegehäusedeckel abschrauben und, falls erforderlich, verbleibendes Öl ablaufen lassen.
- Stopfen an der Seite des Getriebes lösen (Bild 90), um die Schaltsperren auszubauen.

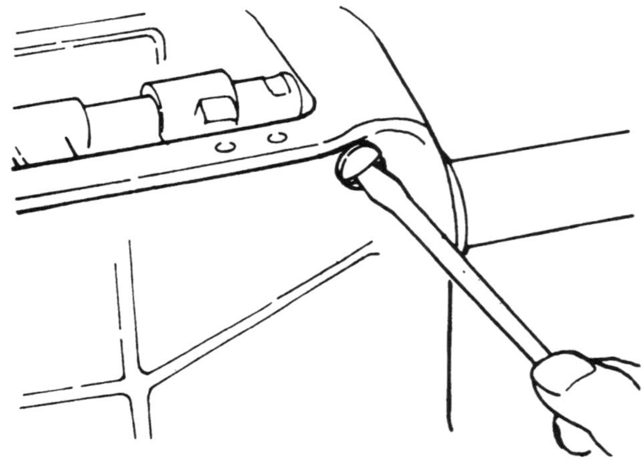

Bild 90
Abschrauben des Blindstopfens aus der Seite des Getriebes beim Typ «H».

- Blindstopfen aus der Seite des Getriebes herausschrauben.
- Federspannstift der Sicherungsscheibe und der Schaltwelle herausschlagen.
- Federspannstifte der Schaltschienen herausschlagen.

- Schaltschienen, Umschaltarm des Rückwärtsganges, Schaltgabeln und Sicherungsbleche herausnehmen (Bild 91).

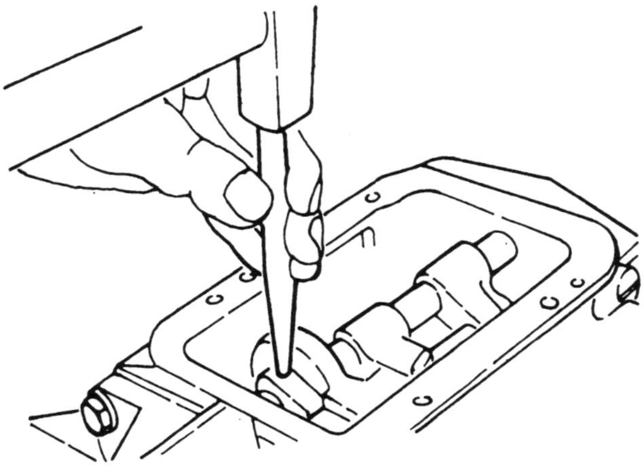

Bild 91
Austreiben der Federspannstifte aus den Getriebeschaltschienen.

- Öldichtring der Getriebeverlängerung sowie die Büchse ausbauen. Dazu stehen Spezialwerkzeuge zur Verfügung und, falls diese nicht vorhanden sind, muß man sich anderweitig behelfen.
- Befestigungsschrauben der Getriebeverlängerung lösen.
- Gehäuse so verdrehen, daß die Vorgelegewelle sichtbar wird. Mit einem geeigneten Dorn oder der Hilfsvorgelegewelle, die zu diesem Zweck zur Verfügung steht, die Vorgelegewelle herausschlagen. Die Hilfswelle in der Innenseite des Vorgeleges lassen, um die Nadelrollen nicht zu verlieren.
- Getriebeverlängerung vom Getriebegehäuse abziehen.
- Nadelrollenlager aus der Kupplungswelle nehmen.
- Kupplungswelle heraustreiben und, falls erforderlich, das Lager abpressen.
- Zum Ausbau der Rücklaufwelle eine M8 x 60-Schraube mit Mutter, Scheibe und einem Stück Rohr verwenden und die Welle durch Anziehen der Mutter aus dem Gehäuse herausziehen.
- Sprengring entfernen.
- Schaltfinger für den Rückwärtsgang vom Drehbolzen abziehen.
- Vorgelege vom Boden des Getriebegehäuses herausnehmen.

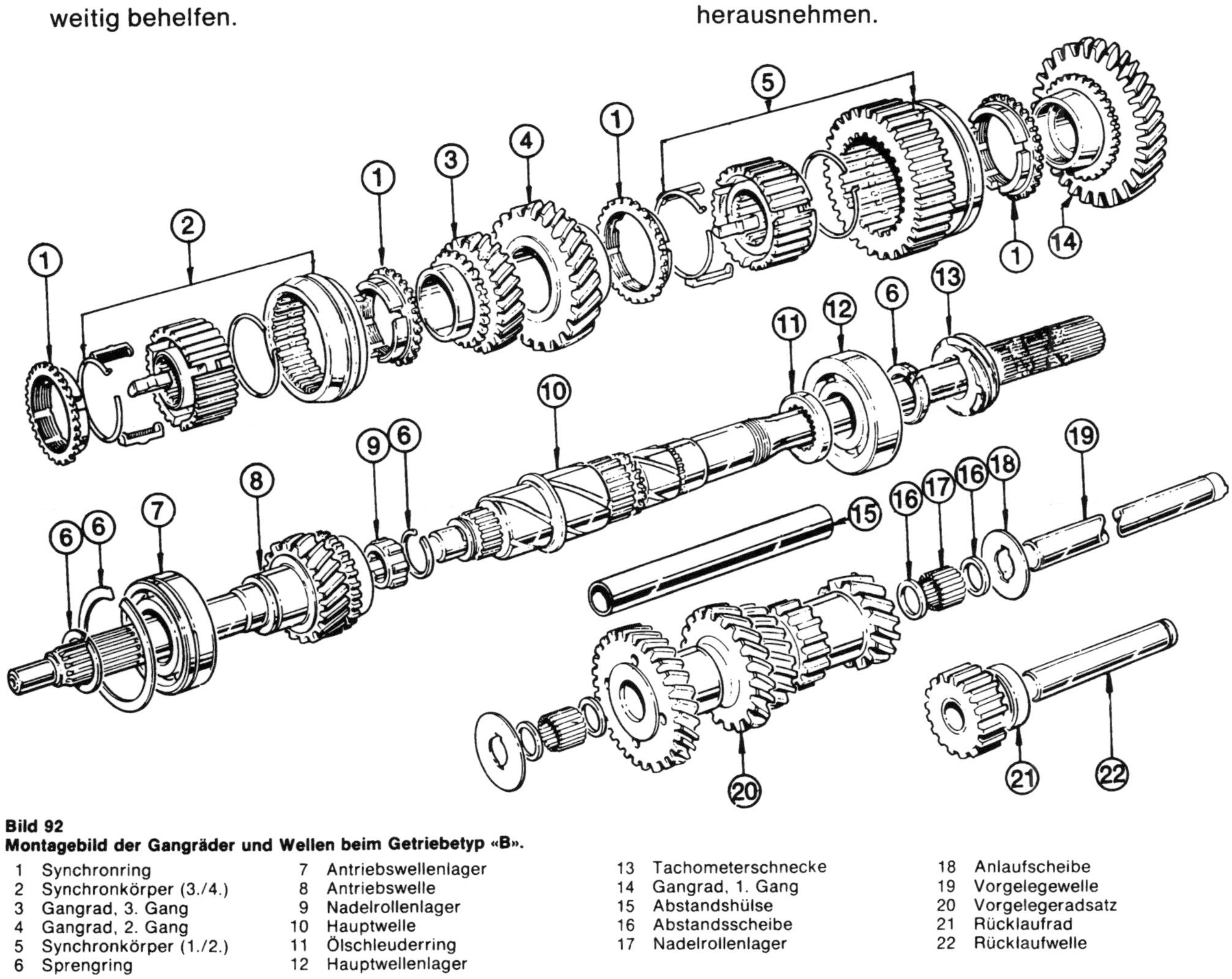

Bild 92
Montagebild der Gangräder und Wellen beim Getriebetyp «B».

1 Synchronring
2 Synchronkörper (3./4.)
3 Gangrad, 3. Gang
4 Gangrad, 2. Gang
5 Synchronkörper (1./2.)
6 Sprengring
7 Antriebswellenlager
8 Antriebswelle
9 Nadelrollenlager
10 Hauptwelle
11 Ölschleuderring
12 Hauptwellenlager
13 Tachometerschnecke
14 Gangrad, 1. Gang
15 Abstandshülse
16 Abstandsscheibe
17 Nadelrollenlager
18 Anlaufscheibe
19 Vorgelegewelle
20 Vorgelegeradsatz
21 Rücklaufrad
22 Rücklaufwelle

- Nadelrollen und die Abstandsscheiben abnehmen.
- Abschlußdeckel entfernen.
- Tachometerantrieb von der Getriebeverlängerung ausbauen.
- Sprengring der Hauptwelle aus dem Getriebeverlängerungsgehäuse lösen.
- Hauptwelle ausbauen, indem man sie gegen einen Holzblock schlägt.

Als nächstes wird die Getriebehauptwelle folgendermaßen zerlegt:

- Sprengring vom Synchronisierkörper des 3. und 4. Ganges abnehmen.
- Synchronisierkörper komplett mit Synchronringen, Sperriegeln, Synchronfeder und Schiebemuffe herunterziehen.
- Zahnrad des dritten Ganges herunterziehen.
- Vor dem Zahnrad des 2. Ganges ist der Sprengring abzuziehen.
- Synchronkörper für den 1./2. Gang mit Schaltriegeln und Schiebemuffe abnehmen. Die Synchronnabe gehört zur Hauptwelle und darf nicht abgedrückt werden.

HINWEIS: Bei einigen Ausführungen kann die Synchronnabe abgepreßt werden.

Bild 92 zeigt eine Ansicht der Gangräder und Wellen dieses Getriebes.

Zusammenbau des Getriebes – Typ «B»

Alle Teile in Waschbenzin reinigen und mit Preßluft oder einem flusenfreien Lappen trocknen. Kugellager besonders in sauberem Waschbenzin reinigen und drehen, bis alle Schmierstoffreste beseitigt werden. Nach der Reinigung, das Kugellager mit Getriebeöl einschmieren. Alle eventuell vorhandenen Dichtungsreste und Grate an den Dichtflächen des Getriebes entfernen. Sämtliche Zahnräder, Synchronisierungsteile und Wellen auf Verschleiß kontrollieren und, falls erforderlich, ersetzen. Falls Gangräder erneuert werden müssen, ist das Vorgelege ebenfalls zu ersetzen. Werden Sprengringe ausgebaut, so sind sie immer zu erneuern.

Für den Zusammenbau gilt im allgemeinen peinlichste Sauberkeit. Alle gleitenden Teile mit SAE-80-Getriebeöl einschmieren. Alle Schrauben, deren Gewindebohrungen bis in das Getriebegehäuse reichen, sind mit Dichtungsmasse einzustreichen. Der Zusammenbau erfolgt in umgekehrter Reihenfolge wie das Zerlegen, unter Beachtung der folgenden Punkte:

Schiebemuffe des Synchronkörpers für den ersten und zweiten Gang auf die Synchronnabe schieben. Die Kennzeichnungen an den beiden Teilen müssen gegenüberliegen. Drei Schaltriegel einlegen. Die Synchronfedern müssen in den Synchronkörpern versetzt eingelegt werden. Je ein abgewinkeltes Ende der beiden Synchronfedern kommen gemeinsam in einen Synchronriegel. Synchronring und Zahnrad des 1. Ganges und Abstandsring (mit der breiten Seite zum Zahnrad weisend — siehe Bild 93) auf die Hauptwelle schieben. Hinteres Kugellager aufpressen. Sicherungsring aufsetzen. Der Sprengring darf kein Axialspiel in der Nute der Hauptwelle haben, was besonders bei der Montage eines neuen Kugellagers zu beachten ist. Bild 94 zeigt einen Schnitt durch das zusammengebaute Getriebe mit der Lage der einzelnen Ausgleichsscheiben und Sprengringe, wobei zu beachten ist, daß Sprengringe 1, 5 und 6 je nach Passung auszuwählen sind.

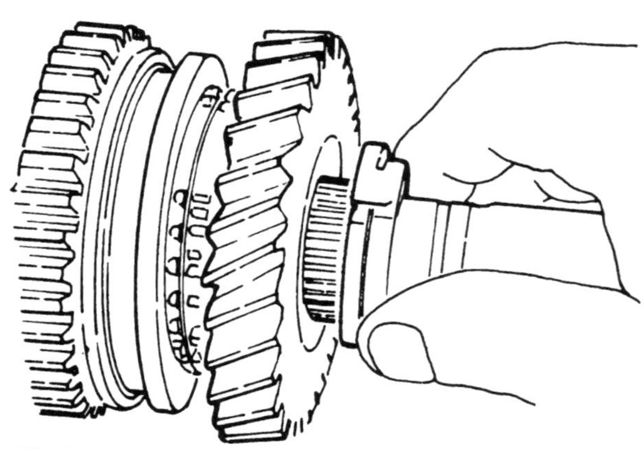

Bild 93
Anbringen des Ölschleuderringes. Die breitere Fläche muss zum Gangrad weisen.

Mit einer Tiefenlehre das Maß zwischen dem Kugellageranschlag und der Sprengringoberkante ausmessen, wie es aus Bild 95 ersichtlich ist. Danach die Breite des einzubauenden Kugellagers ausmessen und die Lagerhöhe von der Gesamthöhe abziehen. Dies läßt sich an folgendem Beispiel veranschaulichen:

Gesamthöhe	18,00 mm
—Lagerhöhe	16,00 mm
Sprengringstärke	2,00 mm

Sprengringe stehen in verschiedenen Stärken zur Verfügung und der Ring ist entsprechend des gefundenen Maßes auszuwählen (Sprengring «6» in Bild 94).

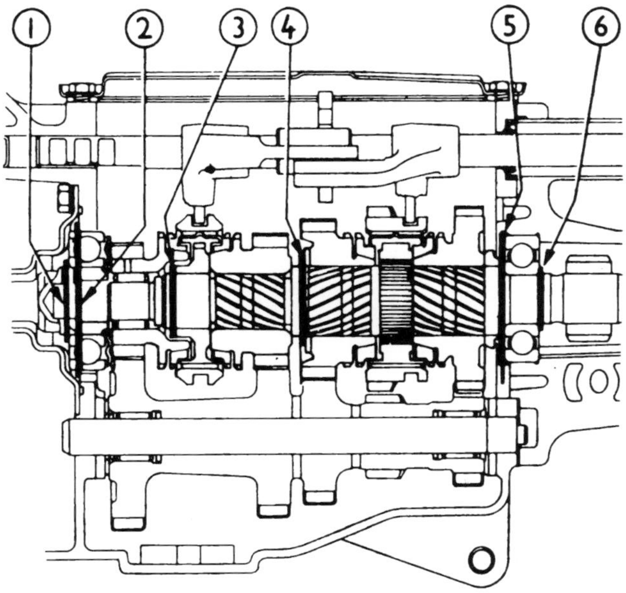

Bild 94
Schnitt durch das Getriebe mit Lage der Sprengringe. Sprengringe 1 und 2, sowie 5 und 6 stehen in verschiedenen Stärken zur Verfügung und dienen zur Einstellung des Axialspiels der beiden Kugellager.

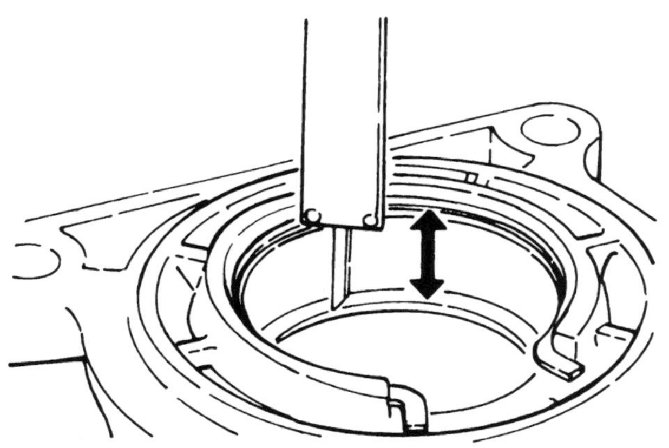

Bild 95
Mit einer Tiefenlehre den Abstand zwischen den Pfeilen ausmessen. Danach die Stärke des verwendeten Kugellagers ausmessen und den Sprengring entsprechend auswählen.

Nun das Schneckenrad für den Tachoantrieb mit einem passenden Rohr auf die Mitte der Sitzfläche aufpressen, so daß das in Bild 96 gezeigte Maß an der angegebenen Stelle zustandekommt. Sprengring des Zahnrades für den zweiten Gang und Anschlagscheibe auf die Hauptwelle schieben und den Sprengring einsetzen. Getriebeverlängerung in kochendes Wasser eintauchen und die Hauptwelle in die Getriebeverlängerung montieren. Einen Sprengring einsetzen. Bei der Verwendung eines neuen Kugellagers darf der Sprengring dem Kugellager kein Axialspiel geben. Sprengringe stehen in verschiedenen Stärken zur Verfügung (Sprengring «5» in Bild 64).

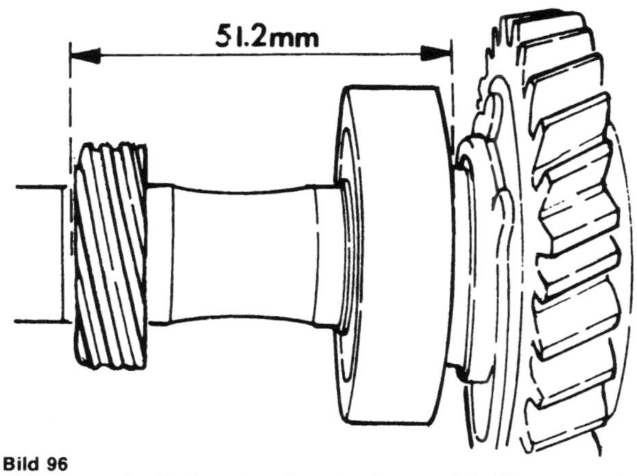

Bild 96
Aufpressen der Tachometerschnecke. Das gezeigte Mass muss eingehalten werden.

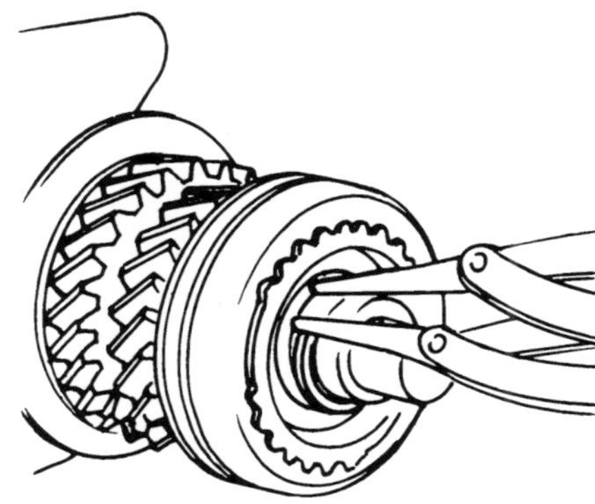

Bild 97
Anbringen des Sprengringes für das Gangrad des 3. Ganges.

Zahnrad für den dritten Gang mit dem Synchronring auf die Hauptwelle schieben. Synchronkörper für den 3./4. Gang zusammensetzen. Dabei je ein abgewinkeltes Ende der beiden Synchronfedern gemeinsam in einen Schaltriegel einlegen. Synchronkörper mit dem breiten Flansch nach hinten mit einem passenden Rohrstück auf die Welle pressen und den Sicherungsring vor dem Synchronkörper anbringen. Den Vorgelegewellenzahnradblock zum Einbau vorbereiten. Dazu die Nadelrollen in den Bohrungen des Vorgeleges mit Fett anordnen. Darauf achten, daß die Nadelrollen auf einer Seite länger sind. Abstandsscheiben auf beiden Seiten der Nadelrollen anbringen. Eine Hilfsvorgelegewelle vorsichtig in die Bohrungen des Vorgeleges einschieben. Falls eine unbrauchbare Vorgelegewelle vorhanden ist, kann diese auf die genaue Länge

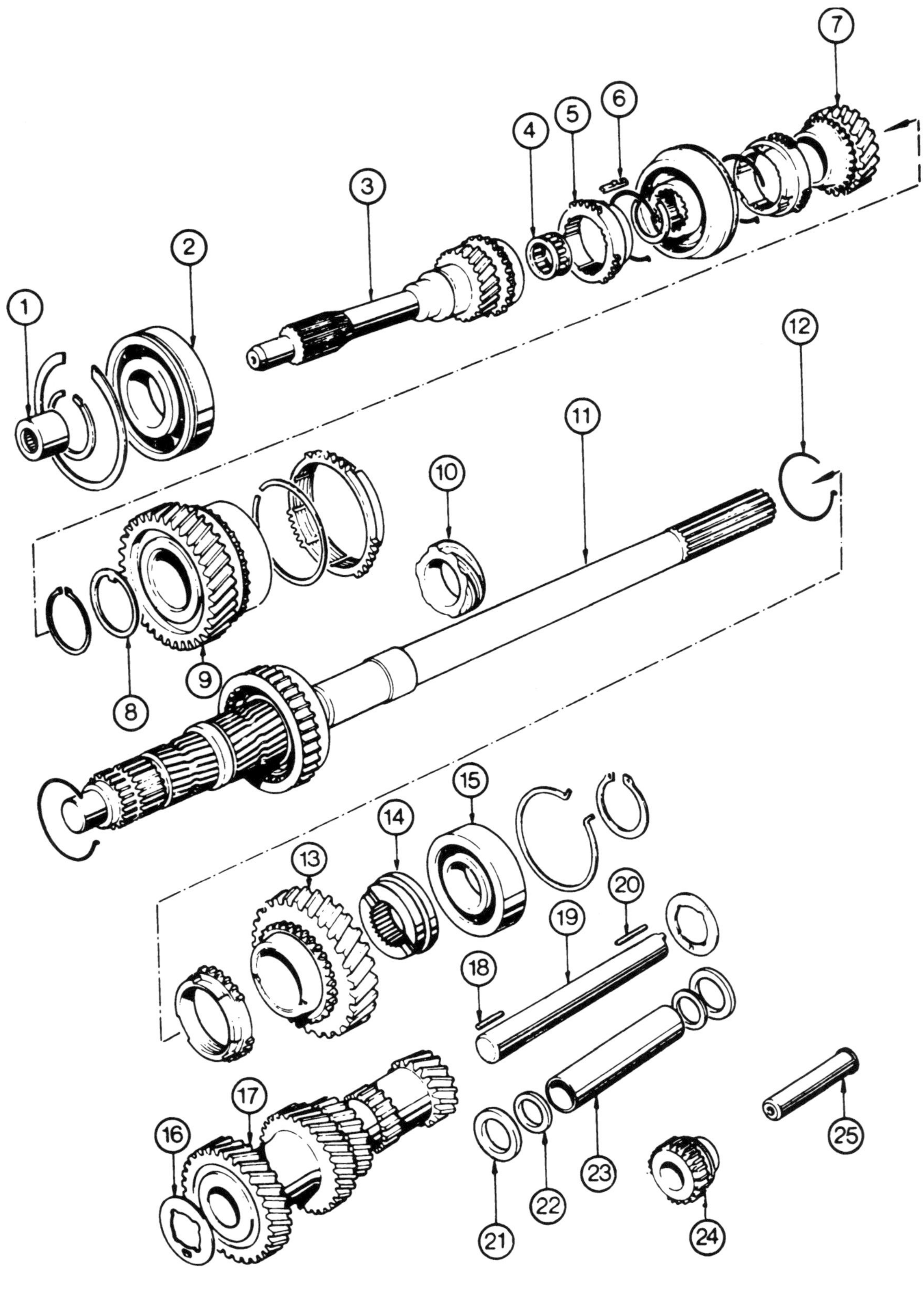

Bild 98
Gangräder und Wellen des Getriebes vom Typ «B».

1 Schwungradführungslager
2 Kugellager
3 Kupplungswelle
4 Nadelrollenlager
5 Synchronisierring
6 Schaltriegel
7 Gangrad 3. Gang
8 Anlaufscheibe
9 Gangrad, 2. Gang
10 Tachometerschnecke
11 Hauptwelle
12 Synchronkörperfeder
13 Gangrad, 1. Gang
14 Oelleitscheibe
15 Kugellager
16 Anlaufscheibe
17 Vorgelegeradsatz
18 Nadelrolle
19 Vorgelegewelle
20 Nadelrolle
21 Anlafscheibe
22 Abstandring
23 Abstandshülse
24 Rücklaufrad
25 Rücklaufwelle

des Zahnradblocks gekürzt und eingeschoben werden. Die Anlaufscheiben an den Seiten der Vorgelegewelle mit Fett einschmieren und gegen das Getriebegehäuse «ankleben». Vorgelegeblock jetzt vorsichtig zwischen die Anlaufscheiben einsetzen, ohne diese zu verschieben und die Vorgelegewelle vorsichtig von hinten einsetzen, ohne diese zu verschieben, so daß sie die Hilfsvorgelegewelle gleichzeitig herausdrückt.

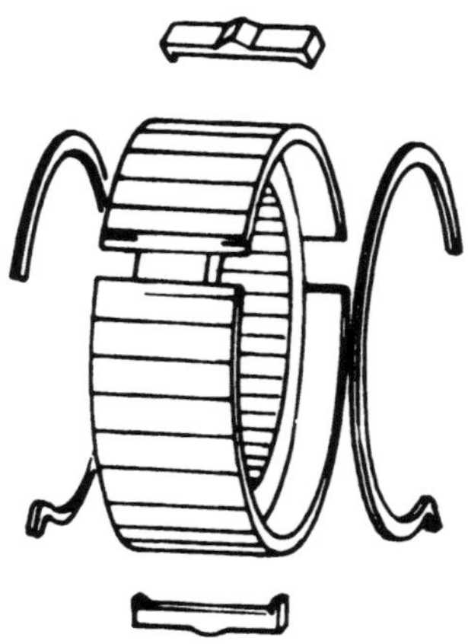

Bild 99
Die Teile einer Synchronnabe. Die Enden der beiden Federn müssen wie gezeigt im gleichen Schaltriegel sitzen.

Als nächstes ist die Rücklaufwelle in das Gehäuse einzubauen. Dazu Welle ansetzen und eintreiben, bis das Rücklaufrad aufgeschoben werden kann und danach die Welle vollkommen hineinschlagen, bis sie bündig mit dem Gehäuse abschneidet. Die Seite mit dem kleineren Durchmesser des Rücklaufrades muß zur Keilverzahnung der Hauptwelle weisen.

Hauptwelle mit der angebrachten Getriebeverlängerung in das Getriebegehäuse einführen. Um am Vorgelegeblock vorbeizukommen, kann man die Schiebemuffe des 3./4. Ganges nach vorn schieben, um am Gangrad Raum zu schaffen. Auf den Flansch der Getriebeverlängerung ist eine neue Papierdichtung mit Fett aufzukleben. Nadellager mit Fett in die Antriebswelle einsetzen. Antriebswelle von vorn auf die Hauptwelle schieben und die Getriebeverlängerung mit dem vorgeschriebenen Anzugsdrehmoment anziehen. Lager für das Tachometerritzel montieren und befestigen.

Jetzt von außen das Kugellager gleichzeitig auf die Antriebswelle (Kupplungswelle) und in das Getriebegehäuse einschlagen. Sicherungsring vor dem Kugellager auf die Antriebswelle setzen und den großen Lagersprengring in die Nute des Getriebegehäuses einsetzen. Mit einer Fühler-

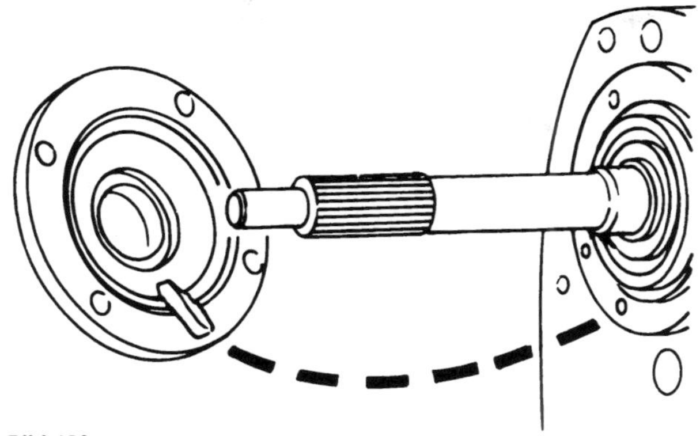

Bild 100
Bei der Montage des vorderen Deckels auf die Ausrichtung der Ölbohrungen achten.

lehre das Axialspiel des Sprengringes in der Nute der Kupplungswelle ausmessen. Der Sprengring darf kein Axialspiel hinterlassen und ist entsprechend auszuwählen.

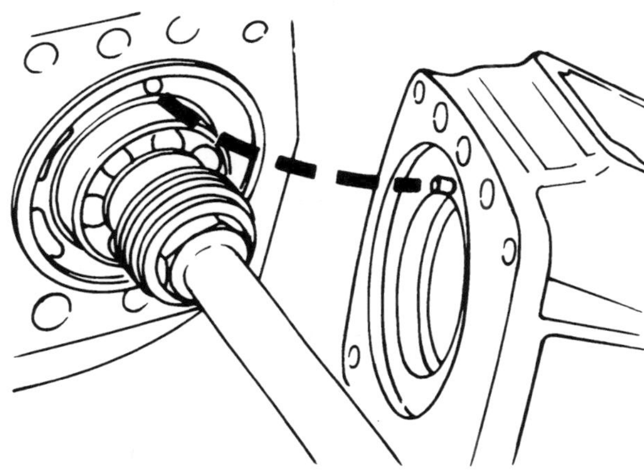

Bild 101
Beim Anbringen des Schaltgehäuses auf Eingriff des Paßstiftes achten.

Führungshülse für das Ausrücklager mit neuer Dichtung anbringen, so daß der Ausschnitt für die Ölbohrung im Hülsenflansch in eine Linie mit der Ölbohrung im Gehäuse kommt. Die Ölbohrung ist in der Flanschdichtung ausgeschnitten.

Zusammenbau des Getriebes — Typ «E»

Der Zusammenbau dieses Getriebes geschieht in ähnlicher Weise, wie es vorhin beim Getriebetyp «B» beschrieben wurde. Der Hauptunterschied liegt in der Anbringung der Tachometerschnecke, die anstelle der einfachen Aufpressung mit einer Mutter auf der Hauptwelle befestigt ist. Ein Sicherungsblech, dessen Laschen in die zwei Lö-

cher der Tachometerschnecke einzusetzen sind, wird zur Sicherung verwendet, nachdem man die Schnecke auf das vorgeschriebene Anzugsdrehmoment angezogen hat. Die Unterschiede des Schaltungsmechanismuses sind aus der Besichtigung des eigentlichen Getriebes zu erkennen. Die Befestigung des Tachometerritzels erfolgt durch Einpressen der Lagerbüchse.
Während die Vorgelegewelle beim «B»-Getriebe mit einem Lagerrohr in der Innenseite des Vorgelegeblocks geführt ist, wird die Welle beim «E»-Getriebe direkt mit den Nadelrollen in der Innenseite des Vorgeleges geführt. Die Ausmessung des Sprengringes fällt vollkommen weg, da das hintere Hauptwellenlager anstelle der Sprengringe mit der Mutter für die Tachoschnecke gehalten wird. Beim Anbringen der Getriebeverlängerung ist darauf zu achten, daß die zusätzliche Lagerführungsplatte mit einer Bohrung versehen ist, in welche ein in der Getriebeverlängerung befindlicher Paßstift beim Zusammenbau eingreifen muß.

Das automatische Getriebe

Um sach- und fachgerechte Reparaturen am automatischen Getriebe durchführen zu können, ist eine Spezialausbildung nötig. In der Kundendienstschule der Ford-Werke, Köln, wird diese Schulung durchgeführt. Für die Wartung und Einstellung des Getriebes soll hier soweit wie möglich eingegangen werden.
Bei diesem Getriebe handelt es sich um ein automatisches Dreigang-Getriebe mit hydraulischer Kupplung und Drehmomentwandler und zwei Planetengetriebe-Sätze (Borg Warner BW 3). Die Gangwahl erfolgt automatisch und wird hydraulisch gesteuert durch Schließen von Kupplungen und Betätigung von Bremsbändern. Eine innen verzahnte Zahnradölpumpe versorgt das hydraulische System und den Drehmomentwandler. Über eine mechanisch betätigte Parksperre ist die Schiebeabtriebswelle bei stehendem Fahrzeug zu sperren. Getriebeölstand nach den ersten 1000 km, 5000 km, dann alle weitere 5000 km bei Betriebstemperatur und laufendem Motor sowie Wahlhebelstellung «P» oder «N» kontrollieren.

Der Wahlhebel befindet sich zwischen den Vordersitzen am Kardanwellentunnel. Auf einer Platte am Fuße des Wählhebels sind die folgenden Stellungen verzeichnet:

N = Neutral	D = Dauerfahrstellung
P = Parken	2 = 2. Gang
R = Rückwärts	1 = 1. Gang

Zur Sicherung gegen Schaltfehler können die folgenden Wählstellungen nur nach Druck eines Knopfes am Wählhebel betätigt werden. Von P nach R, von R nach P, D nach 2, 2 nach 1 und N nach R. Der Motor kann nur in den Stellungen P und N gestartet werden.

Getriebewartung

Ölstandkontrolle

Im automatischen Getriebe ist nur das Öl M2C-23F zu verwenden. Andere als dieses vorgeschriebene Öl können Ablagerungen und Verstopfung im Steuergehäuse verursachen, was den Ausfall des automatischen Getriebes zur Folge haben kann. Kontrolle alle 5000 Kilometer.

- Fahrzeug auf eine waagrechte Ebene stellen.
- Handbremse anziehen.
- Bei Wählhebelstellung «P» oder «N» den Motor laufen lassen, bis das Getriebeöl betriebswarm ist.
- Bei laufendem Motor den Peilstab herausziehen, er trägt zwei Striche.
- Peilstab abwischen ((kein faserndes Material benutzen).
- Den gesäuberten Peilstab wieder völlig einstecken.
- Stab herausziehen und den Ölstand zwischen den zwei Strichen kontrollieren. Es muß Öl nachgefüllt werden, wenn sich der Stand dem unteren Strich nähert. Die Nachfüllmenge zwischen den Strichen beträgt ca. 0,75 Liter. Es ist auf keinen Fall mehr Öl als bis zum oberen Strich einzufüllen.

Wird bei den laufenden Kontrollen öfter ein niedriger Ölstand festgestellt, so muß das Getriebe auf Leckstellen untersucht werden. Mögliche Leckstellen sind: Motorabdichtung (hinten), Radialdichtring Getriebeölpumpe (vorn), Getriebegehäuse-Dichtung Ölpumpe (vorn), Drehmomentwandler-Ablaßschraube. Mögliche Leckstellen am Getriebe sind: Testanschluß am Getriebe, Anschlüsse undÖlleitungen, Getriebeölwanne, Dicht-Verlängerungsgehäuse am Getriebe, Radialdichtring im Verlängerungsgehäuse hinten, Dichtung des Tacho-Antriebes.

Bremsbandkontrolle

Sie hat bei jeder Ölstandskontrolle zu erfolgen.

Ölwechsel

Alle 20 000 Kilometer ist das Öl zu wechseln.

- Bei betriebswarmem Motor ist das Fahrzeug auf eine waagrechte Ebene zu stellen.
- Wählhebel auf «P» stellen.
- Ölablaßschraube aus der Ölwanne ausschrauben.
- Ausfließendes Öl auffangen.
- Ablaßschraube einschrauben.
- Öl einfüllen, bis es an dem oberen Strich am Peilstab steht.
- Motor anlassen und bei gezogener Handbremse das Öl betriebswarm werden lassen.
- Nochmalige Kontrolle und gegebenenfalls Öl nachfüllen. Auf keinen Fall über den oberen Strich nachfüllen.

Das automatische Getriebe enthält max. 6,4 Liter Öl. Bei Fahrzeugen, die für einen Anhängebetrieb mit einem Ölkühler versehen sind, beträgt die max. Menge 6,6 Liter Öl.

Ausbau des automatischen Getriebes

- Fahrzeug auf die Hebebühne nehmen oder über eine Montagegrube fahren.
- Minus-Kabel von der Batterie abklemmen.
- Luftfilter, Anlasser und Lichtmaschine abbauen.
- Kühlflüssigkeit ablassen.
- Ölfilter abschrauben.
- Wassereinlaßrohr abbauen, damit das Drehmomentwandlergehäuse vom Motor abgenommen werden kann.
- Drosselventilseilzug am Vergasergestänge abmontieren.
- Bolzen-Seilzug aus der Lagerung ziehen.
- Schaltgestänge entfernen.
- Kabel am Sicherheitsschalter abschließen.
- Gelenkwelle am Hinterachsflansch (nach Markierung der Einbauposition) abmontieren und Gelenkwelle nach hinten aus dem Getriebe ziehen. Um Verlust an Getriebeöl zu vermeiden, ist ein alter Gelenkwellenstummel in die Getriebeverlängerung einzustecken.
- Wählhebelseil oben und unten aushängen und am Getriebequerträger abmontieren. Wandlerflansch an der Kurbelwelle jeweils so verdrehen, daß die Befestigungsschraube in der Öffnung der Abdeckplatte erreichbar ist.
- Motorzwischenplatte am Drehmomentwandlergehäuse abschrauben.
- Tachoantrieb am Getriebe abmontieren.
- Motor und Getriebe mittels Heber leicht anheben und Querträger entlasten.
- Schrauben der Querträgerbefestigung am Unterbau und am Getriebe entfernen, Querträger abnehmen.
- Motor und Getriebe geringfügig ablassen und Getriebe nach hinten ausbauen. Beim Herausheben des Getriebes muß der Wandler festgehalten werden. Fest zugreifen, da der Wandler mit Öl gefüllt ist.

Einbau des automatischen Getriebes

- Neue Dichtung hinten an die Zwischenplatte kleben.
- Zwischenplatte anheben.
- Sobald sie mit den Löchern übereinstimmt, sind die zwei M10er-Stiftschrauben (50 mm lang) als Halterung für die Zwischenplatte in das mittlere Loch des Motorflansches rechts und links einzubauen.
- Getriebe am Motor anflanschen.
- Motorzwischenplatte anschrauben.
- Drehmomentwandler mit Motormitnehmerscheibe verschrauben. Schrauben erst anziehen (3,5 bis 4,0 mkp), wenn alle Schrauben einwandfrei eingeschraubt sind.
- Abdeckbleche unten am Wandlergehäuse anschrauben.

- Getriebeverlängerung anheben.
- Querträger an der Bodengruppe und Getriebelagerung montieren.
- Gelenkwelle einbauen (auf Markierung achten).
- Wassereinlaßrohr, Ölfilter und Lichtmaschine einbauen.
- Am Kühler die Ablaßschraube einschrauben.
- Kühlmittel einfüllen.
- Wählhebel-Bowdenzug anbauen und einstellen.
- Tachowelle und Anlasser einbauen.
- Ölmeßstab mit Einfüllrohr festschrauben (Haltemutter).
- Öl einfüllen: Wurde der Wandler wieder eingebaut, so sind 3,0 Liter Öl in das trockene Getriebe einzufüllen.
- Startsicherheitsschalter einstellen. Dazu Wählhebel in «D» oder «1» stellen. Mittels Batterie und Prüflampe die breiten Schalterklemmen der Rückfahrlampen verbinden. Sicherheitsschalter möglichst weit herausdrehen und dann hineinschrauben, bis die Prüflampe erlischt. Schalterstellung markieren. Prüflampe nun mit den kleineren Klemmen des Sicherheitsschalters verbinden und Schalter weiter hineindrehen, bis die Lampe wieder aufleuchtet. Schalterstellung erneut markieren. Anschließend Schalter herausdrehen, bis die Mitte zwischen den Markierungen erreicht ist und Schalter mittels Gegenmutter (Werkzeug CBW 547 A 50 A3) kontern.
- Schalterfunktion prüfen. Rückfahrlampen dürfen nur in «R-Stellung» aufleuchten. Motor darf sich nur starten lassen, wenn der Schalthebel in Position «P» oder «N» steht.
- Drosselventil an Vergasergestänge montieren und einstellen.

Vorderes Bremsband einstellen

- Wagen über die Montagegrube fahren.
- Getriebeöl ablassen.
- Ölwanne abmontieren.
- Gegenmutter der Einstellschraube lösen.
- Einstellschraube nach außen drücken und das Distanzstück CBM 34 (6,35 mm) zwischen den Servokolbenbolzen und die Einstellschraube einschieben.
- Einstellschraube mit dem Drehmoment-Schraubenzieher CBW 548 und dem Zwischenstück 548-1G mit einem Drehmoment von 0,11 mkp anziehen und mit der Gegenmutter sichern.
- Gegenmutter anziehen (2,0 bis 2,8 mkp).
- Distanzstück entfernen.
- Dichtfläche am Gehäuse und der Ölwanne säubern und mit einer neuen Dichtung versehen.
- Ölwannenschrauben mit einem Drehmoment von 1,0 bis 1,8 mkp anziehen.
- Getriebeöl auffüllen.

Hinteres Bremsband einstellen

- Abdeckkappe aus dem Bodenblech entfernen.
- Gegenmutter der Einstellschraube rechts am Getriebegehäuse lösen.
- Mit dem Werkzeug GAT 701 (Bild 102) und dem Zwischenstück die Einstellschraube so weit festziehen, bis der Bremsband-Einstellschlüssel überspringt.
- Einstellschraube um eine volle Umdrehung zurückdrehen.
- Gegenmutter mit einem Drehmoment von 3,5 bis 4,2 mkp anziehen.

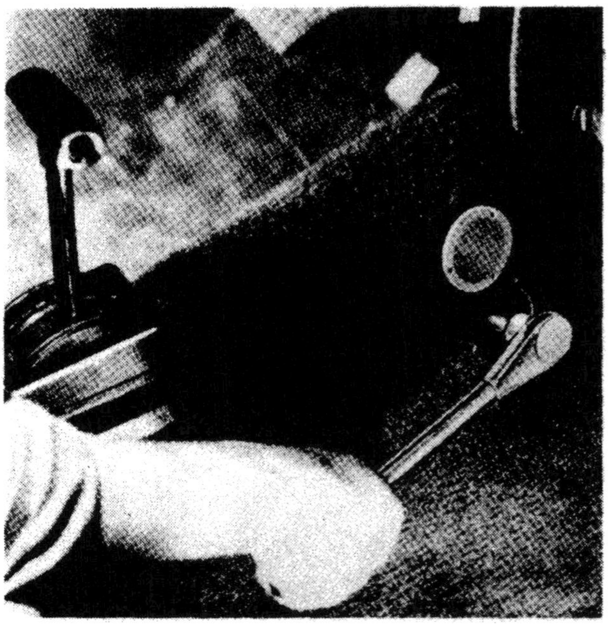

Bild 102
Hinteres Bremsband einstellen.

Auswechseln des Drosselventilseiles

- Wagen über die Montagegrube fahren.
- Getriebeöl ablassen.
- Ölwanne abbauen.
- Seilzug aus der Nocke am Schaltkasten aushängen.
- Bowdenzughalter am Getriebe abschrauben und mit dem Seilzug aus dem Gehäuse ziehen.
- Drosselventilseilzug vom Vergasergestänge abnehmen.
- Splint aus dem Verbindungsgabelbolzen herausziehen.
- Bolzen und Seilzug aus der Lagerung an der Motortrennwand herausnehmen.

Der Zusammenbau erfolgt umgekehrt wie das Zerlegen.

Aus- und Einbau des Startsicherheitsschalters

- Minuskabel von der Batterie abklemmen.
- Kabel am Schalter abklemmen.
- Kontermutter mit Schalterschlüssel CBW 547 A 50 A 3 (Bild 103) lösen.

Bild 103
Kontermutter-Startsicherheitsschalter festziehen.

- Schalter ausschrauben. Für das Einschrauben des Schalters ist die Anzahl der Umdrehungen zu zählen und eventuell aufzuschreiben.

Beim Einbau des Schalters ist die gleiche Umdrehungszahl wie beim Ausschrauben zu verwenden. Zum Einstellen des Startsicherheitsschalters ist die Schaltstellung «D» oder «1» einzurücken. Mit einer durch Batterie betriebenen Prüflampe sind die Rückfahrtlicht-Schalterklemmen zu verbinden. Schalter ausschrauben und anschließend wieder einschrauben, bis die Prüflampe erlischt. Diese Schalterstellung markieren. Jetzt die Prüflampe mit den kleineren Sicherheitsschaltklemmen verbinden. Nun den Schalter einschrauben, bis die Prüflampe aufleuchtet, Schalterstellung markieren. Schalter endgültig soweit herausschrauben, bis die Mitte der zwei angebrachten Markierungen erreicht ist. Kontermutter mit Schlüssel CBW 547 A-50-A3 mit einem Drehmoment von 0,6 bis 0,9 mkp festziehen. Minuskabel an der Batterie anklemmen. Kabelanschlüsse, wie beim Ausbau des Schalters vorgefunden, anschließen. Der Motor darf nur starten, wenn sich der Wählhebel in Stellung «P» oder «N» befindet, das Rückfahrtlicht darf nur in Stellung «R» aufleuchten.

Einstellen des Wählhebel-Bowdenzuges

- Wagen über die Montagegrube fahren.
- Bowdenzug am Hebearm des Getriebes abbauen.
- Wählhebel in Stellung «1» einlegen.
- Hebelarm am Getriebe rückwärts bis zum äußersten Anschlag drücken.
- Mantelrohr des Bowdenseiles verlängern oder verkürzen, bis die Bowdenseilverbindung mit der Bohrung im Hebelarm des Getriebes übereinstimmt.
- Leitung spannungsfrei einhängen und sichern.
- Durchschalten und prüfen, daß die Einrastung in jeder Schaltstellung spürbar ist.

Die Hinterachse und Hinterradaufhängung

Die Hinterradaufhängung besteht aus Einzelradaufhängung mit schrägen Dreieckslenkern. Der Hauptaufhängungsträger ist in zwei Gummilagern aufgehängt, die an der Unterseite der Karosserie verschraubt sind. Die inneren Aufhängungen der Dreieckslenker sind mit Exzenterscheiben versehen. Durch Verdrehen dieser Scheiben auf beiden Seiten ist es möglich, daß man die Einbauweise der Lagerschraube verstellt und dabei die Spur der Hinterräder einstellen kann. Schraubenfedern, mit in der Mitte befindlichen hydraulischen Teleskopstoßdämpfern werden zum Abfedern der Hinterradaufhängung verwendet.
Der herkömmliche Achsantrieb mit Differential und Kegelradantrieb befindet sich in einem gewöhnlichen Gehäuse. Der Antrieb vom Ausgleichsgetriebe auf die Hinterräder erfolgt über Antriebswellen mit Gleichlaufgelenken.

Aus- und Einbau von Hinterachse und Radaufhängung

- Radmuttern lösen.
- Rückseite des Fahrzeuges auf sichere Böcke setzen.
- Die vier Befestigungsschrauben der Gelenkwelle vom Flansch des Achsantriebs lösen und die Gelenkwelle vom Flansch der Achsantriebsverlängerung trennen und vorsichtig nach unten senken.
- In ähnlicher Weise die beiden Achswellen von den Flanschen des Achsantriebs an der Innenseite und von den Flanschen an den Hinterrädern abschrauben und abnehmen.
- Befestigungsspangen der Bremstrommeln lösen und die Bremstrommeln herunterziehen.
- Das Handbremsseil auf beiden Seiten von der Befestigung am Handbremsgestänge trennen und herunterhängen lassen.
- Bremsleitungen an den Verbindungen zu den Bremsschläuchen abschrauben und beide Öffnungen in geeigneter Weise verstopfen, um ein Auslaufen von Bremsflüssigkeit zu vermeiden.
- Abzweigblock der Bremsleitungen vom Wagenboden abschrauben.
- Aufhängungen der Auspuffrohre vom Aufhängungsquerträger abschrauben.
- Mit einem Wagenheber vorsichtig eine Seite der Radaufhängung aufbocken.
- Von der Innenseite des Kofferraums die obere Befestigung der Stoßdämpfer lösen.
- Aufhängung vorsichtig senken, bis die Hinterfeder aus dem Sitz in der Karosserie (oben) und im Dreieckslenker (unten) herausgenommen werden kann (Bild 104).

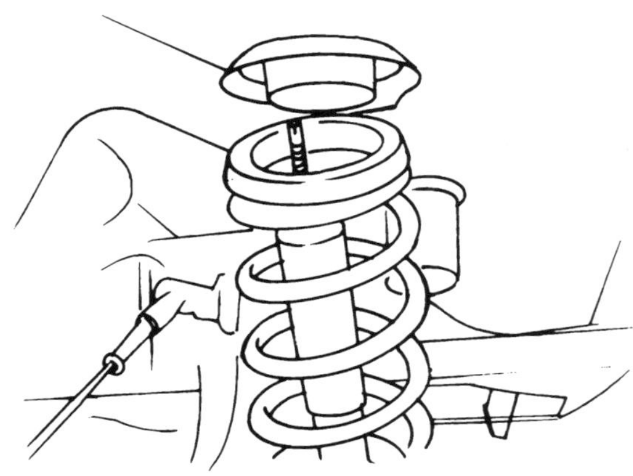

Bild 104
Zum Ausbau einer Hinterfeder.

- Diese Arbeit ebenfalls auf der gegenüberliegenden Seite des Fahrzeuges durchführen.
- Nach Entfernen der beiden Schraubenfedern den Wagenheber unter die Mitte des Achsantriebs fahren und anheben, bis das Gewicht der gesamten Aufhängung soeben von den Unterstellböcken abgehoben wird.
- Sicherungsblech der Mutter des Aufhängungsbügels aufbiegen und die Mutter lösen. Falls erforderlich, kann die Schraube von der Innenseite des Kofferraums aus gegengehalten werden.
- Die seitlichen Schrauben des Aufhängungsbügels lösen und den Bügel abnehmen.
- Von der Unterseite an beiden Enden des Aufhängungsquerträgers das Sicherungsblech des Befestigungshalters aufbiegen und die mittlere Schraube und die Befestigungsschrauben der Halter entfernen. Bild 105 zeigt einen Halter im eingebauten Zustand. Der zweite Halter befindet sich auf der anderen Seite des Querträgers.

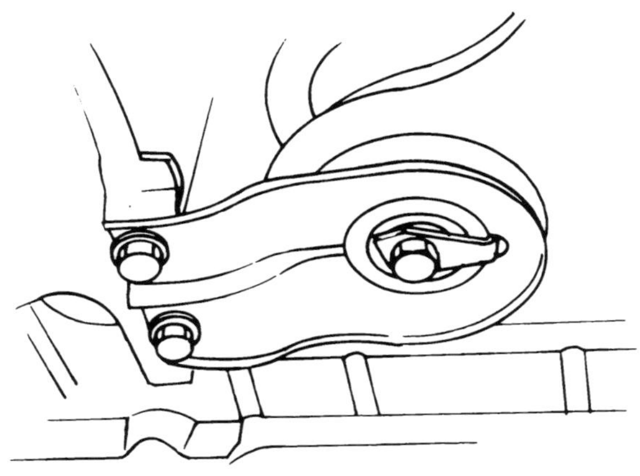

Bild 105
Befestigungsbügel des hinteren Aufhängungsquerträgers.

● Die Hinterachse und die komplette Radaufhängung ist jetzt frei und kann auf dem Wagenheber vorsichtig nach unten abgesenkt und unter dem Fahrzeug herausgezogen werden.

Beim Einbau die Achse auf einen Wagenheber setzen und mit Hilfe anderer Personen (am besten einen Helfer auf jeder Seite) die Achse anheben, so daß sie in die Einbaulage kommt. Den Aufhängungsbügel lose mit den Befestigungsschrauben und der mittleren langen Schraube anschrauben und ebenfalls den Aufhängungsquerträger auf beiden Seiten mit den Befestigungs-

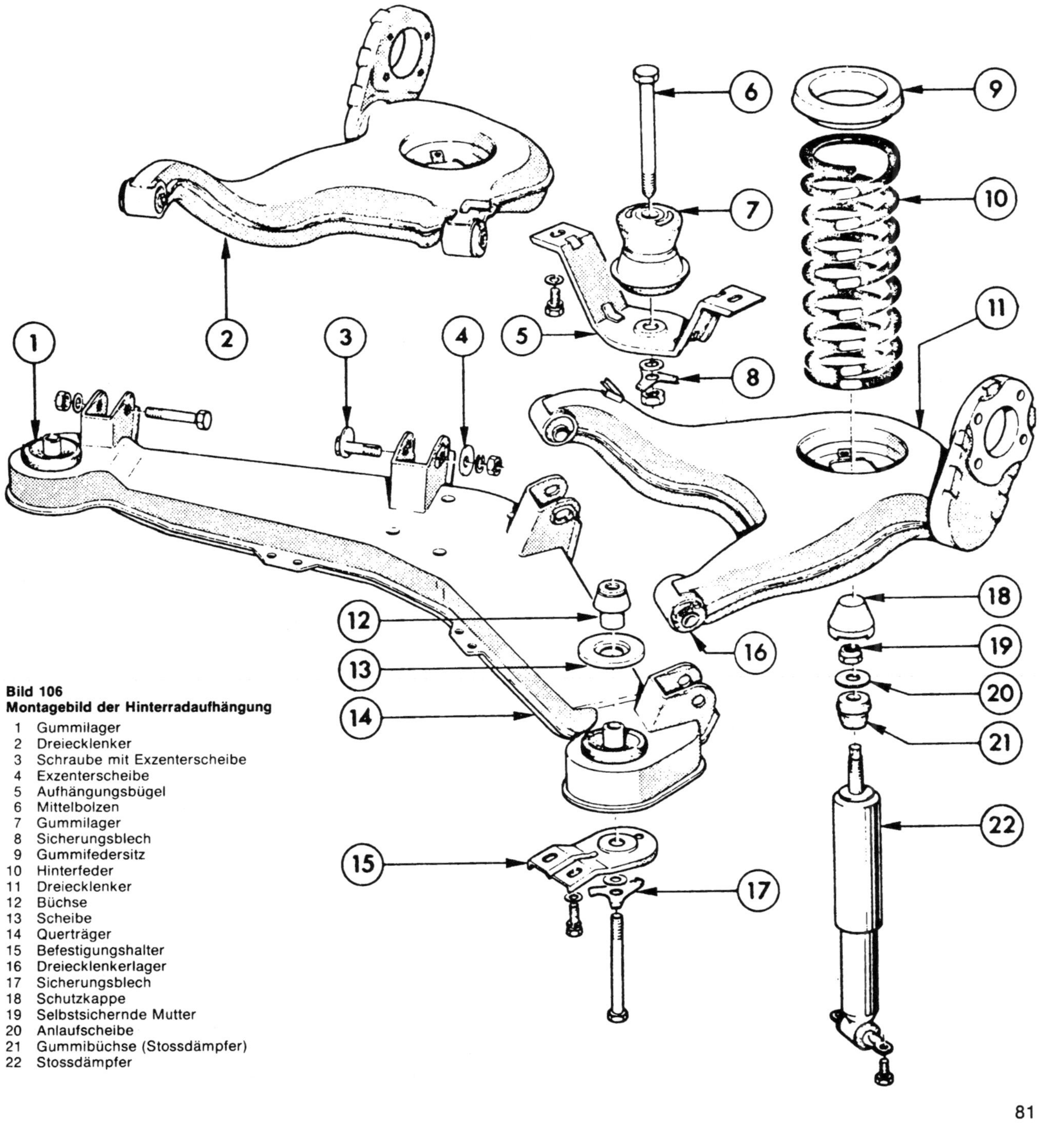

Bild 106
Montagebild der Hinterradaufhängung

1 Gummilager
2 Dreiecklenker
3 Schraube mit Exzenterscheibe
4 Exzenterscheibe
5 Aufhängungsbügel
6 Mittelbolzen
7 Gummilager
8 Sicherungsblech
9 Gummifedersitz
10 Hinterfeder
11 Dreiecklenker
12 Büchse
13 Scheibe
14 Querträger
15 Befestigungshalter
16 Dreiecklenkerlager
17 Sicherungsblech
18 Schutzkappe
19 Selbstsichernde Mutter
20 Anlaufscheibe
21 Gummibüchse (Stossdämpfer)
22 Stossdämpfer

schrauben und der langen Schraube anbringen. Nachdem die Achse gut ausgerichtet ist, die mittlere Aufhängung und danach die beiden äusseren Befestigungen auf das vorgeschriebene Anzugsdrehmoment (siehe Seite 140) anziehen.

Schraubenfedern mit den eingelegten Gummilagerungen in einen der Dreieckslenker einsetzen und einen Wagenheber unter den Lenker stellen. Wagenheber vorsichtig anheben und gleichzeitig die Schraubenfeder in den oberen Sitz einführen und den Stoßdämpfer mit dem oberen Ende durch die Öffnung im Karosserieboden schieben. Wagenheber weiter anheben, bis der Stoßdämpfer von der Innenseite des Kofferraums aus befestigt werden kann. Die gleiche Arbeit auf der anderen Seite des Fahrzeuges durchführen.

Auspuffrohre wieder am Querträger befestigen und die Abzweigung der Bremsleitung am Wagenboden anschrauben (Leitung angeschlossen). Alle weiteren Einbauarbeiten in umgekehrter Reihenfolge wie beim Ausbau durchführen.

Aus- und Einbau der Antriebswellen

Die Gegend um die Gleichlaufgelenke reinigen und die Schrauben der Gelenkwellenflansche von den Flanschen an der Innenseite (am Achsantrieb) und an den Rädern lösen. Zu beachten ist, daß ein Imbußschlüssel zum Lösen gebraucht wird.

Der Einbau der Antriebswellen geschieht in umgekehrter Reihenfolge wie der Ausbau. Unbedingt darauf achten, daß die zusammengehörigen Flächen der Flansche auf beiden Seiten der Welle peinlich sauber sind.

Reparatur einer Antriebswelle

Zwei verschiedene Antriebswellen-Ausführungen werden verwendet, d. h. abhängig von der Größe des eingebauten Motors werden entweder ein kleineres oder größeres Gleichlaufgelenk verwendet. Beim Bestellen einer neuen Antriebswelle oder eines neuen Gelenks muß dies angegeben werden.

Zum Zerlegen einer Antriebswelle den Sprengring vom Ende der Welle entfernen und das Gleichlaufgelenk von der Welle herunterziehen oder die Welle durch das Gelenk pressen. Federscheibe und inneren Sprengring von der Welle entfernen und die Gummimanschette abziehen. Bild 107 zeigt die Einzelteile einer zerlegten Welle.

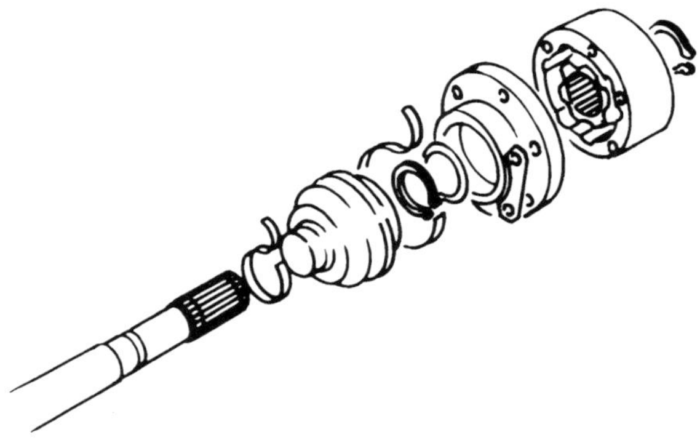

Bild 107
Die Bestandteile eines Gleichlaufgelenks am Ende der Antriebswelle.

Alle Teile gründlich reinigen und auf Verschleiß oder Beschädigung kontrollieren. Falls Zweifel über den Zustand eines Teils vorhanden sind, ist es besser, wenn man das betreffende Teil erneuert. Gummimanschette aufschieben und danach den inneren Sprengring gut in die Rille einschnappen lassen. Die Federscheibe aufsetzen, so daß der kleinere Durchmesser zur Antriebswelle weist. Flansch anbringen und das Gleichlaufgelenk wieder montieren. Innenseite des Gelenks mit 55 g Fett füllen (1,7-, 2,0- und 2,3-Liter-Motor) oder im Falle der größeren Motoren 85 g Fett eindrücken. Gummimanschette anbringen und mit den Schellen befestigen. Beim Anbringen der großen Schelle darauf achten, daß die Enden zwischen zwei der Schraubenlöcher liegen, so daß keine Schwierigkeiten beim Einsetzen der Flanschschrauben auftreten.

Aus- und Einbau einer Hinterradnabe

Die Antriebswellen sind an den Außenseiten mit kurzen Achswellen verbunden, auf deren äusseren Enden die Radnaben sitzen. Die Naben selbst werden durch Kerbverzahnungen auf den Wellenstumpfen gehalten. Beim Ausbau folgendermaßen vorgehen:

- Handbremse anziehen und nach Abnahme

des Radzierdeckels die Nabenmutter lösen. Die Mutter des linken Rades hat Linksgewinde, die Mutter des rechten Rades hat Rechtsgewinde. Ebenfalls die Radmuttern lockern.

- Fahrzeug aufbocken und das Rad abnehmen.
- Radnabe mit einem geeigneten Abzieher von dem Achsstumpf herunterziehen.

Der Einbau der Radnabe geschieht in umgekehrter Reihenfolge wie der Ausbau. Zum Anziehen der Nabenmutter das Rad wieder befestigen und den Wagen ablassen. Das Anzugsdrehmoment für die Nabenmutter beträgt 24,9 bis 27,6 mkp (246 bis 276 Nm).

Aus- und Einbau des Radnabenträgers

Der gesamten Radnabenträger ist zusammen mit der Bremsträgerplatte am Dreieckslenker der Hinterradaufhängung angeschraubt. Nach Ausbau der Hinterradnabe, wie es oben beschrieben wurde, die Bremsbacken ausbauen und danach die an der Innenseite der Bremsträgerplatte sichtbaren Schrauben lösen. Den gesamten Radnabenträger abnehmen.

Der Einbau des Radnabenträgers geschieht in umgekehrter Reihenfolge wie der Ausbau. Die Schrauben des Trägers und der Bremsträgerplatte werden mit einem Anzugsdrehmoment von 4,1 bis 5,1 mkp (41 bis 51 Nm) am Dreieckslenker angezogen.

Erneuerung der Radlager

Die Radlager lassen sich am leichtesten erneuern, wenn man den gesamten Radnabenträger, wie eben beschrieben, ausbaut. Bei abgezogener Radnabe die Achsstumpfwelle aus der Nabe ausbauen. Dichtringe aus dem Lagerträger entfernen und die Kugellager von gegenüberliegenden Seiten aus dem Träger herausschlagen.

Lagerträger einwandfrei reinigen und kontrollieren, ob die Bohrungen zur Aufnahme der Lager Spuren von Freßstellen zeigen (z. B. wenn sich die Lager mitgedreht haben). Neue Lager gut einfetten und vorsichtig in die Nabe schlagen. Nur auf die äußeren Laufringe schlagen. Dichtringe auf beiden Seiten gerade einschlagen und die Achsstumpfwelle wieder montieren.

Teile wieder am Dreieckslenker montieren. Die in Frage kommenden Anzugsdrehmomente sind der Maß- und Einstelltabelle zu entnehmen.

Aus- und Einbau einer Schraubenfeder

- Radmuttern lockern.
- Rückseite des Fahrzeuges auf Böcke setzen und das Rad auf der betreffenden Seite abnehmen.
- Die sechs Imbußschrauben der Antriebswelle an der Innenseite und Außenseite lösen.
- Antriebswelle entweder vollkommen ausbauen oder nur auf der Radseite abschrauben und mit einem Stück Draht in geeigneter Weise so festbinden, daß sie nicht herunterhängen kann.
- Einen Wagenheber unter den Dreieckslenker setzen und den Lenker anheben, bis jeglicher Selbstdruck aus der Hinterfeder beseitigt ist.
- Stoßdämpfer oben lösen, wie es beim Ausbau des Stoßdämpfers beschrieben wurde.
- Wagenheber langsam ablassen, bis sich die Feder vollkommen gestreckt hat und herausgenommen werden kann. Darauf achten, daß sich der Dreieckslenker nicht zu sehr senken kann, da man dadurch den Bremsschlauch unter Spannung bringt.

Beim Einbau der Hinterfeder, in umgekehrter Reihenfolge wie der Ausbau, darauf achten, daß die Feder einwandfrei in den Gummisitz an der Oberseite und in die Führung an der Unterseite kommt. Radaufhängung mit dem Wagenheber vorsichtig anheben und die Feder in den Sitz an der Karosserie führen und gleichzeitig das Gewindeende des Stoßdämpfers durch die Öffnung im Kofferraumboden einsetzen. Radaufhängung danach weiter anheben, bis man den Stoßdämpfer wieder festschrauben kann. Antriebswelle wieder anflanschen, Rad befestigen, Wagenheber ablassen und die Radmuttern festziehen.

Aus- und Einbau eines Stoßdämpfers

- Rückseite des Fahrzeuges aufbocken und auf Böcke setzen.
- Radaufhängung auf der betreffenden Seite mit einem Wagenheber anheben, um die Spannung vom Stoßdämpfer zu nehmen.
- Von der Innenseite des Kofferraums die Abdeckkappe über dem Stoßdämpfer entfernen und die Mutter lösen.
- Scheibe abnehmen.
- Der Stoßdämpfer wird an der Unterseite durch zwei Schrauben gehalten (siehe Bild 108). Schrauben lösen und den Stoßdämpfer nach unten herausziehen.

Der Einbau eines Stoßdämpfers geschieht in umgekehrter Reihenfolge wie der Ausbau.

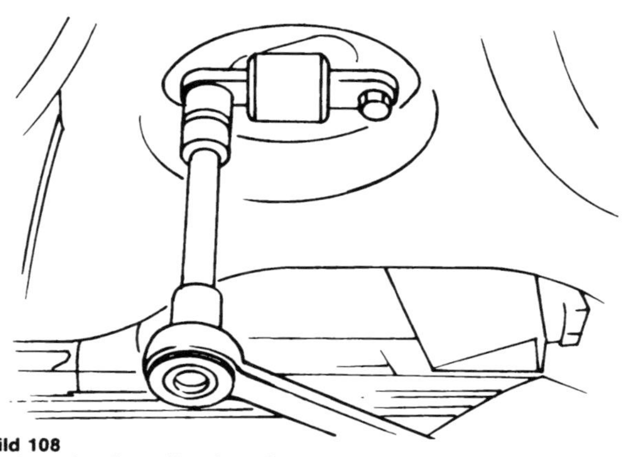

Bild 108
Ausbau des Stossdämpfers. Gezeigt ist die Befestigung der unteren Stossdämpferaufhängung.

Aus- und Einbau eines Dreiecklenkers

Der Ausbau eines Dreiecklenkers geschieht in ähnlicher Weise, wie bei dem Ausbau einer Schraubenfeder vorgegangen wird. Nach Herausnahme der Feder die Bremsleitungen abschließen und das Handbremsseil entfernen. Stoßdämpfer am besten an der Unterseite abschrauben, wie es oben beschrieben wurde. Abschließend die beiden Lagerschrauben des Dreiecklenkers vom Querträger der Hinterradaufhängung lösen und den Lenker herausheben.
Der Einbau des Dreieckslenker geschieht in umgekehrter Reihenfolge wie der Ausbau.

Die Gelenkwelle

Bei den Consul/Granada-Fahrzeugen kann entweder eine einteilige oder eine zweiteilige Gelenkwelle eingebaut sein. Die letztgenannte Welle wird zusammen mit den stärkeren Motoren verwendet, um Vibrationen, besonders im hohen Geschwindigkeitsbereich, zu vermeiden. Außerdem kann die Gelenkwelle mit Kreuzgelenken ausgerüstet sein (zwei bei einer einteiligen Welle oder drei bei einer zweiteiligen Welle) oder Gummigelenkscheiben sind in die Welle eingesetzt. Bild 109 zeigt die verschiedenen Gelenkwellen, die eingebaut sein können. Falls eine zweiteilige Gelenkwelle vorhanden ist, befindet sich ein Zwischenlager zwischen den beiden Wellen, welches am Wagenboden verschraubt ist.

Aus- und Einbau der Gelenkwelle

- Wagen an der Rückseite aufbocken.
- Stellung des Kreuzgelenkflansches an der Verlängerung des Hinterachsantriebs durch Einschlagen von zwei Körnerschlägen in die Seite der beiden Flansche kennzeichnen, damit die Welle wieder in die ursprüngliche Lage eingebaut werden kann. Die Welle wird während der Produktion ausgewuchtet und die Auswuchtung wird auf diese Weise beibehalten. Ein Farbstrich kann ebenfalls zur Kennzeichnung benutzt werden.
- Flansch der hinteren Gelenkwellenseite vom Antriebsflansch abschrauben.
- Hinteres Ende der Welle nach unten senken und aus dem Getriebe ziehen. Um Ölverluste des Getriebes zu vermeiden, ist eine Plastiktüte mit einem Gummiband in das Ende des Getriebes zu binden.

Bei einer zweiteiligen Gelenkwelle den vor dem Antriebskegelradflansch angeschraubten Teil der Gelenkwelle nach unten hängen lassen und das mittlere Zwischenlager vom Wagenboden abschrauben (zwei Schrauben). Gelenkwelle danach aus dem Getriebe ziehen und zusammen mit dem Zwischenlager aus dem Fahrzeug nehmen. Wiederum das Ende des Getriebes mit ei-

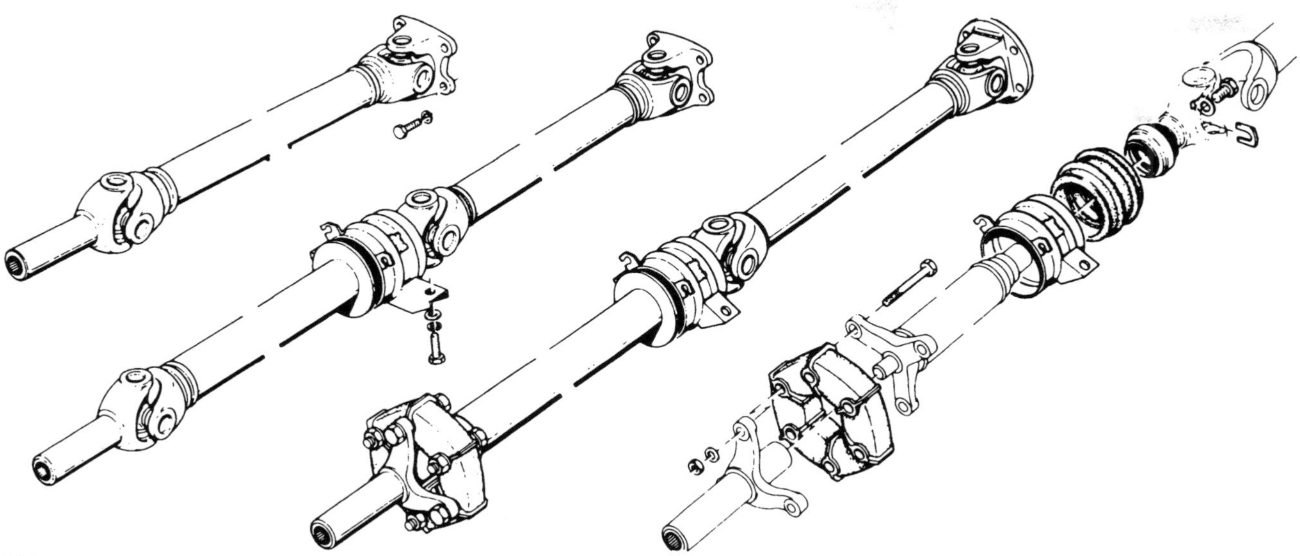

Bild 109
Die verschiedenen Ausführungen der Gelenkwellen.

ner Plastiktüte umwickeln.

Der Einbau der Gelenkwelle erfolgt in umgekehrter Reihenfolge wie der Ausbau. Die Keile und Nuten des vorderen Gelenkwellenendes, welches auf die Getriebehauptwelle kommt, mit Mehrzweckfett einschmieren und aufschieben. Dichtring in der Getriebeverlängerung dabei nicht beschädigen. Falls eine zweiteilige Welle eingebaut ist, das Zwischenlager provisorisch am Wagenboden befestigen und danach den hinteren Flansch entsprechend der Kennzeichnungen während des Ausbaus wieder montieren. Anzugsdrehmoment beachten. Abschließend das Zwischenlager mit dem vorgeschriebenen Anzugsdrehmoment anziehen.

Erneuerung des Zwischenlagers

Zur Erneuerung des Zwischenlagers bei einer geteilten Gelenkwelle muß die gesamte Welle, wie vorhin beschrieben, ausgebaut werden.

- Welle auf eine Werkbank auflegen.
- Sicherungsblech der Schraube am Gabelkopf aufbiegen.
- Schraube lösen und die U-förmige Scheibe nach der Seite herausziehen.
- Gelenkwelle trennen.
- Gummilager mit dem Gehäuse vom Kugellager nehmen. Um das Gummilager aus dem Gehäuse nehmen zu können, sind die sechs Blechzungen an der Wulst des Gummilagers etwas aufzubiegen.
- Lager ausbauen.
- Kugellager mit Schutzkappen mittels zweiarmigen Abzieher von der Gelenkwelle entfernen.
- Teile auf Verschleiß überprüfen und gegebenenfalls ersetzen.

Der Zusammenbau erfolgt in umgekehrter Reihenfolge wie das Zerlegen. Neues Lager auf die Welle pressen. Zu beachten ist, daß die Warze am Gummilager beim Einbau zum Fahrzeugboden (nach oben) liegt. Nach dem Eindrücken des Gummilagers in das Gehäuse sind die beim Ausbau (oder bei Verwendung eines neuen Gehäuses) vorher aufgebogenen Blechzungen wieder über die Wulst des Gummilagers zu biegen. Vor dem Zusammensetzen der Gelenkwellenteile ist die Schraube mit Sicherungsblech soweit in die vordere Welle einzuschrauben, bis die U-förmige Scheibe eingeschoben werden kann. Um eine Unwucht zu vermeiden, sind die Gabelstücke der Gelenkwelle wieder so zusammenzusetzen, daß die beiden Gabelköpfe wie in Bild 110 gezeigt in einer Linie ausgerichtet sind. U-förmige Scheibe mit der glatten Seite zum Gabelstück einschieben. Schraube anziehen und das Sicherungsblech umschlagen.

Bild 110
Beim Zusammenbau der zweiteiligen Gelenkwelle darauf achten, dass die Gabelköpfe wie gezeigt zusammenkommen.

Erneuerung einer Gummigelenkscheibe

Zum Erneuern einer Gummigelenkscheibe ist die Gelenkwelle auszubauen, wie es bereits beschrieben wurde. Die Erneuerung selbst bringt keine Schwierigkeiten mit sich. Bild 109 zeigt die Befestigung der Gelenkscheibe an den beiden Dreiarmflanschen des Endstückes der Welle und der Gelenkwelle selbst.

Die Vorderradaufhängung

Die Einzelradabfederung der Consul/Granada-Modelle besteht aus Dreiecksquerlenkern von ungleicher Länge (ein kurzer ein langer), Schraubenfedern und hydraulischen Stoßdämpfern. Der Aufhängungsquerträger ist an den Karosserieseitenträgern verschraubt und dient als Gelenkstelle für die oberen und unteren Dreieckslenker. Die Dreieckslenker sind mit Gummilagern ausgebüchst und tragen die Kugelgelenke des

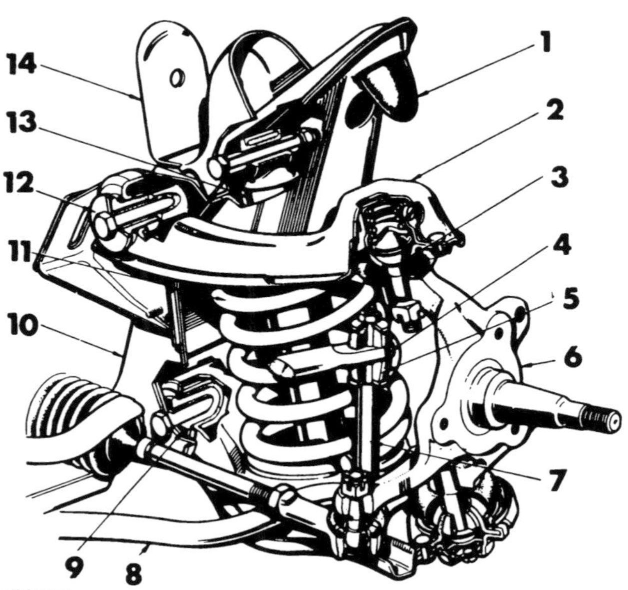

Bild 111
Montagbild der Vorderradaufhängung (eine Seite).

1 Rückprallgummi
2 Oberer Dreieckslenker
3 Kugelgelenk
4 Stabilisatorstange
5 Büchse für 4
6 Achsschenkel
7 Verbindungsgestänge
8 Stützstrebe
9 Büchse der Dreieckslenkerlagerung
10 Rahmen
11 Feder
12 Schraubenfeder
13 Stossdämpfer
14 Radaufhängung an Karosserie-Befestigung

Achsschenkels an den äußeren Enden. Die Vorderradnaben laufen auf zwei einstellbaren Schrägrollenlagern. Ein federgespannter Neopren-Dichtring ist in die Innenseite der Radnaben eingesetzt. Die Stützstreben der Vorderradaufhängung dienen zur Verstellung der Nachlaufeinstellung. Sie sind an den unteren Querlenkern und an der Karosserie (in Gummi gelagert) verschraubt. Die meisten Ausführungen sind mit einem Kurvenstabilisator ausgerüstet, welcher an den Stützstreben abgeschlossen ist. Der Kurvenstabilisator selbst wird in Gummilagern an den Karosserieseitenträgern getragen.

Aus- und Einbau einer Vorderradnabe

Vorderradnaben sollten im allgemeinen alle 40 000 km ausgebaut, gereinigt und neu gefettet werden. Beim Ausbau einer Vorderradnabe folgendermaßen vorgehen:

- Radmuttern lockern.
- Vorderseite des Fahrzeuges auf sichere Böcke stellen.
- Rad abnehmen.
- Sicherungsbleche der Bremssattelschrauben zurückschlagen, die Schrauben lösen und den Bremssattel mit einem Stück Draht festbinden, so daß er aus dem Wege ist.
- Nabenfettkappe abdrücken und den Splint aus der Muttersicherung herausziehen.
- Muttersicherung abnehmen.
- Einstellmutter abschrauben.
- Anlaufscheibe entfernen.
- Das äußere Radlager kann jetzt herausgenommen werden. Die Radnabe vorsichtig mit einem Gummihammer von hinten vom Achsstumpf herunterschlagen.

Der Einbau der Radnabe geschieht in umgekehrter Reihenfolge wie der Ausbau. Falls die Lager erneuert werden sollen, ist unter der nächsten Überschrift nachzulesen. Die folgenden Punkte sind beim Einbau zu beachten:

Zum Schmieren der Lager das von Ford vorgeschriebene Lithium-Fett verwenden. Jeden Lagerkäfig ausreichend mit Fett füllen und ebenfalls den Raum zwischen den Lippen des Öldichtringes füllen. Nicht den Raum zwischen den beiden Lagern in der Innenseite der Radnabe füllen.

Ehe die Radnabe auf den Achsstumpf geschoben wird, sollte dieser leicht mit Fett eingeschmiert werden. Der Dichtring ist mit der Lippe zur Innenseite weisend einzuschlagen. Radlager einstellen, wie es weiter hinten beschrieben ist.

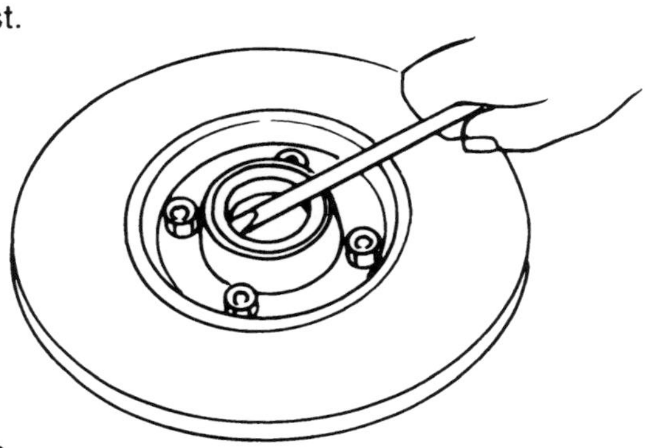

Bild 112
Ausdrücken des Öldichtringes aus der Vorderradnabe mit einem Schraubenzieher.

Erneuerung der Radlager

Ein Montagebild der Radnabe ist in Bild 113 gezeigt.

- Radnabe, wie eben beschrieben, ausbauen.
- Dichtring mit einem Schraubenzieher, wie in Bild 112 gezeigt, aus der Innenseite der Radnabe herausdrücken.
- Inneren Lagerkäfig aus der Nabenöffnung nehmen.
- Lagerlaufringe mit passenden Dornen aus der Innenseite der Radnabe herausschlagen. Falls erforderlich, die Bremsscheibe von der Radnabe trennen, ehe die Lagerlaufringe ausgeschlagen werden.

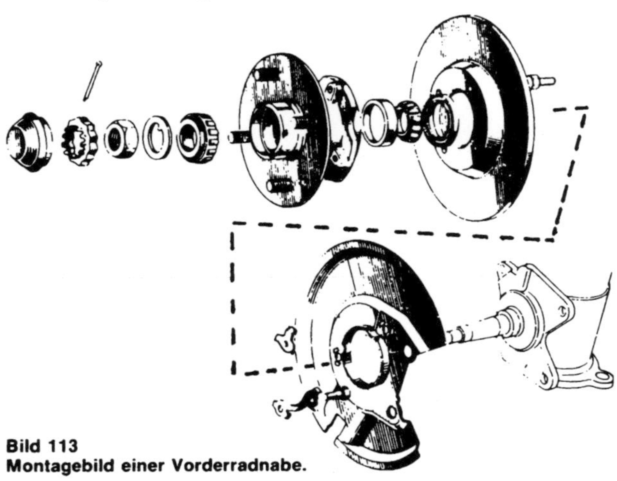

Bild 113
Montagebild einer Vorderradnabe.

Nabe gründlich reinigen und die Lager auf Beschädigung kontrollieren. Freßstellen an den Lagerrollen oder Laufringen erfordert die Erneuerung des Lagers. Niemals versuchen nur einen Lagerkäfig oder nur einen Lagerlaufring zu erneuern, da die Teile nur zusammen verwendet werden können.

Neue Lagerlaufringe mit passenden Dornen einschlagen. Darauf achten, daß die Ringe bis zum Anschlag sitzen. Falls die Bremsscheibe abgeschraubt wurde, darauf achten, daß die Anlageflächen an Scheibe und Nabe einwandfrei sauber sind. Dies vermeidet Schlag der angeschraubten Bremsscheibe. Den Dichtring vorsichtig und gerade einschlagen, um ihn nicht zu verkanten.

Einstellen der Vorderradlager

Einwandfreie Einstellung der Vorderradlager ist zum sicheren Lenken und Fahrsicherheit äußerst wichtig. Bei aufgebocktem Fahrzeug (mit oder ohne Rädern) die Einstellung folgendermaßen durchführen:
Splint aus der Mutternsicherung herausziehen und die Sicherung abnehmen. Die Einstellmutter mit einem Anzugsdrehmoment von 3,7 mkp anziehen. Dabei mit einem Gummihammer gegen den Nabenflansch schlagen, damit sich die Lager einwandfrei setzen können und gleichzeitig die Nabe entgegengesetzt der Drehrichtung des Drehmomentschlüssel durchdrehen, wie es in Bild 114 gezeigt ist. Jetzt die Mutter lockern, um das vorgeschriebene Axialspiel herzustellen. Zum Messen des Axialspiels eine Meßuhr mit einem geeigneten Halter auf den Boden neben das Rad stellen und den Meßfinger gegen den Nabenflansch anlegen. Nabe nach innen drükken und Meßuhr auf «Null» stellen. Nabe jetzt nach innen drücken und nach außen ziehen und dabei die Anzeige der Meßuhr ablesen. Das vorgeschriebene Axialspiel liegt zwischen 0,03 bis 0,13 mm. Falls das Spiel größer ist, die Mutter wieder auf das angegebene Drehmoment anziehen und erneut kontrollieren.
Mutternsicherung aufsetzen, so daß das Loch in der Achswelle mit einer Krone ausgerichtet

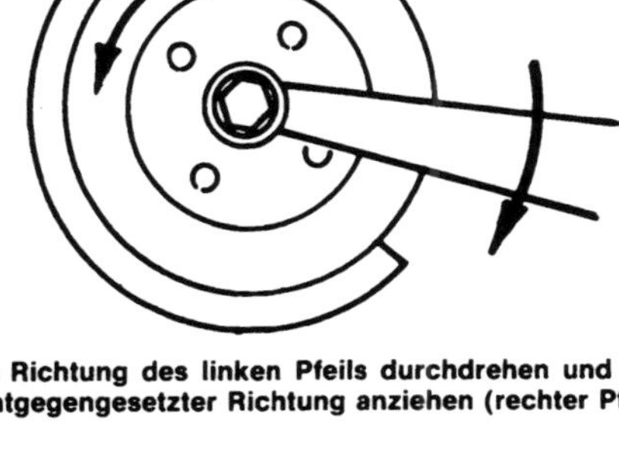

Bild 114
Radnabe in Richtung des linken Pfeils durchdrehen und die Einstellmutter in entgegengesetzter Richtung anziehen (rechter Pfeil).

ist und einen neuen Splint einsetzen. Falls der Splint nicht paßt, die Mutter etwas lockern.

Aus- und Einbau der Vorderradaufhängung

Arbeiten an der Vorderradaufhängung sind nicht besonders schwierig. Je nach dem, wie groß der Umfang der auszuführenden Arbeiten ist, sollte man wissen, daß sich die gesamte Radaufhängung als Ganzteil ausbauen läßt und auf einer Werkbank überholt werden kann. Beim Ausbau der Vorderachse folgendermaßen vorgehen:

- Vorderseite des Fahrzeuges aufbocken und Böcke untersetzen.
- Bremsleitung am Dreiweganschluß am Achsrahmen abschließen und die offenen Enden der Leitung zustopfen, um ein Auslaufen der Bremsflüssigkeit zu vermeiden.
- Klemmplatte der Lenksäule lösen.
- Lenksäule herausziehen.
- Muttern der Motoraufhängungen entfernen.
- Vorderachse in geeigneter Weise mit einem Wagenheber abstützen.
- Befestigungen der Karosserieseitenträger lösen.
- Achse vorsichtig ablassen und unter dem Fahrzeug herausziehen.

Der Einbau der Vorderachse geschieht in umgekehrter Reihenfolge wie der Ausbau.

Zerlegen der Vorderachse

- Vorderradnaben ausbauen, wie vorhin beschrieben.
- Die Muttern der drei Kugelgelenke von jedem Schwenklager entfernen (zwei am Achsschenkel und an der Spurstange) und die Kugelgelenkverbindungen mit einem geeigneten Abzieher trennen.
- Achsschenkel, wie in Bild 115 gezeigt, herausheben. Das Spritzblech der Bremsscheibe ist vorher abzuschrauben.
- Die lange Schraube lösen, die den oberen Dreiecklenker mit dem Aufhängungsquerträger verbindet und den Querlenker herausnehmen.
- Schraubenfeder mit einem geeigneten Federspanner zusammendrücken. Falls kein

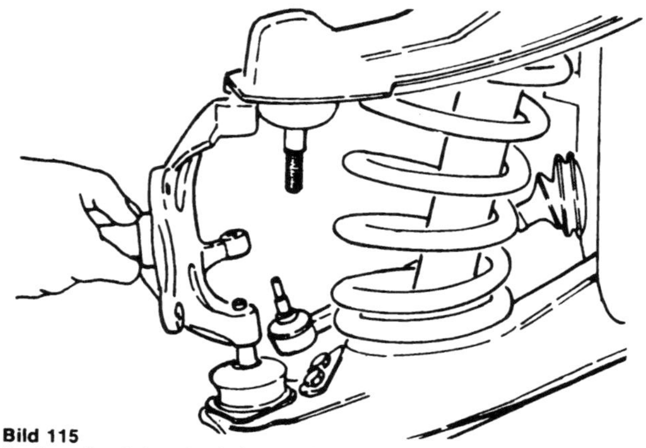

Bild 115
Ausbau des Achsschenkels aus der Vorderradaufhängung.

Federspanner vorhanden ist, können zwei Stahlhaken zurechtgemacht werden, die sich um fünf oder sechs Wicklungen legen lassen (beide Enden eines Stück Stahlblechs umbiegen, um Haken zu erhalten).

- Unteren Querlenker aufbocken, bis sich die Wicklungen zusammengeschoben haben und die Haken um die Feder legen. Wird der Wagenheber jetzt abgelassen, halten die Haken die Feder in der gespannten Lage.
- Wagenheber sehr vorsichtig ablassen und laufend kontrollieren, ob die Haken gut sitzen.
- Obere und untere Befestigung des Stoßdämpfers lösen und den Stoßdämpfer nach unten herausziehen.
- Schraubenfeder abnehmen. Falls sie wieder verwendet werden soll, können die Federspanner an der Feder verbleiben, andernfalls Feder unter einer Presse vorsichtig zusammendrücken, bis die Spanner frei sind.
- Schrauben der Stützstrebe vom unteren Dreiecksquerlenker abschrauben (Bild 116).
- Befestigungsschrauben der Lenkung lösen.
- Lenkung abnehmen.

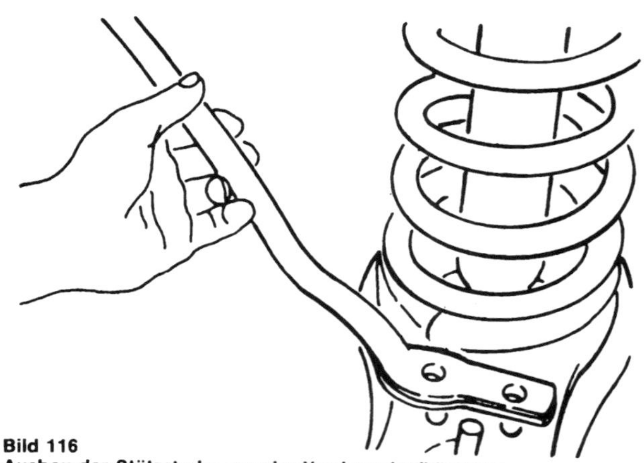

Bild 116
Ausbau der Stützstrebe von der Vorderradaufhängung.

- Lagerschraube des unteren Querlenkers lösen und den Querlenker vom Querträger abnehmen.
- Verbindungsgestänge der Stützstrebe und den Kurvenstabilisator ausbauen.
- Stabilisator von den Stützstreben trennen. Um den Ausbau zu erleichtern, können die Büchsen in den Enden der Stützstrebe und des Stabilisators aufgeschnitten werden.

Zusammenbau der Vorderachse

Es soll als erstes darauf hingewiesen werden, daß alle Muttern und Schrauben von gummigelagerten Verbindungen nicht vollkommen angezogen werden dürfen, ehe das Fahrzeug mit seinen Rädern unter seinem eigenen Gewicht auf dem Boden steht, d. h. beim Zusammenbau dürfen alle Teile nur fingerfest angezogen werden.
Der Zusammenbau geschieht im Wesentlichen in umgekehrter Reihenfolge wie das Zerlegen. Je nach dem, wie umfangreich die Zerlegung war, sollen einige Hinweise gegeben werden:
Rückschlaggummis erneuern, falls sie porös oder verzogen sind. Neue Büchsen in Stabilisator und Stützstreben einziehen. Die Verbindungsgestänge zwischen den Stabilisator und die Stützstreben einsetzen. Stützstreben anbringen und Abstandsstück, Büchse, Mutter und Scheibe lose befestigen. Danach die Stützstrebe am unteren Querlenker anbringen und befestigen.
Die immer noch zusammengespannte Schraubenfeder in die genaue Einbaulage setzen und den Stoßdämpfer wieder montieren. Einen Wagenheber unter die Aufhängung setzen und den Querlenker anheben, bis die Federspanner wieder herausgenommen werden können. Darauf achten, daß sich die Feder nicht verschieben kann.
Lenkung wieder einbauen. Oberen Querlenker so am Rahmen montieren, daß der Kopf des Lagerbolzens sich an der Vorderseite befindet, d. h. die Schraube ist von vorn einzuschlagen. Achsschenkel montieren und alle Befestigungsmuttern der drei Kugelbolzen festziehen und versplinten.
Radnabe montieren und die Radlager einstellen, wie es bereits weiter vorn in diesem Abschnitt beschrieben wurde.
Fahrzeug auf den Boden ablassen, einige Male «durchwippen» und alle Muttern und Schrauben auf das vorgeschriebene Anzugsdrehmoment anziehen. Die Gummibüchsen werden dadurch in der «neutralen» Lage, d. h. ohne Vorspannung angezogen und können ihre Elastizität nach beiden Seiten spielen lassen.

Ausbau von Einzelteilen bei eingebauter Vorderachse

Aus der oben gegebenen Beschreibung lassen sich die einzelnen Teile der Vorderradaufhängung (d. h. Achsschenkel, Querlenker, Schraubenfeder, usw.) leicht ausbauen, indem man nur die dazu erforderlichen Arbeiten durchführt, ohne die gesamte Achse auszubauen.

Stoßdämpfer

Die Stoßdampfer sind verkapselt und erfordern keinerlei Wartungsarbeiten. Falls sie nicht mehr einwandfrei arbeiten, müssen neue Stoßdämpfer eingebaut werden. Um einen Stoßdämpfer zu kontrollieren, ist er als erstes folgendermaßen auszubauen:

- Vorderseite des Fahrzeuges aufbocken und auf Böcke setzen.
- Einen Wagenheber unter den unteren Querlenker auf der betreffenden Seite setzen und Wagenheber so anheben, daß der Arm nach oben gedrückt wird und dabei die Schraubenfeder zusammendrückt. Unbedingt kontrollieren, ob der Wagenheber einwandfrei und sicher sitzt, ehe der Stoßdämpfer abgeschraubt wird.
- Befestigungsschraube an der Oberseite herausschlagen (Mutter lösen) und die beiden Befestigungsmuttern an der Unterseite des Stoßdämpfers lösen.
- Stoßdämpfer nach unten durch die Öffnung im Querlenker herausziehen.

Nach dem Ausbau den Stoßdämpfer in senkrechter Stellung in einen Schraubstock einspannen und ihn auseinanderziehen und zusammendrücken. Der Dämpfwiderstand des Stoßdämpfers sollte über den gesamten Bereich gleich sein. «Totales Spiel» innerhalb des Arbeitsweges deutet auf ein Luftpolster in der Innenseite und der Stoßdämpfer muß erneuert werden.

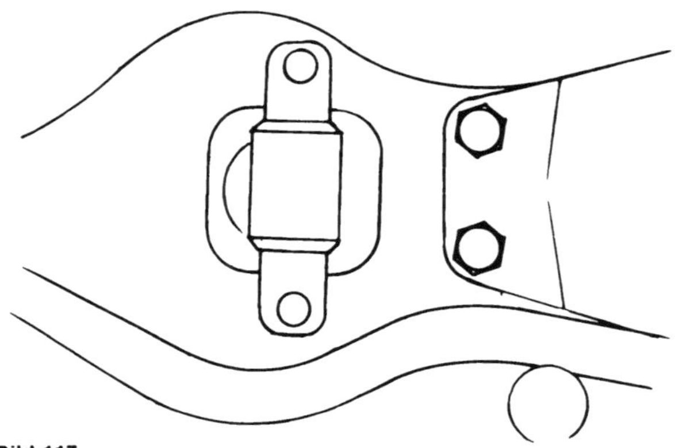

Bild 117
Befestigung des Stossdämpfers an der Unterseite von unten gesehen.

Der Einbau des Stoßdämpfers geschieht in umgekehrter Reihenfolge wie der Ausbau. Zuerst die untere Befestigung anschrauben und danach die obere Schraube vorsichtig einschlagen und die Mutter festziehen. Nachdem alle Befestigungen angezogen sind, den Wagenheber wieder ablassen.

Radeinstellung der Vorderräder

Die Radeinstellung der Vorderräder kann mit herkömmlichen Meßinstrumenten ausgemessen werden, vorausgesetzt, daß den Anweisungen des Herstellers für das bestimmte Instrument genau gefolgt wird. Außerdem sind die unten angeführten Punkte zu kontrollieren und gegebenenfalls zu berichtigen, ehe eine einwandfreie Vermessung durchgeführt werden kann:

— Reifendrücke müssen stimmen
— Felgen dürfen keinen Schlag haben
— Radlager müssen vorschriftsmäßig eingestellt sein
— Kugelgelenke dürfen kein übermäßiges Spiel haben
— Schraubenfedern dürfen nicht ermüdet sein und müssen einwandfrei sitzen
— Die Achsstumpfe dürfen nicht verbogen sein

Die Werte für die Sturzeinstellung und die Spreizungseinstellung sind zwar in der Maß- und Einstelltabelle (Seite 135) angegeben, können aber nicht eingestellt werden, da sie werksseitig festgelegt sind. Falls beim Vermessen Abweichungen festgestellt werden, kann man annehmen, daß entweder Achsstumpfe, Querlenker, Kugelgelenke oder andere Teile der Vorderradaufhängung verbogen oder verzogen sind. Falls dies der Fall ist, hat es keinen Zweck irgendwelche andere Einstellungen an der Vorderachse vorzunehmen, ehe die gesamte Vorderachse kontrolliert wird.

Nachlaufeinstellung

Fahrzeug auf eine ebene Fläche fahren und das Meßinstrument entsprechend der Anweisungen des Herstellers ansetzen. Zum Einstellen des Nachlaufs die vordere Mutter an der Stützstrebe (Reaktionsstrebe) lockern und die zweite Mutter verstellen, bis der vorgeschriebene Winkel erhalten wird. Eine Umdrehung der Mutter gibt eine Nachlaufverstellung von ca. $1/2^\circ$. Wenn der vorschriftsmäßige Winkel hergestellt wurde, die hintere Mutter gegenhalten und die vordere Mutter auf ein Anzugsdrehmoment von 7 bis 10,5 mkp anziehen. Die gleiche Arbeit am anderen Vorderrad durchführen.

Vorspur und Radeinschlagwinkel

Falls die erforderlichen Meßinstrumente zur Verfügung stehen, wird geraten, daß man die Vorspur und die Radeinschlagwinkel zusammen kontrolliert.
Spurmaß an der Vorderseite der Felgenhörner ansetzen und die Skala auf Null stellen. Den Ansatzpunkt des Spurmaßes mit einem Stück Kreide an der Felge anzeichnen. Fahrzeug um eine halbe Umdrehung der Räder nach vorn schieben, bis der Kreidepunkt in Höhe der Radnabe sich an der Rückseite der Räder befindet und die Spur erneut ausmessen, jedoch dieses Mal an der Rückseite der Räder. Dieses Maß sollte jetzt entweder gleich wie vorn sein, oder kann bis zu 6,3 mm mehr betragen, d. h. die Vorspureinstellung liegt zwischen 0 bis 6,3 mm.
Zur Kontrolle der Radeinschlagwinkel müssen die Vorderräder auf Drehscheiben sitzen und geeignete Unterlagen, der gleichen Höhe wie die Drehscheiben, sind unter die Hinterräder zu setzen, d. h. das Fahrzeug wird «auf Block» vermessen. Das Bremspedal muß mit Hilfe eines eingesetzten Hilfswerkzeuges betätigt werden, um die Bremsen zu betätigen. Vorderräder jetzt so einschlagen, daß der hintere Einschlagwinkel eines der Räder auf der Skala der Drehscheibe 35° anzeigt. Der hintere Einschlagwinkel des anderen Rades muß bei dieser Ausgangsstellung zwischen 31° 39' bis 33° 9' liegen.

HINWEIS: Wenn die Lenkung nach links eingeschlagen wird, gibt das linke Vorderrad den hinteren Einschlagwinkel und das rechte Rad den vorderen Einschlagwinkel an. Beim Einschlagen der Lenkung nach rechts ist es umgekehrt.

Falls die Einschlagwinkel nicht stimmen oder ungleichmäßig sind, ist als erstes die Vorspur zu kontrollieren. Falls diese stimmt, die Länge der Spurstangen ausmessen. Beide Spurstangen sollten die gleiche Länge haben, jedoch ist eine Toleranz von 4 mm zulässig.
Beim Einstellen der Vorspur und Radeinschlagwinkel folgendermaßen vorgehen:
Vorspur einstellen, indem man die Kontermuttern an den Spurstangenköpfen lockert und die Spurstange verdreht, nachdem man die Halteschelle der Lenkungsmannschette am anderen Ende der Spurstange gelockert hat.
Lenkeinschlagwinkel durch weiteres Verstellen der Spurstangen korrigieren. Um die eben eingestellte Vorspur nicht zu verändern, müssen beide Spurstangen um den gleichen Wert verstellt werden, d. h. wenn eine Spurstange auf einer Seite verkürzt wird, muß die andere Spurstange auf der anderen Seite verlängert werden.
Falls sich die beiden Einstellungen nicht durchführen lassen, kann man annehmen, daß Spurstangen oder Spurstangenhebel verzogen oder die Kugelgelenke der Spurstangen ausgeschlagen sind.

HINWEIS: Vorspur und Radeinschlagwinkel unbedingt zusammen ausmessen, da sie miteinander verwandt sind.

Die Lenkung

Eine Zahnstangenlenkung ist eingebaut. Durch die Bewegung des Lenkrades wird das Lenkritzel verdreht, wodurch die Zahnstange in eine Hin- und Herbewegung versetzt wird. An den Außenseiten der Zahnstange befinden sich mit Hilfe von Kugelgelenken angeschlossene Spurstangen, welche an ihren Außenseiten in ähnlicher Weise mit den Lenkhebeln der Achsschenkel verbunden sind.
Lenkungsmanschetten umschließen die beiden inneren Kugelgelenke und dienen ebenfalls zur Aufnahme des Schmiermittels. Die Lenkung kann an zwei verschiedenen Stellen eingestellt werden:

— Die Einstellung des Lenkungsdämpfers (Flatterbremse)
— Die Einstellung der Lenkritzellagervorspannung

Beide Einstellungen sollten bei ausgebauter Lenkung vorgenommen werden. Auf Sonderwunsch kann ebenfalls eine Servo-Lenkung in die in diesem Buch behandelten Modelle eingebaut sein. Auf bestimmte, leicht durchzuführende Prüfungen wird in diesem Abschnitt eingegangen, jedoch sollten Reparaturen oder Druckprüfungen an dieser Lenkungsausführung einer Ford-Werkstatt überlassen werden.
Bild 118 zeigt die Anordnung der Lenkung im Aufhängungsquerträger und kann bei Unklarheiten während des Aus- und Einbaus hinzugezogen werden.

HINWEIS: Wenn das Fahrzeug so aufgebockt ist, daß die Räder frei hängen, darf das Lenkungsrad nicht schnell aus einem Einschlag in den anderen gedreht werden. Dadurch kann sich Druck in der Innenseite der Lenkung aufbauen, so daß die Lenkungsmanschetten platzen würden.

Aus- und Einbau der Lenkung

- Vorderräder in Geradeausstellung bringen.
- Vorderseite des Fahrzeuges aufbocken und sichere Unterstellböcke unter die Karosserie untersetzen. Andernfalls kann das Fahrzeug auch über eine Montagegrube oder auf eine Hebebühne gefahren werden.
- Unter Bezug auf Bild 118 die Mutter und Schraube entfernen, die die Lenkzwischenwelle mit dem Lenkritzel verbindet.

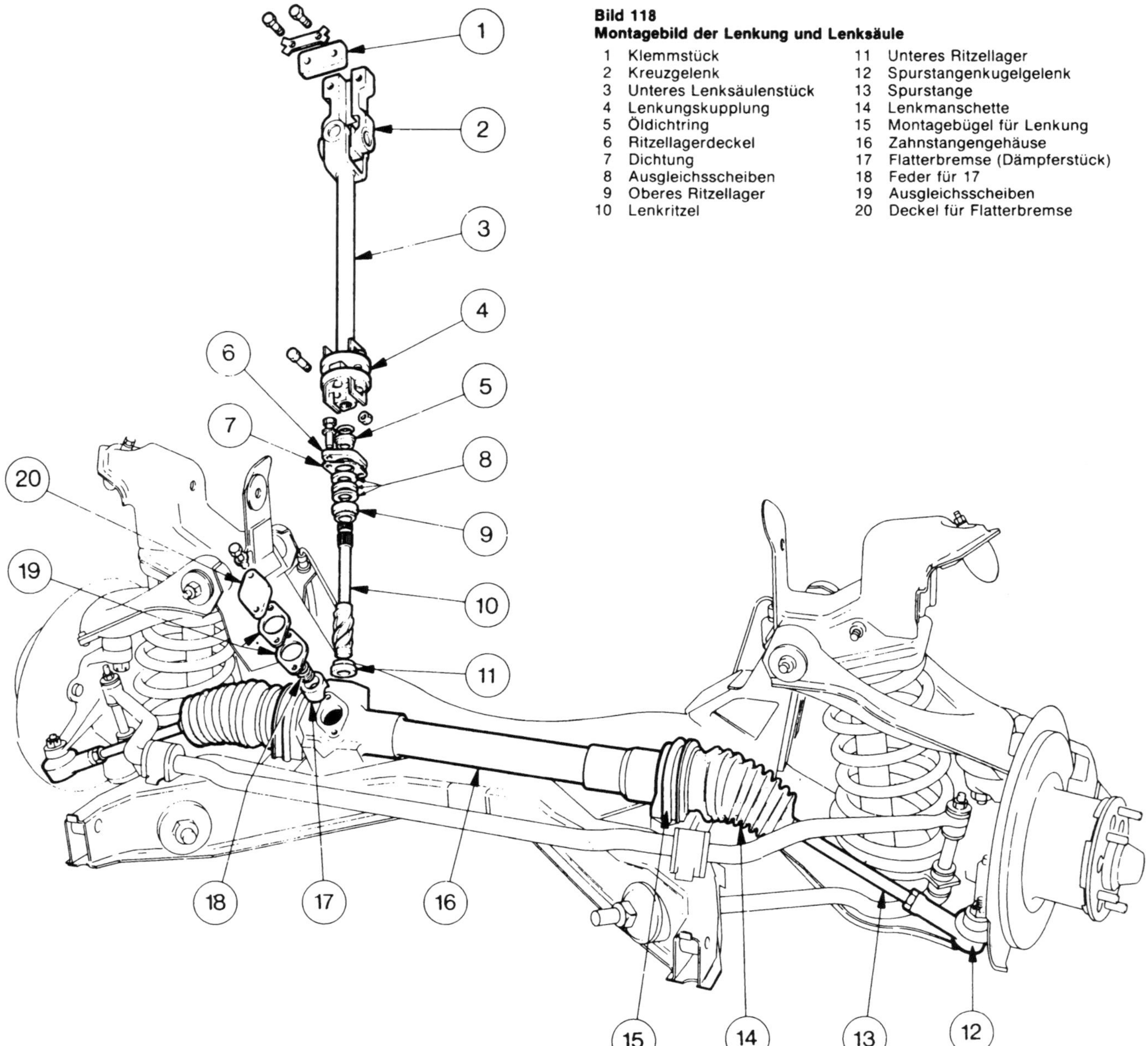

Bild 118
Montagebild der Lenkung und Lenksäule

1	Klemmstück	11	Unteres Ritzellager
2	Kreuzgelenk	12	Spurstangenkugelgelenk
3	Unteres Lenksäulenstück	13	Spurstange
4	Lenkungskupplung	14	Lenkmanschette
5	Öldichtring	15	Montagebügel für Lenkung
6	Ritzellagerdeckel	16	Zahnstangengehäuse
7	Dichtung	17	Flatterbremse (Dämpferstück)
8	Ausgleichsscheiben	18	Feder für 17
9	Oberes Ritzellager	19	Ausgleichsscheiben
10	Lenkritzel	20	Deckel für Flatterbremse

- Aus den Kronenmuttern der Spurstangenkugelgelenkedie Splinte herausziehen, die Kronenmuttern lösen und die Kugelbolzen aus den Konussitzen der Lenkhebel herausdrücken (Bild 119).

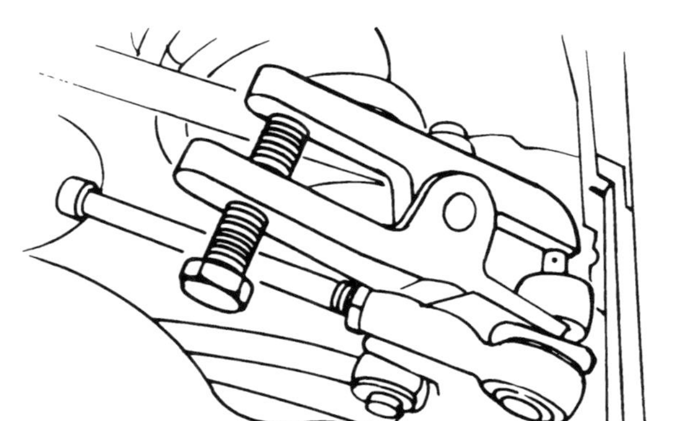

Bild 119
Abdrücken eines Kugelbolzens der Spurstange aus dem Konussitz im Lenkhebel.

- Von der Unterseite des Fahrzeuges die vier Sicherungsbleche zurückschlagen und die Muttern lösen.
- Sicherungsbleche, zwei Klemmplatten und die Montagebügel abnehmen.
- Lenkung aus dem Wagen heben. Falls erforderlich, die Spurstangenköpfe nach Lockern der Kontermuttern abschrauben, jedoch unbedingt zählen, wie viele Umdrehungen jeder Spurstangenkopf eingeschraubt ist und den Wert aufnotieren.

Der Einbau der Lenkung geschieht in umgekehrter Reihenfolge wie der Ausbau. Spurstangenköpfe um die gleichen Umdrehungen wieder einschrauben. Beim Einbau und Anschließen der Lenkungsteile kontrollieren, daß Vorderräder und Lenkrad in die Geradeausstellung gesetzt sind. Neue Sicherungsbleche für die Befestigungsmuttern verwenden und Muttern auf das vorgeschriebene Anzugsdrehmoment anziehen. Nach fertigem Einbau die Vorspur kontrollieren, wie es im Abschnitt «Vorderachse» am Ende beschrieben wurde.

Einstellung der Lenkung

Lenkung wie oben beschrieben ausbauen und danach das Lenkungsgehäuse mit Blechbacken in einen Schraubstock spannen. Lenkritzel in waagrechte Lage bringen, so daß sich der Deckel für den Zahnstangendämpfer an der Oberseite befindet.

Die beiden nachfolgend beschriebenen Einstellungen nacheinander durchführen. Es wird nochmals darauf hingewiesen, daß die Lenkung dazu ausgebaut sein muß.

Unter Bezug auf das Montagebild der Lenkung zuerst die Befestigungsschrauben des Deckels für den Zahnstangendämpfer lösen. Ausgleichscheiben und Dichtung abnehmen und danach die Feder und das Dämpferdruckstück herausnehmen. Diese Teile sind in Bild 120 gezeigt. Danach den Deckel des Lenkritzellagers in ähnlicher Weise abschrauben und alle Ausgleichscheiben und die Dichtung abnehmen.

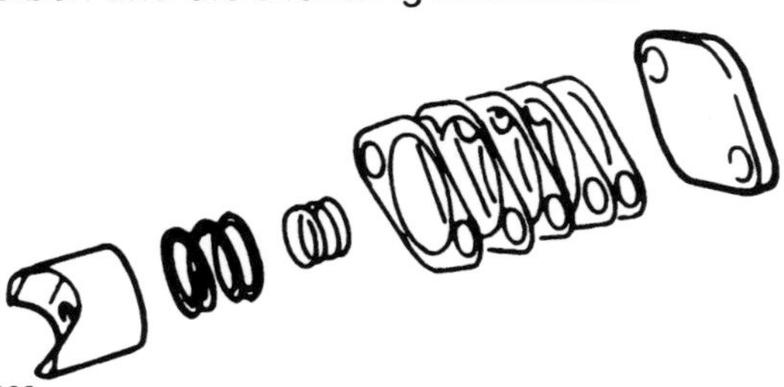

Bild 120
Die zum Lenkungsdämpfer (Flatterbremse) gehörenden Teile.

Als erstes die Vorspannung der Ritzellager einstellen. Die Ausgleichscheiben und den Deckel am Lenkungsgehäuse anbringen (ohne Dichtung) und die Schrauben anziehen. Danach die Schrauben wieder lockern, so daß der Deckel die Ausgleichscheibe an der Oberseite soeben berührt. Mindestens drei Ausgleichscheiben müssen eingesetzt sein, wobei die oben liegende Scheibe eine Stärke von 2,35 mm haben muß. Jetzt mit einer Fühlerlehre, wie in Bild 121 gezeigt, unter dem Schraubenkopf zwischen der oberen Ausgleichscheibe und dem Deckel einschieben. Ein Spalt von 0,28 bis 0,33 mm sollte an diesen Stellen vorhanden sein. Durch Verändern der dünneren Ausgleichscheiben diese Messung wiederholen, bis der vorschriftsmäßige Spalt erhalten wird. Falls der vorgefundene Spalt größer als angegeben ist, muß eine der dünnen Ausgleichscheiben gegen eine noch dünnere ersetzt werden. Ist der Spalt kleiner als angegeben, muß eine der dünnen Scheiben gegen eine stärkere Scheibe ersetzt werden. Nach der Messung den Deckel wieder abschrauben. Scheiben einlegen, Dichtung anbringen und den Deckel wieder aufschrauben. Beide Befestigungsschrauben des Deckels mit Dichtungsmasse einstreichen und auf ein Anzugsdrehmoment von 0,8 bis 1,1 mkp anziehen.

Bild 121
Ausmessen der Vorspannung der Ritzellager.

Zum Einstellen des Zahnstangendämpfers ist aus Genauigkeitsgründen eine Meßuhr zu verwenden. In diesem Fall den Meßuhrhalter 15-046 verwenden und die Meßuhr auf einer Richtplatte auf «0» stellen. Meßuhr jetzt auf die Oberseite des eingesetzten Dämpferdruckstücks aufsetzen, so daß der Meßuhrtaststift auf der Deckelfläche aufsitzt. Zahnstange aus einer Richtung in die andere bewegen und auf den Ausschlag der Nadel achten. Den höchsten Ausschlag der Nadel dabei feststellen. Die einzulegenden Einstellscheiben müssen in ihre Stärke 0,05 bis 0,15 mm stärker als das vorgefundene Maß sein. Abschließend die ausgemessene Ausgleichscheibenstärke mit der Dichtung und dem Deckel anbringen, die Schrauben mit Dichtungsmasse einstreichen und Schrauben auf ein Anzugsdrehmoment von 0,8 bis 1,1 mkp anziehen.

Falls keine Meßuhr vorhanden ist, kann man die Einstellung im Notfall auch mit Hilfe einer Fühlerlehre durchführen. Dazu den Deckel ohne Ausgleichscheiben und Dichtungen aufsetzen und mit den Schrauben befestigen. Den Spalt zwischen dem Deckel und der Oberseite des

Bild 122
Zur Einstellung des Lenkungsdämpfers mit einer Messuhr.

Lenkungsgehäuses ausmessen. Wert aufnotieren.
Eine Ausgleichscheibenpackung zusammenstellen, die in ihrer Stärke dem gemessenen Wert entspricht und dazu eine Vorspannung für den Dämpfer von 0,1 bis 0,09 mm geben. Eine Dichtung auf jeder Seite der Ausgleichscheiben anbringen und den Deckel wieder aufschrauben. Schraubengewinde mit Dichtungsmasse einstreichen und Schrauben auf 0,8 bis 1,1 mkp anziehen.

Zerlegung und Zusammenbau der Lenkung

Bild 118 zeigt ein Montagebild der Lenkung und sollte bei den folgenden Arbeiten hinzugezogen werden.
Zum Zerlegen der Lenkung braucht, technisch gesehen, nur eines der inneren Kugelgelenke zerlegt zu werden. Falls dies durchgeführt wird, sollte man das weiter von der Ritzelwelle entfernte Kugelgelenk trennen, da durch Abnahme dieses Gelenks die Zahnstange von der Ritzelseite herausgezogen werden kann, so daß die Zähne der Zahnstange nicht durch die Büchse in der Innenseite des Lenkungsgehäuses gezogen zu werden brauchen, die dabei beschädigt werden könnten.

- Spurstangenköpfe von den Enden der beiden Spurstangen abschrauben. Da diese wieder in die gleiche Stellung aufgeschraubt werden sollen, ist entweder die Lage der Gewindegänge zu kennzeichnen, oder die Umdrehung der Spurstangenköpfe ist beim Ausschrauben zu zählen.
- Schellen der Lenkungsmanschetten lösen und die Manschetten herunterziehen. Daran denken, daß dabei das Schmiermittel herausläuft.
- Das innere Kugelgelenk trennen, indem man vorsichtig den Stift ausbohrt, welcher das Kugelgelenkgehäuse mit der Mutter sichert. Nicht zu tief in das Gehäuse bohren (4,0 mm reicht aus) da man andernfalls in die Zahnstange bohrt. Muttern und Kugelgelenkgehäuse aufschrauben und die Feder und Kugelpfannen entfernen. Feder und Kugelpfannen bei einer Überholung der Lenkung erneuern.
- Öldichtring des Lenkritzels durch Ansetzen eines Schraubenziehers herausdrücken.
- Von der anderen Seite den Deckel des Lenkritzels abschrauben und Ausgleichscheiben und Dichtungen entfernen.
- Lenkritzel aus dem Gehäuse herausdrücken.
- Zahnstange aus dem Gehäuse herausziehen.

Alle Teile gründlich reinigen und auf Verschleiß oder Beschädigung kontrollieren.
Die Zahnstangenbüchse im Ende der Zahnstange auf Verschleiß kontrollieren und, falls erforderlich, erneuern. Die Büchse wird durch einen Niet gehalten. Falls Zähne des Lenkritzels oder der Zahnstange sehr abgenutzt oder ausgebrochen sind, so muß eine neue Lenkung eingebaut werden. Öldichtring des Lenkritzels auf jeden Fall erneuern.

Beim Zusammenbau zuerst das obere Ritzellager mit der Scheibe in das Gehäuse einsetzen. Kugeln mit etwas Fett einschmieren. Zahnstange vorsichtig so in das Gehäuse einschieben, daß eine gleiche Länge der Zahnstange aus beiden Enden des Zahnstangengehäuses heraussteht. Die Fläche am Ende der Lenkritzelwelle muß nach rechts weisen, d. h. zur kurzen Seite des Zahnstangengehäuses. Die Ritzelwelle ist demnach entsprechend einzusetzen. Ausgleichscheiben für den Ritzeldeckel bestimmen, wie es bereits weiter vorn in diesem Abschnitt beschrieben wurde und die Deckelschrauben mit Dichtungsmasse einschrauben (Anzugsdrehmoment 0,8 bis 1,1 mkp).

Zahnstangendämpfer einstellen und montieren, wie es bereits am Anfang dieses Abschnittes beschrieben wurde.
Zur Montage einer abgebauten Spurstange, den Kugelsitz, die Kugelpfanne und das Kugelgehäuse als erstes mit Getriebeöl einschmieren. Kugelgelenkgehäuse aufschrauben, wobei die Spur-

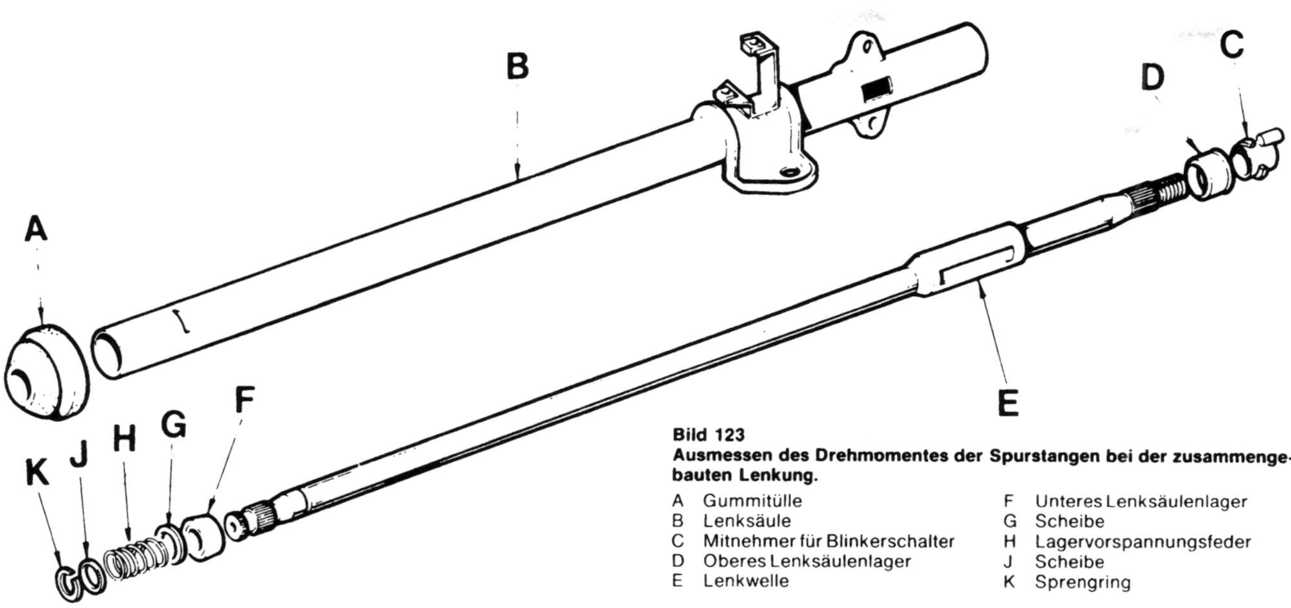

Bild 123
Ausmessen des Drehmomentes der Spurstangen bei der zusammengebauten Lenkung.

A Gummitülle
B Lenksäule
C Mitnehmer für Blinkerschalter
D Oberes Lenksäulenlager
E Lenkwelle
F Unteres Lenksäulenlager
G Scheibe
H Lagervorspannungsfeder
J Scheibe
K Sprengring

stange jedoch in waagrechter Lage zu halten ist. Um die Spurstange genau einzustellen, ist eine Federwaage am Ende der Spurstange anzubringen, wie es aus Bild 123 ersichtlich ist. Eine Zugkraft von 2,3 kg muß zum Bewegen der Spurstange erforderlich sein. Gehäuse mit der Kontermutter festschrauben und die Spurstange erneut mit der Federwaage auf ihre Beweglichkeit kontrollieren.

Kugelgelenkgehäuse und Kontermutter durch Einwohren eines neuen Loches zwischen die Mutter und das Gehäuse (eine Bohrungshälfte in jeder Seite) und Einschlagen eines neuen Stiftes sichern. Niemals das alte Loch wieder zur Sicherung der Spurstange verwenden. Das Ende des Sicherungsstiftes nach dem Einschlagen verstemmen.

Lenkungsmanschetten anbringen und die Spurstangenköpfe in der gleichen Lage aufschrauben, wie sie vorher befestigt waren. Durch eine Seite des Zahnstangengehäuses vor dem Aufsetzen der Lenkungsmanschette 0,15 Liter SAE-90-Öl einfüllen. Zahnstange dabei hin- und herbewegen, um die Verteilung des Öls herbeizuführen. Danach die zweite Lenkungsmanschette anbringen.

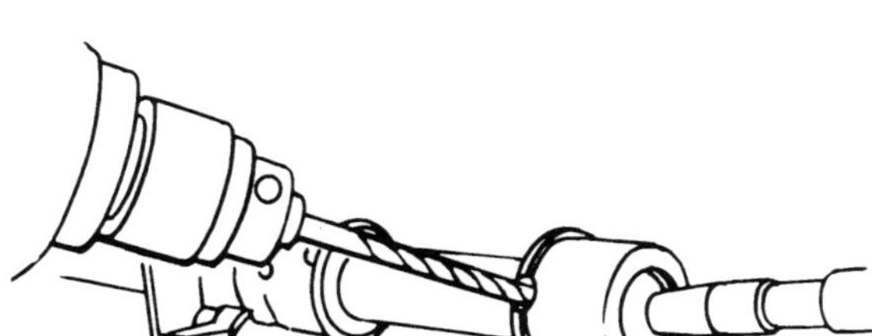

Bild 124
Anbohren der Kontermutter und der Kugelpfanne zur Aufnahme des Sicherungsstiftes.

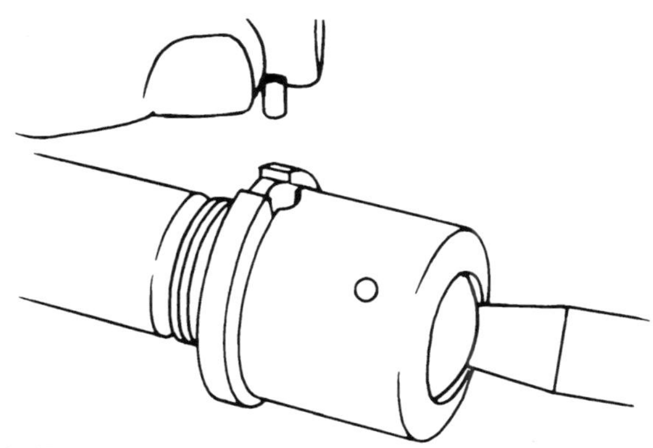

Bild 125
Den Sicherungsstift in das vorgebohrte Loch einsetzen und einschlagen.

Arbeiten an einer eingebauten Lenkung

Die einzigen Arbeiten, die man an einer eingebauten Lenkung durchführen kann, ist die Erneuerung einer Lenkungsmanschette oder das Auswechseln eines Spurstangenkopfes.

Erneuerung einer Lenkmanschette:

- Spurstangenkugelgelenk vom Lenkhebel an der Vorderachse trennen.
- Spurstangenkopf aus dem Ende der Spurstange herausschrauben (Klemmschelle lokkern). Die genauen Umdrehungen des Spurstangenkopfes zählen, damit er beim Einbau wieder in die gleiche Lage gebracht werden kann.
- Befestigungsschellen der Lenkungsmanschetten entfernen und einen Behälter unter das Manschettenende stellen, um auslaufendes Schmiermittel aufzufangen.
- Manschetten vollkommen abnehmen und Öl

ablaufen lassen. Lenkung einige Male aus einem Anschlag in den anderen bringen, so daß alles Öl ausgestoßen wird.

- Neue Manschette anbringen.
- Spurstangenkopf einschrauben.
- Lenkung mit der vorgeschriebenen Ölmenge füllen. Dazu kann der Deckel für den Zahnstangendämpfer abgeschraubt werden, so daß man das Öl durch diese Öffnung einfüllen kann.
- Falls der Spurstangenkopf genau in die gleiche Lage zurückgeschraubt wurde, braucht man die Spur nicht zu kontrollieren. Falls jedoch Zweifel darüber bestehen, sollte man die Vorspur ausmessen.

Erneuerung eines Spurstangenkopfes

Er geschieht in ähnlicher Weise, wie es vorhin beschrieben wurde, mit dem Unterschied, daß man die Lenkungsmanschetten nicht abzunehmen braucht. Kronenmutter des Kugelbolzens auf ein Anzugsdrehmoment von 2,5 bis 3,0 mkp anziehen und mit einem neuen Splint sichern. Wiederum muß man sich überlegen, ob es besser ist, die Vorspureinstellung auszumessen.

Aus- und Einbau der Lenksäule

- Fahrzeug mit den Rädern in die Geradeausstellung bringen.
- Klemmschraube an der Ober- und Unterseite der Lenksäule lösen.
- Verbindungsstück auf das Lenkritzel nach unten schlagen, um das Verbindungsstück von der Lenksäule zu lösen.
- Ziermotif aus der Lenknabe herausdrücken.
- Lenkradmutter abschrauben.
- Lenkrad von den Verzahnungen ziehen.
- Rückstellmitnehmer für den Blinkschalter abnehmen.
- Die Befestigungsschrauben der Lenksäulenverkleidung entfernen und die Verkleidung von der Lenksäule abnehmen.
- Verkleidung des Armaturenbretts nach unten senken.
- Befestigungsschrauben des Blinkerschalters an der Lenksäule lösen.
- Kabelstrang von der Rückseite des Zündschalters abklemmen.
- Die beiden Befestigungsschrauben der Lenksäule von der Unterseite der Befestigungsschelle entfernen.
- Lenksäule aus dem Fahrzeug heben und die Gummiführung durch den Wagenbock stopfen.

Zerlegen der Lenksäule:

- Zündschloß entfernen. Dazu die abgescherten Schrauben in geeigneter Weise entfernen (entweder ausbohren oder anbohren und mit einem Gewindezieher entfernen).
- Von der Unterseite der Lenksäule den Sprengring, Scheibe und Feder entfernen.
- Lenkwelle und oberes Lager aus der Lenksäule herausziehen. Dazu mit einem Kupfer- oder Bleihammer gegen das untere Ende der Welle schlagen.
- Lager mit der Welle aus der Innenseite der Lenksäule schlagen.
- Lenksäule umkehren und das untere Lager von der Innenseite mit der Lenkwelle herausschlagen.

Der Einbau der Lenksäule geschieht in umgekehrter Reihenfolge wie der Ausbau.

Die Lenkungsgeometrie

Sturz, Nachlauf und Spreizung sind alle vom Werk festgelegt und können nicht eingestellt werden.

— Unter *Radsturz* versteht man die Neigung der Vorderräder nach außen unter einem bestimmten Winkel (° 15' — 1° 45') hinsichtlich einer senkrechten Linie zur Fahrbahn. Die Räder stehen also nicht senkrecht zur Fahrbahn sondern sind etwas schräg nach innen geneigt, so daß die Räder auf dem Boden einen geringeren Abstand haben als an der Oberseite. Der Sturz drückt das Rad gegen die Radlager, entlastet die Achsmutter und schaltet dabei vorhandenes Lagerspiel bis zu einem gewissen Maße aus.

— Unter *Nachlauf* der Vorderräder versteht man die Neigung des Achsschenkels gegenüber einer Senkrechten zur Fahrbahn. Der Reifenberührungspunkt läuft dem Schnittpunkt der gedachten Mittellinie durch das Federbein nach. Der Nachlauf ist auf 0° 33' — 1° 48' eingestellt. Durch den Nachlauf werden die Räder gezogen und haben das Bestreben, von selbst wieder in die Geradeausstellung zurückzukehren.

— Unter *Spreizung* versteht man die Neigung der gedachten Mittellinie des Federbeins gegen eine zur Wagenachse senkrechte Ebene. Die Spreizung beträgt 7° 50'. Durch die Spreizung wird erreicht, daß Stöße auf die Räder an einem kleinen Hebel angreifen und die Lenkung erleichtern.

Infolge der genauen Fertigung in der Produktion konnte auf eine Nachstellmöglichkeit dieser drei Werte verzichtet werden. Für die Lenkfähigkeit, die Fahreigenschaft und den Reifenverschleiß ist die korrekte Radeinstellung von ausschlaggebender Bedeutung. Nach dem Auswechseln von Vorderachsteilen oder beim Auftreten von abnormalem Reifenverschleiß oder eventuell abnormalen Erscheinungen an der Lenkung, sind Sturz, Nachlauf, Spreizung und Vorspur zu kontrollieren. Dasselbe gilt auch für Unfallfahrzeuge.

Die Servolenkung

Wie bereits in der Einleitung erwähnt, soll hier nur auf Arbeiten eingegangen werden, die sich leicht ohne spezielles Wissen durchgeführt werden können. Der Flüssigkeitsstand im Vorratsbehälter der Lenkung ist regelmäßig zu kontrollieren. Dazu den Verschlußdeckel abschrauben. An diesem befindet sich ein Ölmeßstab. Der Flüssigkeitsstand muß innerhalb der unteren Markierung (niedriger Stand) und der oberen Markierung (Höchststand) stehen. Falls erforderlich, die vorgeschriebene Flüssigkeit nachfüllen, die Sie bei Ihrem Ford-Händler beziehen können.

Die Servolenkung kann folgendermaßen auf ihre Arbeitsweise kontrolliert werden:

Spannung des Antriebsriemens der Lenkungspumpe, wie unter der nächsten Überschrift beschrieben, kontrollieren. Kontrollieren, ob die Reifen der Vorderräder den vorgeschriebenen Druck haben. Flüssigkeitsstand überprüfen. Handbremse anziehen und den Motor warmlaufen lassen, bis er seine Betriebstemperatur erhalten hat. Kontrollieren, daß der Boden, auf welchem das Fahrzeug steht, sauber und trocken ist und Motor auf 1500 U/min beschleunigen. Lenkung jetzt drei bis fünf Mal von einem Anschlag in den anderen einschlagen, jedoch nicht mehr als 5 Mal. Lenkung einen kurzen Moment im vollen Einschlag halten, um die Temperatur der Flüssigkeit zu erhöhen. Lenkrad wieder in die Geradeausstellung zurückbringen und eine Federwaage an der Lenkradfelge (an einer Speiche) einhängen. Motor weiterhin laufen lassen und an der Federwaage ziehen, um festzustellen, welcher Kraftaufwand zum Einschlagen der Lenkung erforderlich ist. Der an der Federwaage angezeigte Wert sollte ca. 5 kg nicht überschreiten. Falls dies der Fall ist, muß die Servolenkung in einer Werkstatt überprüft werden.

Einstellen der Spannung des Antriebsriemens der Servopumpe

Die Spannung des Antriebsriemens ist so einzustellen, daß sich der Riemen an der Oberseite 12 mm durchdrücken läßt. Zum Einstellen der Spannung die Schraube des Verstellbügels und die Befestigungsschrauben der Pumpe lockern und die Pumpe in die entsprechende Richtung verschieben. Schrauben wieder anziehen und Spannung erneut kontrollieren.

Die Bremsen

Bei allen Consul- und Granada-Modellen werden Scheibenbremsen an den Vorderrädern und Trommelbremsen mit je einem Anlauf- und Ablaufbacken an den Hinterrädern verwendet. Der auf dem Boden montierte Handbremshebel ist mit Seilen mit den Hinterrädern verbunden. Das Bremssystem ist als Zweikreisbremse ausgelegt, damit das Fahrzeug immer noch zum Halten gebracht werden kann, auch wenn ein Bremskreis während des Betriebs ausfallen sollte. Bremssattel, Bremsscheibe und Bremstrommeln sind bei allen Limousinen-Ausführungen gleich. Die Kombiwagen dagegen haben größere Hinterrad-

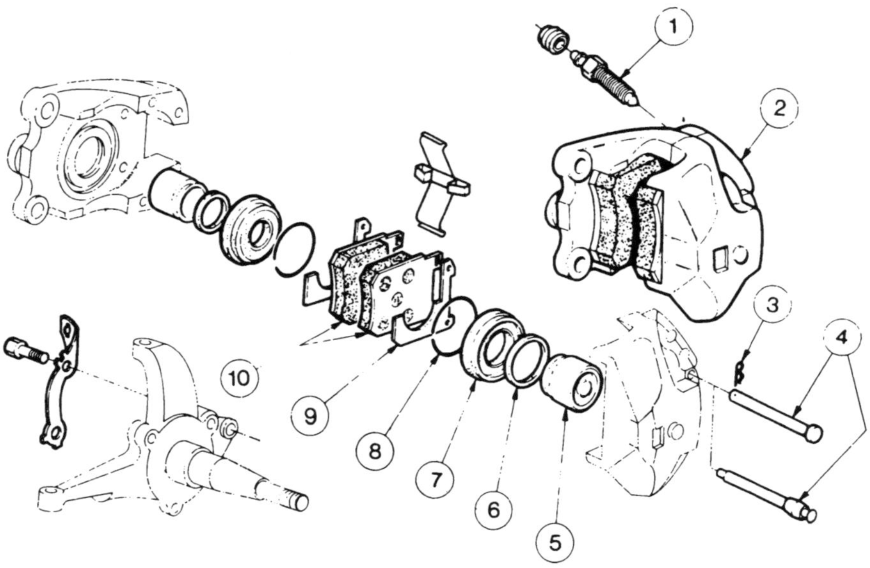

Bild 126
Montagebild der Scheibenbremsen.
1 Entlüftungsschraube
2 Bremssattel
3 Sicherungsspange
4 Sicherungsstifte
5 Kolben
6 Kolbendichtring
7 Kolbenstaubschutzring
8 Staubschutzringhaltering
9 Ausgleichsscheibe für Bremsklötze
10 Bremsklötze

bremsen, um das zusätzliche Gewicht, welches in diesen Modellen befördert werden kann, abbremsen zu können. Alle Modelle sind mit einem Bremskraftverstärker ausgerüstet, welcher direkt an den Hauptbremszylinder angeschlossen ist.

Alle Arbeiten an der Bremsanlage müssen mit der größten Sorgfalt durchgeführt werden. Reinigung, Kontrolle, Auswechslungen, bzw. Überholungen sind grundsätzlich an beiden Fahrzeugseiten durchzuführen.

Der Bremssattel

Aus- und Einbau eines Bremssattels

- Radmuttern lösen.
- Vorderseite des Fahrzeuges aufbocken.
- Rad abnehmen.
- Sicherungsspangen aus den Befestigungsstiften der Bremsklötze herausziehen.
- Mit einem spitzen Dorn die Stifte herausschlagen. Manchmal sitzen sie so locker, daß sie einfach herausgezogen werden können.
- Die hydraulische Leitung von der Rückseite des Bremssattels vorsichtig abschrauben (Überwurfmutter) und das offene Ende der Leitung zustopfen, um ein Auslaufen von Bremsflüssigkeit zu vermeiden.
- Sicherungsbleche der Befestigungsschrauben für den Bremssattel zurückschlagen und die Schrauben lösen.
- Bremssattel vom Federbein abnehmen.

Der Einbau geschieht in umgekehrter Reihenfolge wie der Ausbau. Die Befestigungsschrauben des Bremssattels auf ein Anzugsdrehmoment von 4,8 bis 6,9 mkp anziehen und die Laschen der Sicherungsbleche umschlagen. Die Kolben vorsichtig in die Zylinder zurückstoßen. Dabei wird etwas Bremsflüssigkeit durch die abgeschlossene Bremsleitung heraustropfen. Bremsklötze wieder einbauen (siehe getrennte Beschreibung weiter hinten). Abschließend die Bremsen entlüften.

Zerlegung und Zusammenbau eines Bremssattels

Bild 126 zeigt ein Montagebild eines Bremssattels und sollte bei der Zerlegung hinzugezogen werden:

- Befestigungsring des Staubschutzringes mit einem Schraubenzieher heraushebeln und den Staubschutzring herunterziehen.
- Beide Kolben mit einer Kolbendrehzange aus den Zylinderbohrungen herausziehen. Sollten die Kolben fest sitzen, ist eine Preßluftleitung am Anschluß für die Bremsleitung anzusetzen, so daß der Kolben herausgeblasen werden kann. Dabei sollte man ein Stück Hartholz in die Innenseite des Bremssattelschachtes einschieben, so daß die Kolben dagegen anschlagen können.
- Zylinderdichtring aus der Zylinderbohrung herausnehmen. Dabei eignet sich am besten ein Sattlerknochen, um die Zylinderbohrung

Bild 127
Die Innenteile eines Bremssattels
1 Ausgleichsblech
2 Bremsklotz
3 Sicherungsfederspange
4 Entlüftungsschraube
5 Bremssattel
6 Sicherungsstift
7 Befestigungsring für 8
8 Staubschutzring
9 Kolben
10 Kolbendichtring

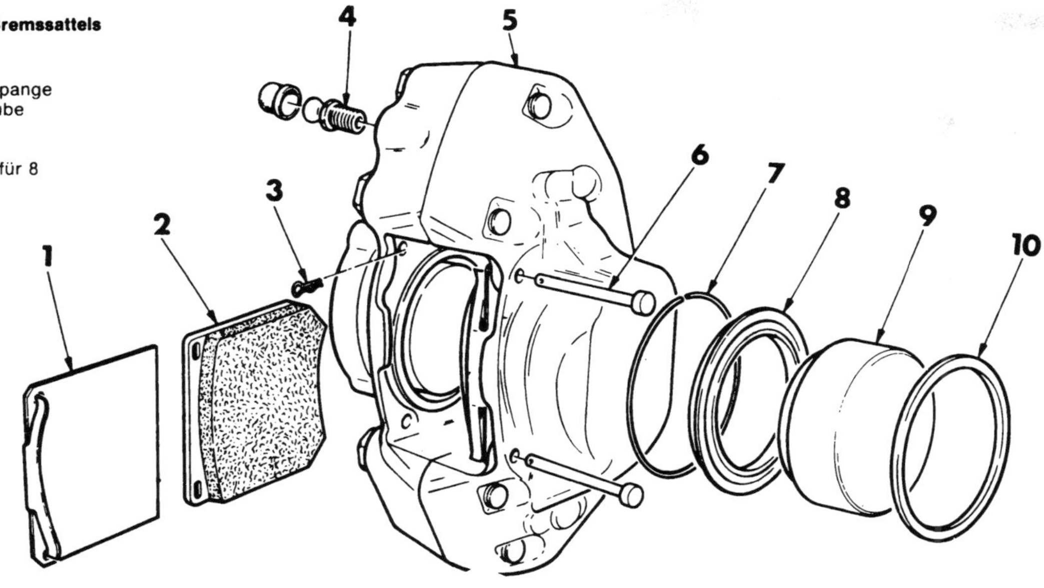

nicht mit spitzen Gegenständen zu beschädigen.

- Kolben und Zylinderbohrungen einwandfrei mit Bremsflüssigkeit oder mit Spiritus reinigen. Keine anderen Reinigungsmittel dazu verwenden, da diese die Gummiteile der Anlage zersetzen können.
- Alle Teile auf Beschädigung kontrollieren, besonders auf die Außenseiten der Kolben und die Laufflächen der Zylinder achten. Kratzer oder Freßstellen sind auf keinen Fall zulässig.
- Einen neuen Zylinderdichtring in die Rille des Zylinders einsetzen und den mit Bremsflüssigkeit eingeschmierten Kolben mit der geschlossenen Seite zuerst vorsichtig in die Zylinderbohrung einschieben.

Aus- und Einbau einer Bremsscheibe

Vorderradnabe und Bremsscheibe ausbauen, wie es im Abschnitt «Vorderradaufhängung» (Seite 85) beschrieben wurde. Die Bremsscheibe kann von der Radnabe entfernt werden, indem man die Befestigungsschrauben löst und die Scheibe mit einem Gummihammer abschlägt. Falls die Scheibe wieder verwendet werden soll, sind Nabe und Scheibe mit einem Farbstrich zu kennzeichnen, damit sie beim Zusammenbau wieder in die alte Lage kommen können. Vor dem Anbau einer neuen Scheibe die Anlageflächen von Nabe und Scheibe einwandfrei reinigen. Die Befestigungsschrauben auf ein Anzugsdrehmoment von 4,2 bis 4,7 mkp anziehen.

Nach Befestigung der Radnabe am Achsschenkel eine Meßuhr mit einem geeigneten Halter an der Vorderradaufhängung befestigen, oder, falls eine Uhr mit einem Magnetfuß vorhanden ist, sie auf den Boden stellen und den Taststift der Meßuhr so nahe wie möglich an der gut gereinigten Außenkante der Bremsscheibe ansetzen. Bremsscheibe jetzt langsam durchdrehen und den maximalen Ausschlag der Nadel der Meßuhr beobachten. Der Höchstschlag darf 0,05 mm nicht überschreiten. Falls dies der Fall ist, kann die Bremsscheibe wieder von der Nabe abgeschraubt werden, so daß man die Anlageflächen von Nabe und Scheibe nochmals kontrollieren kann. Ebenfalls kann man versuchen, die Bremsscheibe in einer anderen Stellung an der Nabe anzuschrauben. Falls dies nicht hilft, ist die Bremsscheibe auszutauschen, vor allem, wenn die alte Scheibe wieder eingebaut werden soll, da sie sich höchstwahrscheinlich verzogen hat.

Erneuerung der Bremsklötze

Falls der eigentliche Belag der Bremsklötze bis auf eine Stärke von 1,6 mm abgeschliffen ist, müssen die Bremsklötze erneuert werden. In diesem Fall immer den gesamten Satz erneuern und unbedingt darauf achten, daß nur Bremsklötze des gleichen Herstellers eingebaut werden. Beim Erneuern folgendermaßen vorgehen:

- Handbremse anziehen.
- Muttern der Vorderräder lösen.
- Vorderseite des Fahrzeuges aufbocken und auf Böcke setzen.
- Rad abnehmen.
- Sicherungsösen aus den Haltestiften der Bremsklötze herausziehen (siehe Bild 128).
- Mit einem spitzen Dorn die Haltestifte herausschlagen. Manchmal sitzen die Stifte sehr lose und lassen sich mit den Fingern herausziehen.
- Bremsklötze und die Ausgleichbleche aus den Schächten der Bremssättel herausziehen.

Der Einbau der Bremsklötze geschieht in umgekehrter Reihenfolge wie der Ausbau. Die Kolben müssen nach innen gestoßen werden, wenn neue Bremsklötze eingebaut werden. Falls der Vorratsbehälter des Hauptbremszylinders gefüllt ist, könnte dies zum Überlaufen des Zylinders führen. In diesem Fall ist es am besten, wenn man mit einem Saugrohr etwas Flüssigkeit absaugt, so daß man die Kolben hineinschieben kann.
Die Ausgleichbleche der Bremsklötze sind mit einem Pfeil versehen (welcher nach Reinigung der Bleche sichtbar wird). Die Bleche sind so einzusetzen, daß der Pfeil in die Drehrichtung des Rades weist.

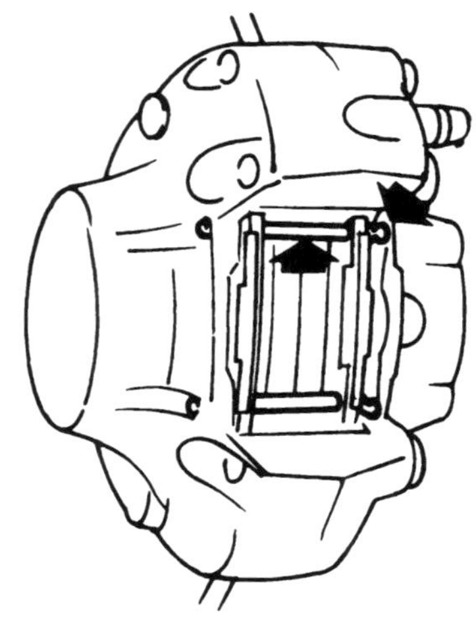

Bild 128
Die beiden Teile zeigen die Befestigungsspange und den Sicherungsstift der Bremsklötze.

Die Hinterrad-Trommelbremsen

Aus- und Einbau der Bremsbacken

- Rückseite des Fahrzeuges aufbocken und auf Böcke setzen.
- Rad abnehmen.
- Vorderräder durch Unterlegen eines Ziegelsteines verkeilen.
- Handbremse lösen.
- Befestigungsspange der Bremstrommel entfernen und die Bremstrommel abziehen.

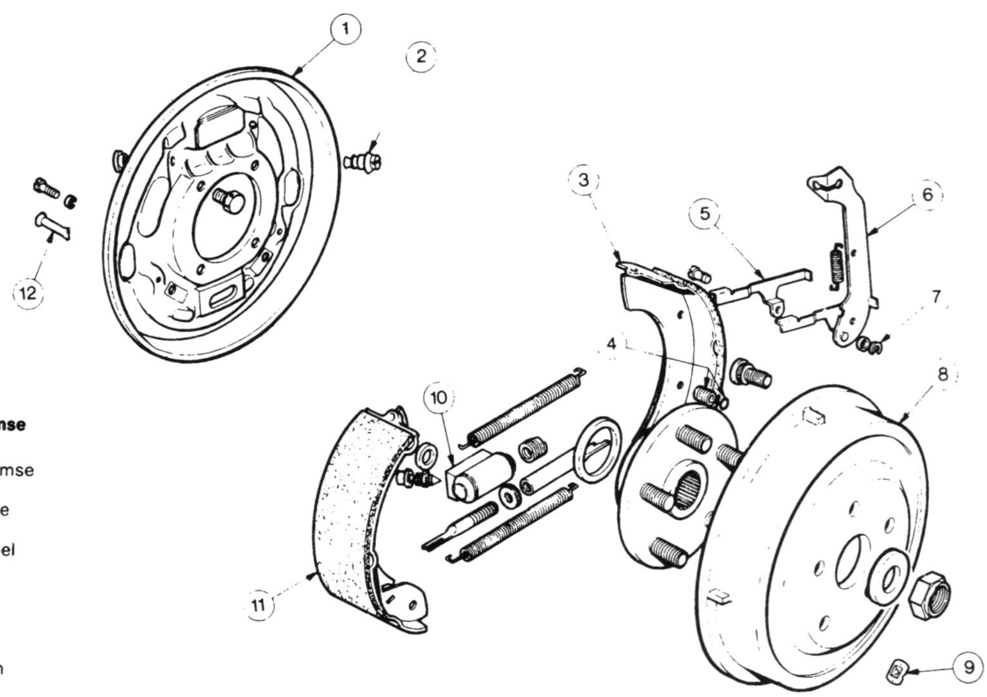

Bild 129
Montagebild der Hinterradbremse

1 Bremsträgerplatte
2 Einstellkolben für Handbremse
3 Ablaufbacken
4 Ankerstiftfeder und Scheibe
5 Selbstnachstellhebel
6 Handbremsbetätigungshebel
7 Sicherungs-Clip
8 Bremstrommel
9 Trommelhaltespange
10 Radbremszylinder
11 Anlaufbacken
12 Ankerstift für Bremsbacken

Falls die Bremsbacken die Trommel verklemmen, ist es möglich, daß man das Handbremsseil von der Unterseite der Karosserie aus den Haltern befreit und den kleinen Kolben («2» in Bild 129) aus der Rückseite der Bremsträgerplatte entfernt. In diesem Fall beim Zusammenbau einen neuen Kolben verwenden. Der Mechanismus für die automatische Nachstellung der Bremsbacken wird dadurch gelöst und die Backen werden von der Trommel frei.

- Die kleinen Ankerstifte aus beiden Bremsbacken entfernen. Dazu mit einem Finger von hinten gegen den Stift drücken und die obere Scheibe mit einer Kombizange erfassen. Scheibe um 90° verdrehen und abnehmen. Feder und Stift von den Bremsbacken entfernen.
- Mit einem Schraubenzieher die Enden der beiden Bremsbacken aus ihren Anlagen hebeln. Darauf achten, daß der Kolben des Radbremszylinders dabei nicht herauskommt.
- Backen vollkommen abnehmen.
- Druckstange zwischen den Backen aushängen.
- Handbremsseil aus dem hinteren Bremsbacken lösen.
- Falls das Handbremsseil nicht bereits vom Wagenboden gelöst wurde, muß dies jetzt durchgeführt werden, so daß man das Seil aus dem Betätigungshebel aushängen kann.
- Ein Gummiband so um den Radbremszylinder legen, daß die Kolben in der Bohrung gehalten werden. Zu beachten ist, daß die Rückholfedern nicht verwechselt werden, so daß man sie am besten kennzeichnen sollte.

Bremsbackenbeläge überprüfen und die Bremsbacken erneuern, falls die Nietköpfe bereits bündig mit den Belägen abschneiden oder die Beläge sind verölt, verbrannt oder andernfalls beschädigt. Backen sollten erneuert werden, falls die Beläge bis auf 1,5 mm abgenutzt sind. Ölverschmutzte Beläge sind immer durch Erneuern der Bremsbacken zu beseitigen. Es hat keinen Zweck, daß man verschmutzte Beläge reinigt, da das Öl in die Beläge eingedrungen ist und beim Heißwerden wieder an die Oberfläche durchkommt. Beim Bestellen von neuen Bremsbacken ist das Fahrzeugmodell genau anzugeben, da Bremsanlagen verschiedener Größe bei einzelnen Ausführungen eingebaut sind.

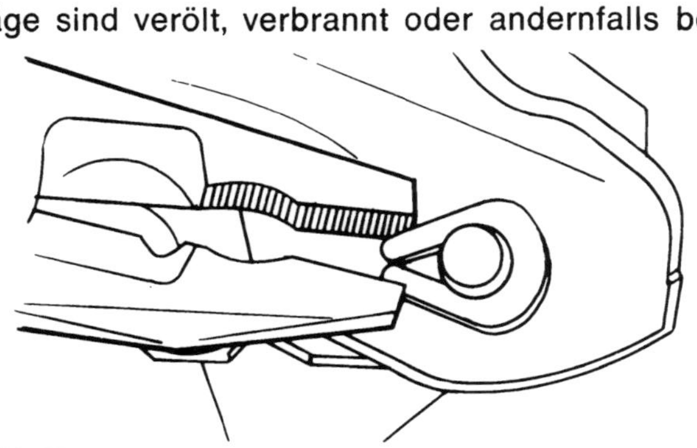

Bild 130
Die beiden Enden des Sicherungs-Clips für den Handbremshebel wie gezeigt zusammendrücken.

Vor dem Einbau der Bremsbacken die Anlagestellen der Backen leicht mit Heißlagerfett einschmieren. Ebenfalls die Drehstelle und das Gewinde des Einstellstößels mit dem gleichen Fett versehen. Falls die Backen erneuert wurden, wird der neue hintere Backen ohne Hebel für die Handbremse geliefert. Diesen vom alten Backen nach Lösen der Sicherungsspange entfernen und auf den neuen Backen übertragen.

Die Sicherungsspange mit einer Zange zusammendrücken, wie es aus Bild 130 ersichtlich ist. Beim Auflegen der Bremsbacken die Rückholfedern entsprechend ihrer ursprünglichen Einbaulage in die Backen einhängen und die Backen an der Bremsträgerplatte ansetzen. Hebel der Handbremsbetätigung in Eingriff bringen. Backenenden in den Radbremszylinder auf der Anlageseite einsetzen und danach das andere Ende des Bremsbackens vorsichtig mit einem Schraubenzieher in den Schlitz des Kolbens einsetzen (Gummiband vorher vom Zylinder abnehmen), ohne dabei die Staubschutzkappe des Zylinders zu beschädigen. Bremsbacken auf der Bremsträgerplatte auszentrieren und die Ankerstifte anbringen, indem man die obere Scheibe mit einer Zange erfaßt, auf die Feder setzt, die Scheibe um 90° verdreht und die Zange zurückläßt, bis die Backen sicher befestigt sind. Abschließend das Einstellrädchen verdrehen, bis jegliches Spiel aus der Druckstange genommen ist. Kontrollieren, ob der Einstellarm in Eingriff mit dem Einstellrädchen ist. Bremstrommel wieder montieren, Rad anbringen und das Fahrzeug auf den Boden ablassen. Die Bremsen einige Male betätigen, so daß der Mechanismus gut ausgerichtet wird und danach die Handbremse betätigen. Dabei werden «Klickgeräusche» in den Bremsen vernommen, die die Nachstellung der Bremsen anzeigen. Wenn keine Geräusche mehr hörbar sind, bedeutet dies, daß die Bremsen einwandfrei nachgestellt sind.

Ausbau, Überholen und Einbau eines Radbremszylinders

- Bremsbacken ausbauen, wie es soeben beschrieben wurde.
- Um ein vollkommenes Entlüften der Bremsanlage zu vermeiden, die Verschraubung des Vorratsbehälters des Hauptbremszylinders abschrauben und ein Stück einer Plastiktüte unter die Verschraubung legen. Diese wieder aufschrauben.
- Bremsleitung von der Rückseite des Radbremszylinders abschrauben.
- Auf einer Seite sind zwei Überwurfmuttern vorhanden, welche beide gelöst werden müssen.

An der Rückseite der Bremsträgerplatte sind jetzt die folgenden Arbeiten durchzuführen:

- Die beiden Schrauben des Radbremszylinders lösen und den Zylinder von der Vorderseite des Radbremszylinders abschrauben.
- Federspange vom Ende des Zylinders abnehmen.
- Gummimanschette herunterziehen.
- Kolben aus dem Zylinder nehmen. Die Feder kommt dabei ebenfalls heraus.
- Mit den Fingern die Kolbenmanschette aus der Rille des Kolbens nehmen. Falls sie fest setzt, kann sie mit einem spitzen Gegenstand (Nichtmetall) abgenommen werden, ohne daß man dabei den Kolben beschädigt.
- Der zweite Kolben des Zylinders ist in gleicher Weise auszubauen.

Alle Teile in Bremsflüssigkeit oder Alkohol (Spiritus) reinigen. Kolben und Zylinderbohrung auf Freßstellen kontrollieren und, falls erforderlich, den gesamten Zylinder erneuern. Die Kolbenmanschetten müssen immer erneuert werden, auch wenn sie noch gut aussehen sollten.

Manschette in saubere Bremsflüssigkeit eintauchen und nur mit den Fingern auf den Kolben aufziehen. Darauf achten, daß die Dichtlippe der Manschette in die in Bild 131 gezeigte Richtung weist.

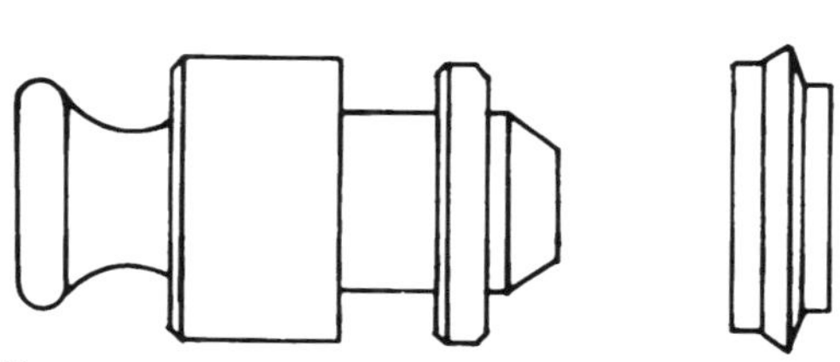

Bild 131
Vorschriftsmässiger Zusammenbau von Kolben und Manschette des Radbremszylinders.

Der Zusammenbau geschieht in umgekehrter Reihenfolge wie das Zerlegen. Nachdem die Gummikappe aufgesetzt wurde, ist zu kontrollieren, ob sich die Kolben einwandfrei in der Innenseite des Zylinders bewegen lassen, ohne daß man die Gummikappen wieder abdrückt.

Dichtring gut auf die Rückseite des Zylinders setzen und den Zylinder wieder an der Bremsträgerplatte anschrauben. Abschließend Bremsen entlüften und das Bremspedal einige Male durchtreten, um die Backen auszurichten. Handbremshebel einige Male betätigen, um die Selbstnachstellung in Betrieb zu bringen.

Hauptbremszylinder

Aus- und Einbau

> HINWEIS: Bremsflüssigkeit greift den Lack an. Aus diesem Grund unbedingt darauf achten, daß beim Herausheben des Hauptbremszylinders keine Bremsflüssigkeit auf die Lackflächen tropfen kann.

- Einen Entlüftungsschlauch auf eine der Entlüftungsschrauben stecken und das Ende des Schlauches in ein Gefäß einhängen. Die Entlüftungsschraube öffnen und die Bremsanlage durch Pumpen des Bremspedales vollkommen entleeren.
- Bremsleitungen vom Hauptbremszylinder abschließen. Dabei einen Lappen unter die Anschlußmuttern halten, damit auslaufende Bremsflüssigkeit sofort aufgefangen wird.
- Hauptbremszylinder von der Vorderseite des Bremskraftverstärkers abschrauben.

Der Einbau des Hauptbremszylinders geschieht in umgekehrter Reihenfolge wie der Ausbau. Nach dem Einbau die Anlage mit Bremsflüssigkeit füllen und entlüften, wie es weiter hinten beschrieben wird.

Bild 132
Die Bestandteile eines Hauptbremszylinders.

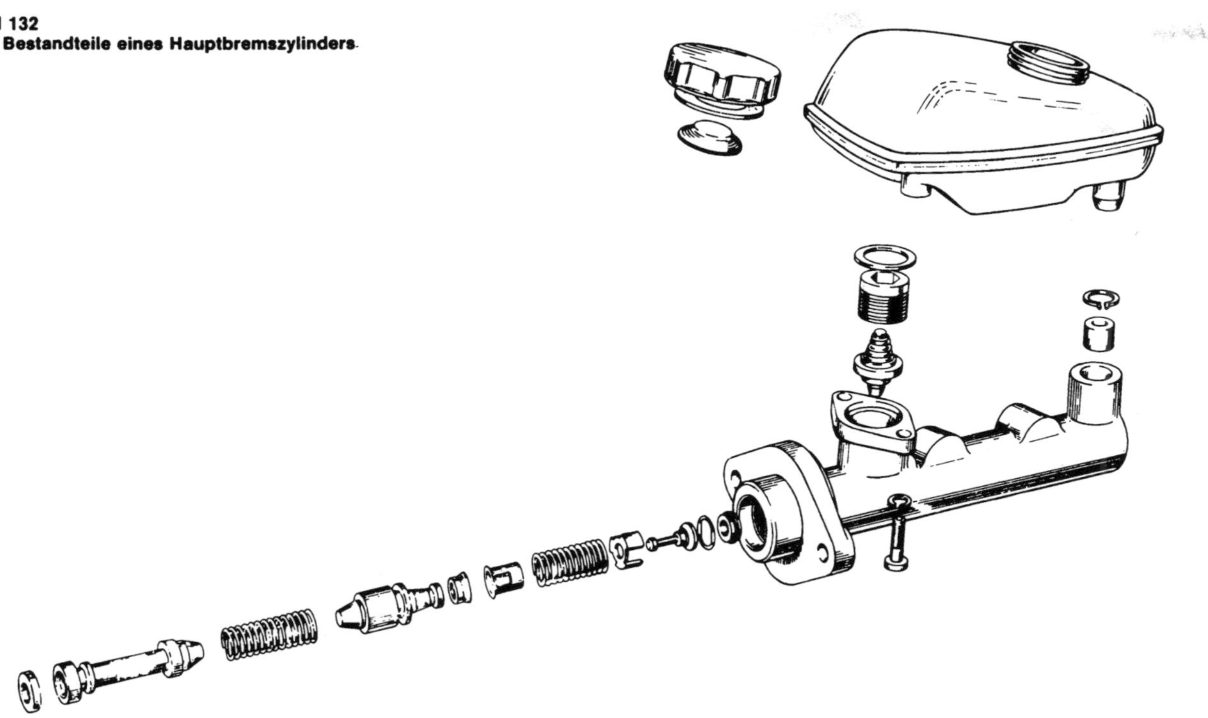

Zerlegung und Zusammenbau des Hauptbremszylinders

- Vorratsbehälter des Zylinders und die Gummitüllen aus dem Zylinder herausziehen.
- Kolben mit einem kleinen Schraubenzieher nach innen drücken und den Sicherungsring mit einem zweiten Schraubenzieher aus der Rille in der Innenseite des Zylinders heraushebeln.
- Anschlagscheibe entfernen.
- Kompletten Kolben der ersten Kammer aus dem Hauptbremszylinder herausnehmen.
- Eine Preßluftleitung am hinteren Anschluß ansetzen und den Kolben der zweiten Kammer herausblasen. Einen Lappen vor die Zylinderöffnung halten, damit der Kolben nicht davonfliegen kann.
- Druckfeder aus dem Inneren des Zylinders nehmen.
- Die Kolbenmanschetten vorsichtig mit den Fingern von den beiden Kolben entfernen. Keine spitzen Gegenstände dazu verwenden, um die Kolben nicht zu beschädigen.

Alle Teile gründlich in Bremsflüssigkeit oder Spiritus reinigen. Niemals andere Reinigungsflüssigkeit verwenden, da diese die Gummiteile des Bremszylinders angreifen könnten. Außenflächen der Kolben und die Innenflächen des Zylinders auf Beschädigungen oder Freßstellen kontrollieren. Falls Korrosion oder Riefenbildung festgestellt werden kann, sollte der gesamte Zylinder erneuert werden, da es keinen Zweck hat, einen derart beschädigten Zylinder wieder zusammenzubauen.

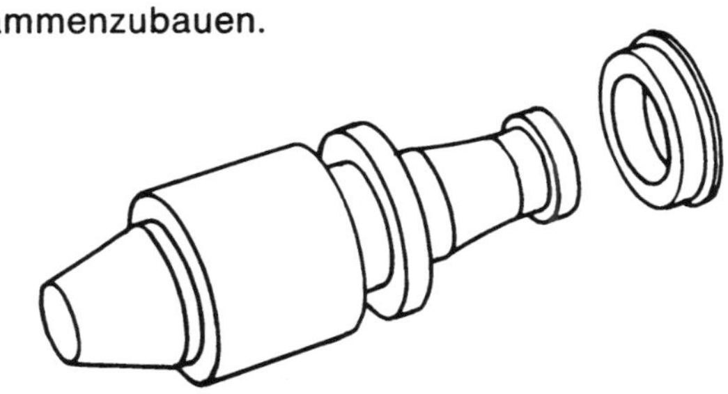

Bild 133
Vorschriftmässiges Anbringen der Manschette am Sekundärkolben des Hauptbremszylinders.

Der Zusammenbau des Hauptbremszylinders geschieht in umgekehrter Reihenfolge wie das Zerlegen. Bei Verwendung eines Reparatursatzes alle in der Packung enthaltenen Teile verwenden. Innenflächen des Zylinders, Kolben und Manschetten mit Bremsflüssigkeit einschmieren. Spezielles Bremsenfett kann ebenfalls dazu verwendet werden. Kolben der zweiten Kammer mit Füllscheibe, Manschetten, Druckteller und Druckfeder mit Federteller zusammenbauen und vorsichtig als erstes in den Zylinder einschieben. Kolben mit einem Stift etwas nach innen drükken und die Anschlagschraube in den Zylinder schrauben. Diese hält den Kolben in seiner Lage. Nun den Kolben der ersten Kammer mit Füllscheibe, Manschette, Druckteller, Druckfeder mit Federteller und Federkappe zusammenbauen. Dabei die Manschette nur mit den Fingern aufziehen. Kolben vorsichtig in den Zylinder einschieben, ohne die Manschette umzustülpen und mit einem kleinen Schraubenzieher nach innen drücken. Die Anschlagscheibe auflegen und durch Einsetzen des Sprengringes befestigen.

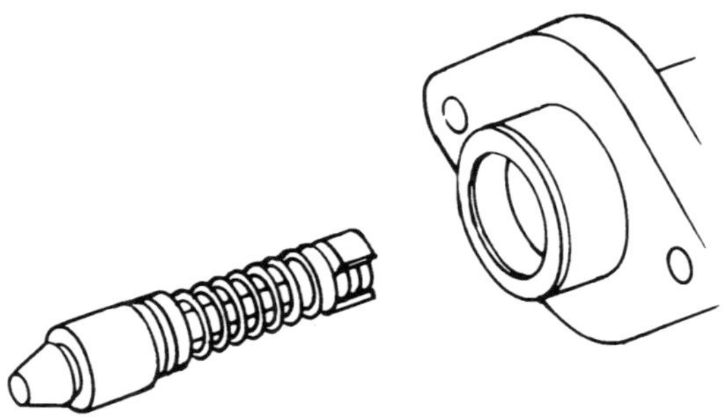

Bild 134
Einsetzen des zusammengebauten Sekundärkolbens in den Hauptbremszylinder.

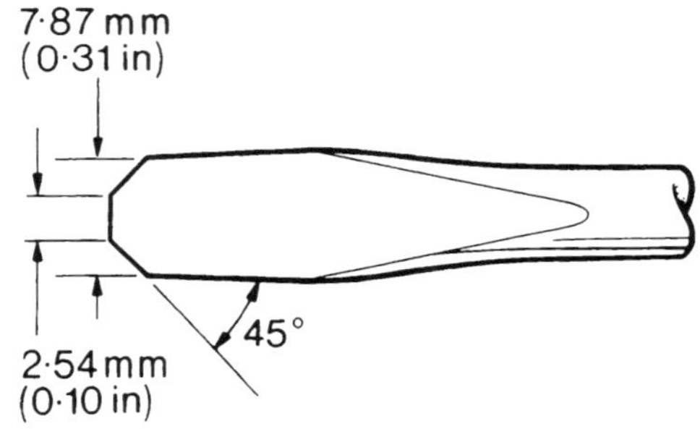

Bild 135
Abmessungen eines abgeänderten Schraubenziehers, welcher zum Entlüften der Bremsanlage erforderlich ist.

Entlüften der Bremsanlage

Das Entlüften der Bremsanlage sollte nach jeder Reparatur geschehen, bei der an irgendeiner Stelle des Bremssystems eine Leitung abgeschlossen oder die Bremsanlage in anderer Weise geöffnet wurde. Ein Entlüften ist ebenfalls erforderlich, falls sich das Bremspedal beim Durchtreten «schwammig» anfühlt, und sich beim mehrmaligen schnellen Betätigen aufpumpt. Das Entlüften bei diesen Modellen ist aufgrund des eingebauten Bremsdruckregelventils unterschiedlich gegenüber der bekannten, herkömmlichen Methode. Der Kolben des Ventils muß während des Entlüftens in der Mitte gehalten werden. Dazu ist ein abgeänderter Schraubenzieher zu verwenden (siehe Bild 135), welcher nach dem Abnehmen der Gummiabdekkung in die Öffnung im Boden des Ventils eingeschoben wird. Ein Helfer ist also für diese Arbeit erforderlich. Nachdem diese Voraussetzung geschaffen wurde, ist die Bremsanlage folgendermaßen zu entlüften:

- Verschlußdeckel des Vorratsbehälters (Doppelbehälter für beide Bremskreise) säubern und abnehmen und den Behälter mit zur Max.-Strichmarkierung mit Bremsflüssigkeit füllen.
- Einen Entlüftungsschlauch auf die Entlüftungsschraube des rechten Vorderrades aufstecken (Gummikappe vorher von der Entlüftungsschraube abziehen) und das freie Ende des Schlauches in einen Glasbehälter einhängen, in welchen vorher etwas saubere Bremsflüssigkeit eingefüllt wurde.
- Entlüftungsschraube öffnen.
- Von einer zweiten Person jetzt das Bremspedal durchpumpen lassen.
- Entlüftungsschraube schließen, wenn das Pedal auf dem Boden aufsitzt.
- Diesen Pumpvorgang wiederholen, bis die in den Glasbehälter einströmende Bremsflüssigkeit keine Luft mehr enthält, was durch Aufsteigen von Luftblasen angezeigt wird. Wenn dies der Fall ist, das Bremspedal beim letzten Durchtreten auf dem Boden halten.
- Entlüftungsschraube schließen.
- Entlüftungsschlauch abziehen.
- Gummikappe aufstecken.

Während des Entlüftens häufig in den Vorratsbehälter des Hauptbremszylinders schauen, um festzustellen, ob noch genügend Flüssigkeit vorhanden ist. Falls erneut Luft durch den Hauptbremszylinder in die Anlage gesaugt wird, muß die Entlüftung von vorn begonnen werden.

Die anderen Räder in der gleichen Weise entlüften. Bei den Vorderradbremsen befindet sich die Entlüftungsschraube an der Innenseite der Bremssättel. Die ausgepumpte Bremsflüssigkeit, d. h. die jetzt im Glasgefäß befindliche Flüssigkeit darf auf keinen Fall zum Nachfüllen des Vorratsbehälters verwendet werden, da sie mit Luft durchsetzt ist, obwohl man diese mit blossem Auge nicht sehen kann.

Das Bremshilfsgerät

Das Gerät nutzt den Druckunterschied zwischen dem Unterdruck im Ansaugrohr des Motors und dem atmosphärischen Druck aus. Bei laufendem Motor gelangt der Unterdruck über das Einweg-Regelventil in das Gerät. Auf beiden Seiten der Membrane im Gerät herrscht der gleiche Unterdruck. Beim Betätigen des Bremspedales dringt atmosphärische Luft ein und wirkt auf die Rückseite der Membrane verstärkend ein. Bei Ausfall des Gerätes, der stets den Ausfall der Verstärkung zur Folge hat, kann die Bremsanlage weiterhin sicher in Betrieb gehalten werden, mit dem Unterschied, daß ein wesentlich höherer Fußdruck am Pedal erforderlich ist, um die gleiche Bremsleitung herzustellen.

Zur Funktionsprüfung des Gerätes ist bei abgestelltem Motor das Bremspedal mehrere Male zu betätigen. Motor danach anlassen. Erfolgt eine Verstärkung durch das Gerät, so senkt sich das Bremspedal bei gleichbleibendem, gleichem Fußdruck um einen gewissen Betrag. Oder Motor kurz laufen lassen und kontrollieren, ob nach 3 bis 4 Minuten sich die Verstärkung im Bremshilfsgerät noch bemerkbar macht.

Außer dem Austausch der Luftfilterpackung (Filterscheibe, Sicherungsring-Dichtung und Dichtungskolben) und dem Austausch des Einwegventils sind weitere Reparaturen nicht ratsam. Weitere Instandsetzungen am Gerät sollten nur von Spezialisten durchgeführt werden, die über entsprechende Prüf- und Meßgeräte verfügen.

Die Handbremse

Die Handbremse wirkt mechanisch auf die Hinterräder und dient ebenfalls zur automatischen Nachstellung der Hinterradbremsen, indem man sie im täglichen Fahrverkehr beim Parken, usw. betätigt. Die Handbremse wird dadurch ebenfalls automatisch mit nachgestellt, so daß zusätzliche Einstellungen praktisch nur erforderlich sein sollten, wenn die Handbremsseile bei einer Reparatur ausgebaut wurden. In diesem Fall die Einstellmuttern am rechten Widerlager einstellen, bis ein Spiel von 0,5 bis 1,0 mm an den Kolben an der Rückseite der Bremsträgerplatten erhalten wird.

Die Erneuerung eines Handbremsseils ist eine einfache Angelegenheit. Die Bremstrommeln und die Bremsbacken müssen dazu ausgebaut werden, so daß man die Seile von den Bremsbacken lösen und an diese befestigen kann. Neue Handbremsseile sind mit einem weißen Farbpunkt gezeichnet, welcher angibt, an welche Stelle das Handbremsseil mit der Befestigungsschelle am Dreieckslenker der Hinterradaufhängung zu befestigen ist.

Die elektrische Anlage

Die elektrische Anlage ist auf eine Spannung von 12 Volt abgestellt. Sie besteht aus Drehstromlichtmaschine, Reglerschalter, Anlasser, Zündanlage, Batterie, Beleuchtung und Einzelteilen.

Eine von Lucas (15 ACR oder 17 ACR) oder Bosch (G1-28A, Bosch K1-35A oder Bosch K1-55A) hergestellte Drehstromlichtmaschine mit Regler 14 TR (Lucas) oder AD1 (Bosch) kann eingebaut sein. Die Daten der in Frage kommenden Drehstromlichtmaschinen sind in der Maß- und Einstelltabelle (Seite 138) angegeben.

Die verwendeten Anlasser können ebenfalls von Lucas oder Bosch hergestellt sein. Die diesbezüglichen Angaben sind ebenfalls in der Maß- und Einstelltabelle (Seite 137) angegeben.

Die Drehstromlichtmaschine

Die Drehstromlichtmaschine wird serienmäßig in alle Fahrzeuge eingebaut und aus diesem Grund sind die folgenden Hinweise unbedingt einzuprägen, ehe irgendwelche Arbeiten an der Drehstromlichtmaschine oder der damit verbundenen Ladestromanlage durchgeführt werden:

— Niemals elektrische Schweißungen am Fahrzeug durchführen, ehe die Drehstromlichtmaschine und die Batterie abgeklemmt wurden.
— Niemals die Batterie oder die Klemmen der Drehstromlichtmaschine abschließen, während der Motor läuft.
— Niemals den Motor laufen lassen, während die Leitungen der Drehstromlichtmaschine abgeschlossen sind. Falls ein Batterie-Schnelladegerät verwendet wird, sind die Leitungen der Batterie vorher abzuklemmen.
— Falls eine Hilfsbatterie zum Anlassen des Motors verwendet wird, darauf achten, daß die Polarität der beiden Batterien stimmt.
— Immer darauf achten, daß die Batteriekabel richtig angeschlossen werden. Polarität überprüfen, ehe die Kabel angeschlossen werden.

Die Bosch-Drehstromlichtmaschine — K1-35A

Störungen an der Drehstrom-Lichtmaschine

Diese werden durch Flackern oder Glimmen der Ladekontrollampe angezeigt, woraus der Fachmann Schlüsse auf die vorliegende Funktionsstörung ziehen kann.
— Helles Aufleuchten der Kontrollampe besonders in den unteren und mittleren Drehzahlbereichen läßt auf Kurzschluß einer Erregerdiode schließen.
— Glimmt die Kontrollampe in den unteren Drehzahlbereichen stärker als bei mittlerer Drehzahl, so kann auf eine unterbrochene Ständerwicklung oder ein Kurzschluß zwischen zwei Ständerwicklungen vorliegen.
— Leuchtet die Kontrollampe bei ausgeschalteter Zündung und stehendem Motor auf und erlischt beim Einschalten der Zündung, so läßt sich auf einen Kurzschluß der +Diode schließen, was das Entladen der Batterie zur Folge hat.
Entscheidend für die Feststellung eines Fehlers sind jedoch die Kontrollen der Lichtmaschine im eingebauten Zustand oder auf dem Prüfstand.

Drehstrom-Lichtmaschine prüfen (im Fahrzeug)

Die Prüfung der Lichtmaschine im Fahrzeug ist nur in Verbindung mit einem Volt-Ampèremeter mit Belastungswiderstand möglich. Schaltungen nur bei stehendem Motor durchführen.

Prüfen der Regulierspannung
Voltmeter und Ampèremeter an der Klemme B+ der Lichtmaschine und an Masse anschließen. Motor starten und mit 2000 / 2000 U/min laufen lassen und die Lichtmaschine mit Hilfe des verstellbaren Widerstandes mit 28 A belasten. Motordrehzahl absenken und wieder auf 2000 / 2200 U/min bringen. Das Voltmeter muß hierbei eine Regulierspannung von 14,1 bis 14,6 anzeigen. Bei der gleichen Drehzahl und 3 bis 5 A Belastung muß die Regulierspannung 13,7 bis 14,4 V betragen.

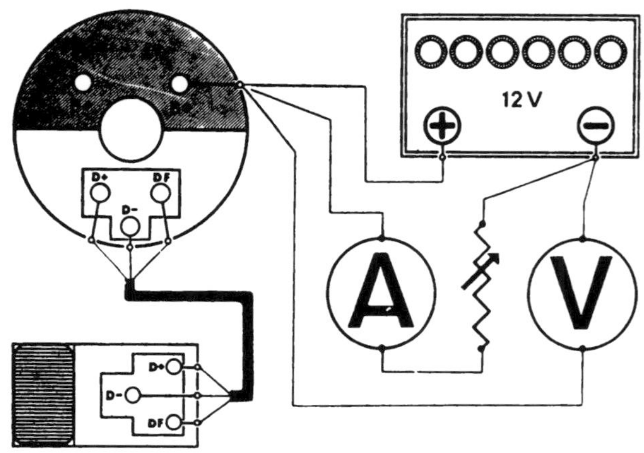

Bild 136
Prüfen der Regulierspannung bei 20° Celsius Umlauftemperatur.

Prüfen der Nenndrehzahl
(ohne Batterie und ohne Belastung)
Das Voltmeter an B+ der Lichtmaschine und an Masse anschließen. Motor starten. Bei einer

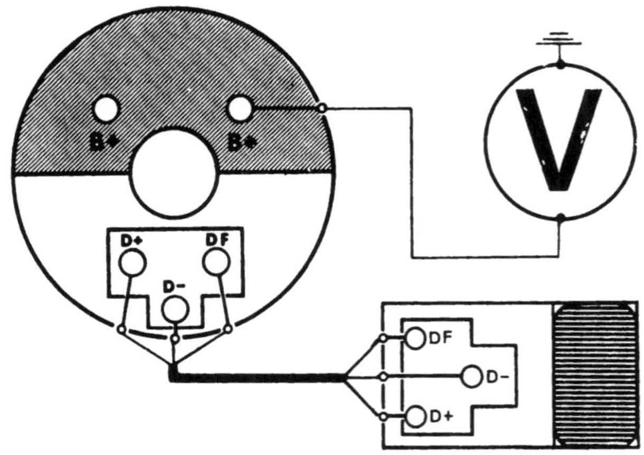

Bild 137
Nennspannungsdrehzahl ohne Batterie und ohne Belastung prüfen.

Drehzahl von 500 U/min muß das Voltmeter eine Spannung von 14 V anzeigen, Drehzahl nicht überschreiten.

Prüfen von 2/3 des maximalen Stromes
Max. Strom 35 A; 2/3 des Max. Stromes 24 A. Voltmeter an Klemme B+ und an Masse anschliessen. Ampèremeter in Leitung B+ schalten. Belastungswiderstand parallel zur Batterie anschließen. Drehzahlmesser anschließen. Motor starten. Motor mit 1100 U/min laufen lassen und Lichtmaschine belasten. Der jetzt angezeigte Ladestrom muß 24 bis 28 A betragen.

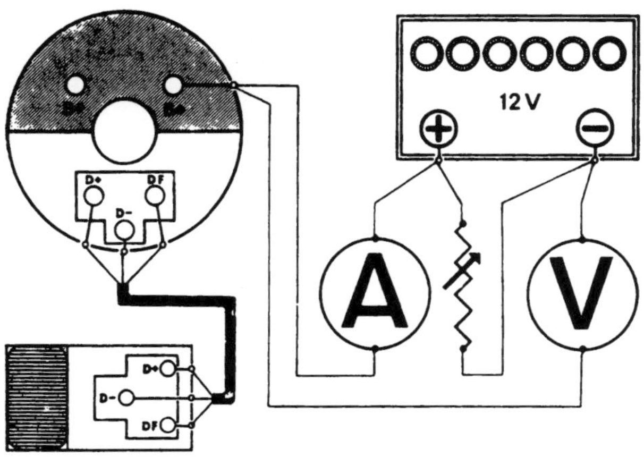

Bild 138
Prüfen von 2/3 des max. Stromes.

Prüfen der maximalen Leistung
Motordrehzahl auf 3000 U/min bringen. Lichtmaschine wie bei der 2/3 max. Stromprüfung belasten. Der Ladestrom muß 35 A/14 V betragen.

Ausbau der Drehstrom-Lichtmaschine

- Batterie-Minuskabel abklemmen.
- Die Anschlüsse «B+», «D+/61», «DF» und «D—» an der Lichtmaschine abklemmen.
- Lichtmaschinenbefestigungsschrauben lösen.
- Keilriemen abnehmen.
- Schrauben herausziehen.
- Maschine abnehmen.

Zerlegung der Drehstrom-Lichtmaschine

- Abdeckring abschrauben.
- Kohlebürsten anheben und mit den Druckfedern festklemmen.
- Vorderes Lager, Ständer und hinteres Lager mittels Körner oder Farbstrich zeichnen, damit beim Wiederzusammenbau die Teile in ihre ursprüngliche Lage kommen.
- Riemenscheibe und Lüfterrad abbauen.
- Vorderes Lagerschild abschrauben.
- Lagerschild mit Läufer herausnehmen.
- Scheibenfeder aus der Läuferwelle entfernen.
- Lagerschild vom Läufer abziehen.
- Halteplatte abschrauben.
- Rillenlager aus dem Lagerschild ausbauen.
- Bürstenhalter abschrauben.
- Diodenträger durch Abschrauben der Mutter am Anschluß «B+» und der drei isoliert sitzenden Muttern lösen.
- Minus- und Plusdiodenanschlüsse mit einer Flachzange zum Abführen der Wärme halten.
- Mit heißem Lötkolben schnell ablöten, möglichst keinen Elektrolötkolben verwenden. Wird ein Elektrolötkolben verwendet, so ist nach dem Anwärmen der Stecker aus der Steckdose zu nehmen, da die Dioden spannungs- (Nebenschluß) und wärmeempfindlich sind.
- Plusdiodenträger mit Erregerdioden abschrauben.
- Müssen die Kohlebürsten abgelötet werden, dann die Anschlußlitze mit der Flachzange so halten, daß kein Zinn in der Litze hochsteigen kann. Die Litze würde bei mehr als 3 mm Zinn steif und die Kohlebürste unbrauchbar. Sind die Bürsten bis auf 9 mm abgelaufen, so müssen sie ersetzt werden.

Prüfung der Drehstrom-Lichtmaschine

Alle Teile, mit Ausnahme des Läufers und des Ständers, mit Waschbenzin reinigen und prüfen, gegebenenfalls ersetzen (Kugellager).

— Erregerwicklung und Schleifringe auf Masseschluß prüfen (Prüfspannung nicht mehr als 40 Volt). Eine Prüfspitze der Prüflampe an einen Schleifring, die andere Prüfspitze an die Läuferwelle bringen. Die Prüflampe darf nicht aufleuchten.

— Erregerwicklung auf Windungsschluß prüfen. Der Widerstand von Schleifring zu Schleifring wird mittels Ohmmeter gemessen, er soll 4,5 + 0,4 Ohm (bei älteren Maschinen 3,5 + 0,35 Ohm) betragen.

— Prüfen der Ständerwicklung auf Masseschluß mittels Prüflampe (40 Volt) oder Ohmmeter. Die Prüflampe darf nicht aufleuchten und das Ohmmeter soll einen hohen Isolierwert zeigen.
— Ständerwicklung auf Windungsschluß prüfen, mit Ohmmeter wird der Widerstand zweier Phasen gemessen. Prüfspitzen abwechselnd an die Windungsenden halten. Prüfwert: Gleichmäßig 0,26 Ohm + 10% bei 20 Grad Celsius.
— Schleifringe prüfen, gegebenenfalls nachdrehen (min. 31,5 mm ⌀). Ringe polieren und ausblasen.
— Um die Dioden zu überprüfen, sind die Anschlüsse zu lösen, da sonst nicht genau festzustellen ist, welche Diode defekt ist. Außerdem die Polarität der Prüfgeräte beachten. Die in der Anschlußbrücke «B» liegenden Plusdioden (rot beschriftet) haben Durchgang vom Anschlußkabel zum Gehäuse und sperren in entgegengesetzter Richtung. Die Erregerdioden (Plusdioden) in der Anschlußbrücke (mit Anschluß «D+/61» verschraubt) haben Durchgang vom Anschlußkabel und sperren in entgegengesetzter Richtung. Nur Prüflampe bis 24 Volt verwenden.

Plus-Diode prüfen:
Plus-Prüfspitze an Diodenanschlußkabel, die andere an das Diodengehäuse halten. Die Prüflampe muß aufleuchten. Dann vertauschen an Diode halten. Die Prüflampe darf nicht aufleuchten.
Minus-Diode prüfen:
Plus-Prüfspitze an Dioden-Gehäuse, die andere Prüfspitze an Diodenanschlußkabel halten. Die Prüflampe muß aufleuchten. Prüfspitzen vertauschen, die Prüflampe darf nicht aufleuchten.
Prüfen der Erreger-Dioden:
Plus-Prüfspitze an Bodenanschluß halten. Andere Prüfspitze an Dioden-Anschluß halten. Die Prüflampe muß aufleuchten. Prüfspitzen vertauschen, die Prüflampe darf nicht aufleuchten.
Bürstenfederspannung prüfen:
300 bis 400 Gramm. Eventuell Feder ersetzen.
Nochmals kurz: Gleichrichter-Dioden dürfen Strom nur in Durchlaßrichtung fließen lassen. Geht Strom in beiden Richtungen durch, so ist die Diode defekt. Durchgang in beiden Richtungen ist fast immer die Folge von Überspannung im Betrieb.
— Die B+-Anschlußbolzen sind auf Masseschluß zu kontrollieren, gegebenenfalls neue Isolierbüchsen und Scheiben einbauen.

Zusammenbau der Drehstrom-Lichtmaschine

Der Zusammenbau erfolgt umgekehrt wie das Zerlegen unter besonderer Beachtung der folgenden Punkte:
— Vorderes und hinteres Kugellager mit Bosch-Kugellagerfett Ft 1 v 33 einsetzen.
— Für das Anlöten der Litze der Minus- und Plusdioden gilt das beim Auslöten gesagte.
— Beim Zusammensetzen auf die beim Zerlegen angebrachten Zeichen achten.
— Beim Aufbringen von Lüfterrad und Riemenscheibe auf richtigen Sitz der Scheibenfeder achten.
— Unterschiedliches Lüfterrad von V4- und V6-Motoren beachten.

Die Bosch-Drehstromlichtmaschine — K1-55A und G1-28A

Die beiden genannten Drehstromlichtmaschinen sind in gleicher Weise aufgebaut wie die bereits beschriebene K1-35A-Maschine, mit dem Unterschied, daß die eine eine höhere Stromleistung hat, während die andere eine niedrigere Leistung besitzt. Beim Prüfen sind die in der Maß- und Einstelltabelle (Seite 138) angegebenen Werte anstelle der beim Prüfen der K1-35A erhaltenen Werte einzusetzen.

Die Lucas-Drehstromlichtmaschinen

Ein Montagebild der Lucas-Drehstromlichtmaschine ist in Bild 139 gezeigt. Wie aus dem Bild ersichtlich ist, befindet sich der Regler innerhalb der Drehstromlichtmaschine. Der Ausbau dieser Lichtmaschine geschieht in ähnlicher Weise, wie es bei der Bosch-Ausführung beschrieben wurde.

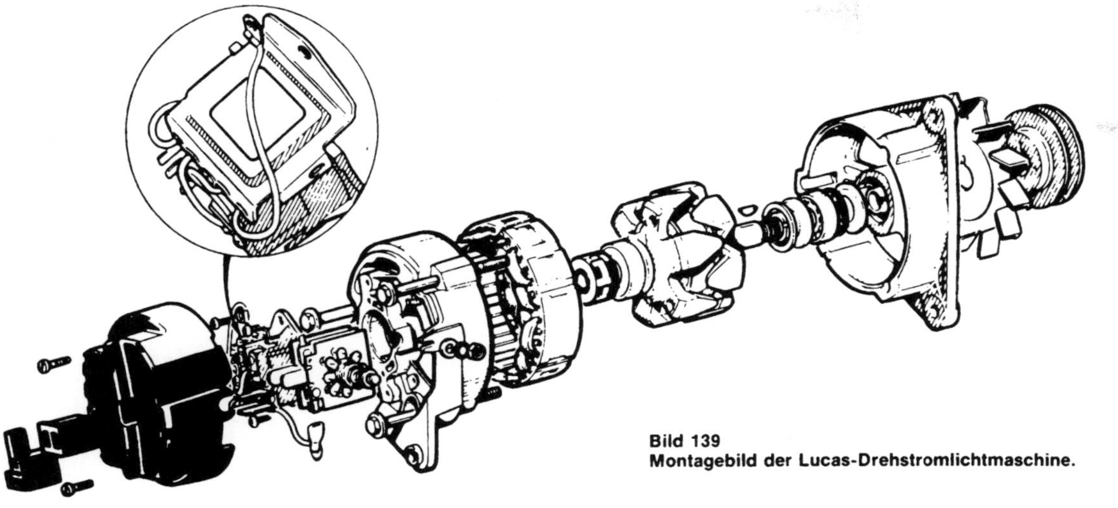

Bild 139
Montagebild der Lucas-Drehstromlichtmaschine.

Zerlegung, Überprüfung, Überholung und Zusammenbau der Lucas-Drehstromlichtmaschine

- Mutter der Riemenscheibe lösen und die Riemenscheibe zusammen mit dem Lüfter von der Läuferwelle herunterziehen.
- Scheibenfeder aus der Läuferwelle nehmen.
- Die beiden Befestigungsschrauben des Kunststoffdeckels für den Regler entfernen.
- Leitungen zwischen dem Regler und den Bürsten abklemmen. Die Anschlußweise der Leitungen ist unbedingt einzuprägen, um ein fehlerfreies Anschließen zu vermeiden.
- Die beiden Schrauben des Reglers lösen und den Regler abnehmen.
- Leitung zwischen den Bürsten und dem Gleichrichter abklemmen.
- Die beiden Schrauben des Bürstenmechanismuses lösen.
- Der Gleichrichter wird durch eine einzelne Mutter an der Drehstromlichtmaschine gehalten. Vor dem Ausbau des Gleichrichters zuerst die Leitungen ablöten. Dazu mit einer Spitzzange die Anschlußstifte erfassen. Die Zange dient dabei als Wärmeableiter. Abtötung schnell durchführen, Leitungen in geeigneter Weise kennzeichnen und danach den Gleichrichter abschrauben.
- Die drei Spannschrauben lösen.
- Antriebslagerschild von der Läuferwelle herunterpressen. Falls erforderlich, den Lagerhaltering entfernen und das Lager aus dem Antriebslagerschild herauspressen. Die Fettdichtungen aufbewahren.
- Schleifringlagerschild vom Läufer abmontieren, indem man ein Stück Rohr von 75 mm Länge über die Schleifringe setzt, so daß es gegen den Außenring der Schleifringlager ansitzt.
- Lager vorsichtig aus dem Gehäuse ausschlagen.
- Zum Ausbau des Läufers die Anschlüsse der Feldwicklungen von den Schleifringklemmen ablöten und das Gehäuse von der Welle ziehen.
- Läuferlager abziehen.
- Ständer (Stator) aus dem Gehäuse nehmen.

Die folgenden Prüfungen sind an den zerlegten Lichtmaschinenteilen durchzuführen:

— *Läufer:* Den Widerstand der Läuferwicklungen überprüfen, indem man einen Ohmmeter zwischen die Schleifringe anlegt, wie es in Bild 140 gezeigt wurde. Der Widerstand sollte 4,3 Ohm betragen. Falls ein Ohmmeter nicht zur Verfügung steht, kann ein Ampèremeter und eine 12-Volt-Batterie benutzt werden. Die Anzeige des Ampèremeters sollte 2,8 A betragen.
Als nächstes ist die Isolierung des Läufers zu überprüfen. Dazu eine in das Hauptstromnetz (110 Volt) angeschlossene 15-A-Prüflampe zwischen einen der Schleifringe und einem Läuferpol anschließen, wie es aus Bild 140 ersichtlich ist. Die Lampe darf nicht aufleuchten. Falls dies der Fall ist, muß der Läufer erneuert werden.

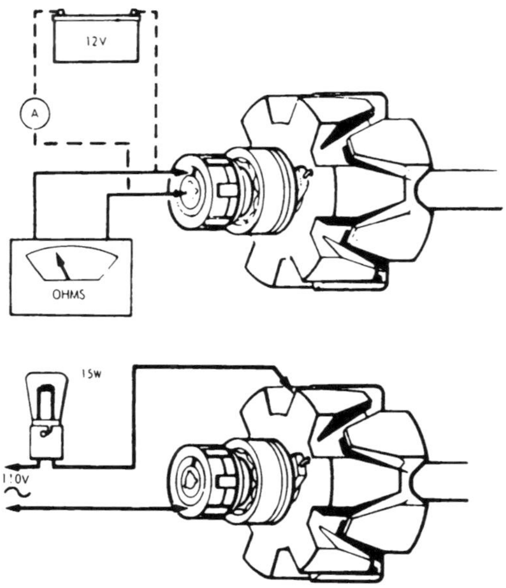

Bild 140
Überprüfen der Isolierungen der Läuferwicklungen.

— *Ständer:* Die Leitungen des Ständers, wie in Bild 141 gezeigt, anschließen, so daß jedesmal zwei der drei Ständerleitungen mit einer 12-Volt-Batterie und einer Glühbirne von mindestens 36 Ampère zusammengeschlossen sind. Danach die Prüfung mit dem dritten Kabel wiederholen. Die Lampe muß während allen drei Prüfungen aufleuchten. Falls dies nicht der Fall ist, muß der Ständer erneuert werden.

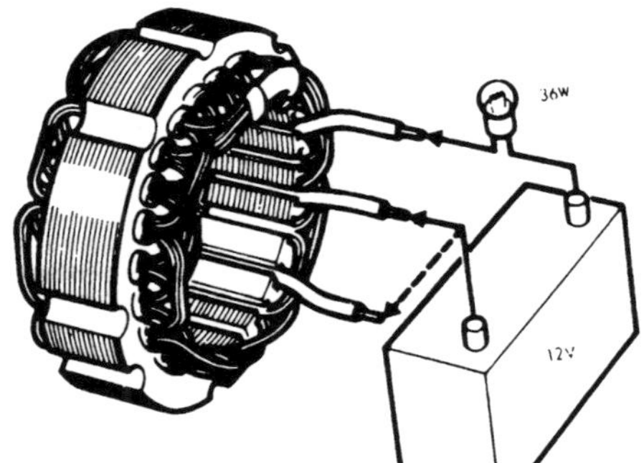

Bild 141
Überprüfen der Ständerwicklungen auf Stromunterbrechung.

Als nächstes den Ständer wie in Bild 142 so an das Hauptstromnetz anschließen, daß jeweils eine der Leitungen mit den Ständerblechen verbunden ist. Falls die Lampe aufleuchtet, sind die Wicklungen auf Masse geschlossen und der Ständer ist zu erneuern.

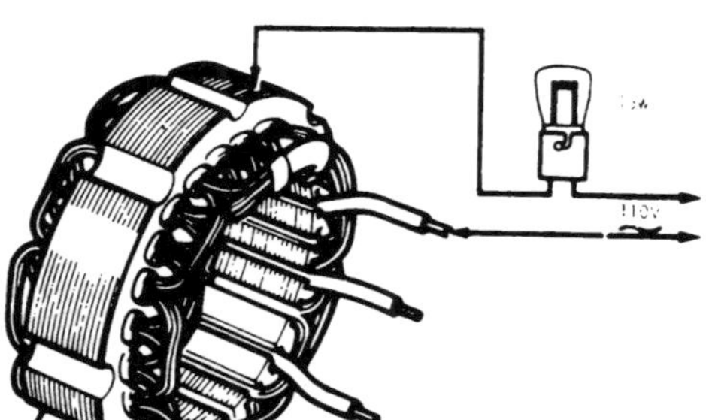

Bild 142
Prüfen der Ständerwicklungen auf Masseschluss.

— *Dioden:* Der Reihe nach jede Diode in Serie mit einer 1,5-Watt-Glühbirne und einer Klemme einer 12-Volt-Batterie anschließen. Die andere Batterieleitung an den Träger der zu prüfenden Diode anlegen. Auf die Glühbirne achten und danach die beiden Batteriekabel in umgekehrter Weise anschließen. Die Prüflampe darf nur in einer Stromrichtung aufleuchten. Falls sie in beiden Stromrichtungen aufleuchtet, muß der gesamte Gleichrichter erneuert werden.

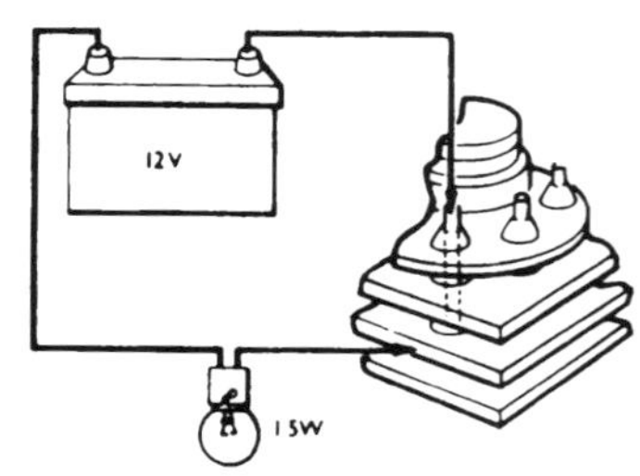

Bild 143
Überprüfen der Dioden auf Stromdurchlass.

Der Zusammenbau der Drehstromlichtmaschine geschieht in umgekehrter Reihenfolge wie das Zerlegen, jedoch sind die folgenden Punkte zu beachten:

Beim Einsetzen des Ständers in das Schleifringlagerschild darauf achten, daß die Schlitze im Ständer mit den Löchern für die Spannschrauben in einer Linie liegen. Beim Aufpressen des Lagers auf die Läuferwelle muß die verkapselte Seite des Lagers zum Läufer weisen.

Beim Montieren des Lagers für das Antriebslagerschild den Fettdichtring in das Lagerschild einsetzen, Lager einpressen und den äußeren Fettdichtring mit dem Sprengring befestigen. Zum Anlöten der Leitungen des Gleichrichters wiederum eine Spitzzange verwenden (als Wärmeableiter), um ein Überhitzen der Gleichrichterdioden zu vermeiden. Unbedingt darauf achten, daß alle Leitungsanschlüsse wieder in der ursprünglichen Weise hergestellt werden.

Der Anlasser

Wie bei den Drehstromlichtmaschinen sind ebenfalls verschiedene Anlasser in der Baureihe verwendet worden. Die verschiedenen Typen sind in der Maß- und Einstelltabelle (Seite 137) angeführt. Bei den Bosch-Anlassern und ebenfalls bei den in ähnlicher Weise arbeitenden Lucas-Anlassern wird bei der Betätigung des Anlaßschalters durch einen Einrückmagnetschalter der Einrückhebel der Freilaufkupplung bewegt und das Ritzel in den Zahnkranz geschoben. Kurz vor dem Ende des Einspurweges schaltet der Einrückmagnetschalter den vollen Ankerstrom ein und der Anlasser dreht durch. Da der Motor nach dem Anlassen schneller dreht als der Anlasser, läuft das Ritzel durch den Rollenfreilauf frei und erst wenn der Anlasser abgeschaltet wird, geht das Ritzel durch die Rückholfeder in die Ruhestellung zurück.

Die Bosch-Anlasser

Prüfen des Anlassers (eingebaut, ohne Prüfstand)

Dreht sich der Anlasser nicht oder zu langsam, ist zuerst der Ladezustand der Batterie und die Kabelverbindung Batterie—Starter zu prüfen. Bei voll eingeschaltetem Licht ist der Starter zu betätigen, verdunkelt sich das Licht beträchtlich, ist entweder die Batterie entladen oder es liegt sonst ein Batteriedefekt vor. Bleiben die Lampen hell und der Starter bewegt sich nicht, ist entweder das Starterkabel gebrochen oder der Starter defekt. Da der Starterschalter ganz gekapselt ist und nur als ein ganzes Teil geliefert wird, kann er nur mittels 12-Volt-Prüflampe auf Durchgang geprüft werden. Eine Prüfspitze an Klemme für das Anlaßkabel, die andere Prüfspitze an den Anschluß für die Stromverbindungsschiene halten. Jetzt Starterschalter be-

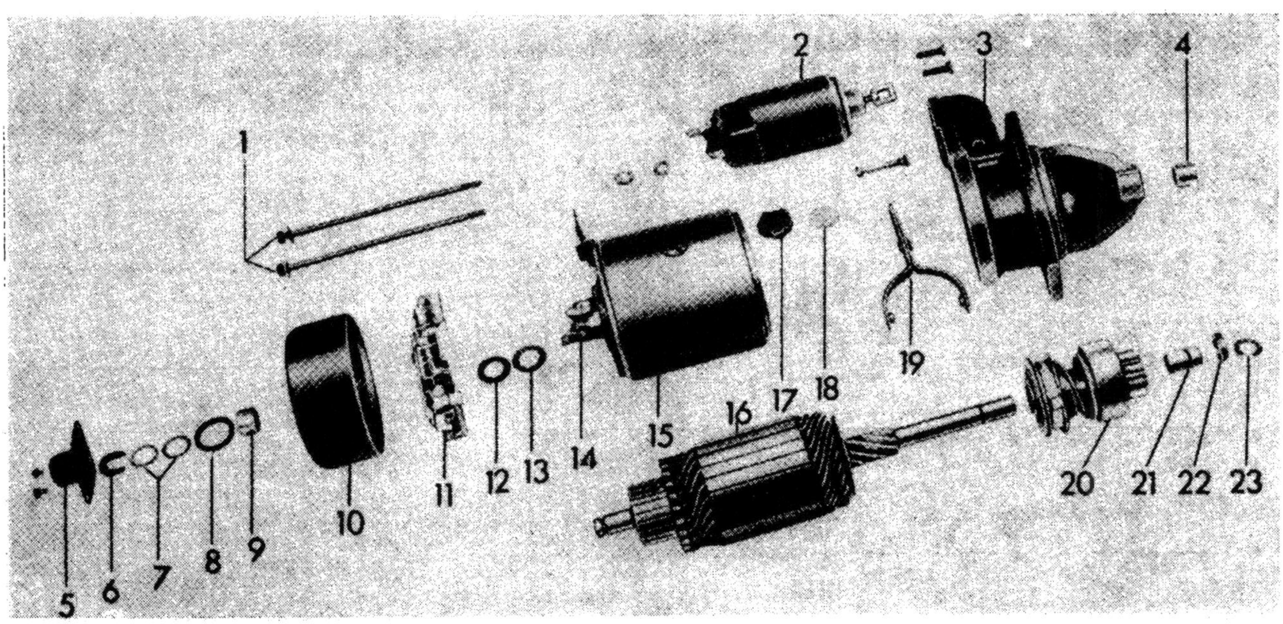

Bild 144
Anlasser zerlegt, Montagebild

1 Lagerschild-Verbindungsschrauben
2 Einrück-Magnetschalter
3 Antriebs-Lagerschild
4 Lagerbüchse-Antriebslager
5 Schutzkappe
6 U-Scheibe
7 Ausgleichscheiben
8 Gummidichtung
9 Lagerbüchse-Kollektorlager
10 Kollektor-Lagerschild
11 Bürstenplatte mit Minus-Kohlebürste
12 Fiberscheibe
13 Stahlscheibe
14 Erregerwicklung mit Plus-Kohlebürste
15 Polgehäuse
16 Anker
17 Gummischeibe
18 Stahlscheibe
19 Einrückgabel
20 Anlassergetriebe
21 Lagerbüchse-Anlassergetriebe
22 Anlaufring
23 Sicherungsring

tätigen. Brennt die Prüflampe nicht hell genug, liegt eine Unterbrechung vor und der Starterschalter ist auszuwechseln.

Aus- und Einbau des Anlassers

- Massekabel vom Minuspol der Batterie und sämtliche Kabel am Anlasserschalter abklemmen.
- Befestigungsschrauben des Anlassers herausschrauben.
- Anlasser herausnehmen.

Der Einbau erfolgt umgekehrt wie der Ausbau, vorher Anlasserzahnkranz und Anlassergetriebe auf Verschleiß prüfen. Anlageflächen säubern.

Zerlegung, Prüfung und Zusammenbau des Anlassers

- Erregerwicklung-Anschlußkabel am Magnetschalter abklemmen.
- Magnetschalter abschrauben, aushaken und herausnehmen.
- Schutzkappe abschrauben.
- U-förmige Sicherung, Ausgleichscheiben und Gummidichtung abnehmen.
- Lagerschild-Verbindungsschrauben ausschrauben.
- Kollektorlagerschild abnehmen.
- Kohlebürsten mit einem Haken aus den Bürstenhaltern nehmen.
- Bürstenhalter und nachfolgende Fiber- und Stahlscheibe aus dem Antriebslager nehmen.
- Polgehäuse vom Antriebslagerschild abziehen.
- Einrückgabel-Lagerbolzen ausbauen.
- Gummi- und Stahlscheibe aus dem Antriebslagerschild herausnehmen.
- Anker mit Ausrückgabel aus dem Antriebslager herausnehmen.
- Anlaufring zum Ritzel hin abdrücken.
- Sicherungsring auf der Ankerwelle abnehmen. Sollte Grat an der Nute sein, muß derselbe mit einer Schlichtfeile entfernt werden.
- Anlaufring und Anlassergetriebe abnehmen.

Die ausgebauten Teile in Kraftstoff reinigen und sofort mit Preßluft trocken blasen. Kombobüchsen, Anker und Erregerwicklungen nur bei sehr starker Verschmutzung kurz abwaschen und ebenfalls sofort mit Preßluft trocken blasen. Sind die Kombobüchsen ausgelaufen oder beschädigt, sind sie zu ersetzen. Vor dem Einbau in heißes Öl legen und mit einem genau passenden Dorn einpressen. Die Ankeroberfläche des Kollektors muß gleichmäßig glatt, grauschwarz und frei von Staub, Öl und Fett sein. Gegebenenfalls mit benzinfeuchtem Tuch reinigen und gut abtrocknen. Kollektor auf Rundlauf prüfen, höchstzulässiger Schlag 0,05 mm. Unrunde oder riefige Kollektoren oder solche mit Brandspuren sind feinspanig zu überdrehen. Lamellenisolation mit Kollektorsäge 0,3 mm tief einsägen. Kollektor nicht mit Schmirgelleinen polieren. Abdrehen des Kollektors bei hoher Drehbankgeschwindigkeit (Widia Seitenstahl). Der kleinst zulässige Kollektordurchmesser beträgt 32,8 mm. Nach dem Abdrehen Anker auf Windungsschluß prüfen und beim Zusammenbau neue Bürsten verwenden.

Der Zusammenbau erfolgt umgekehrt wie das Zerlegen, dabei sind folgende Punkte zu beachten:

- Steilgewinde der Ankerwelle und den Einrückring des Anlassergetriebes mit Bosch-Fett Ft 2 v 3 versehen.
- Anlassergetriebe, Anlauf- und Sicherungsring auf die Ankerwelle aufbringen.
- Sicherungsring in die Nute einsetzen und zusammendrücken.
- Anlaufring aufpressen.
- Einrückgabel in den Einrückring setzen und mit dem Anker in das Antriebslager einführen.
- Führungsbolzen einbauen.
- Stahl- und Gummischeibe mit der Nase zum Anker in das Antriebslager legen.
- Polgehäuse aufsetzen.
- Stahl- und Fiberscheibe auf die Ankerwelle aufschieben.
- Vor dem Aufsetzen des Bürstenhalters gegebenenfalls neue Kohlebürsten an Halter und Erregerwicklung anlöten.
- Bürstenhalter aufsetzen.
- Bürstenfeder mit einem Haken anheben und Kohlebürsten einbringen.
- Bürstenfederdruck mit Federwaage prüfen (1200 Gramm).
- Gummidichtung, Ausgleichscheibe und U-förmige Sicherung auf die Welle aufsetzen.

- Schutzkappe anschrauben.
- Lange Lager-Verbindungsschrauben einstekken (mit Federring) und anziehen.
- Axialspiel der Ankerwelle kontrollieren (0,01 bis 0,03 mm) und gegebenenfalls mit Ausgleichscheiben richtigstellen.
- Magnethalter in die Einrückgabel einhängen und mit den zwei Schrauben am Antriebslagerschild anschrauben.
- Erregerwicklungs-Anschlußkabel anklemmen.

Der zusammengebaute Anlasser ist auf einem handelsüblichen Prüfstand einer Leerlauf-, Belastungs- und Kurzschlußprüfung zu unterziehen (Prüfwerte siehe Maß- und Einstelltabelle, S. 137). Einbau des Anlassers wie vorhin beschrieben. Bei Störungen braucht die Ursache nicht unbedingt am Anlasser zu liegen, es kann sich auch um die Batterie, Leitungen, Masseverbindungen oder die Zündanlage handeln.

Die Lucas-Anlasser

Die drei verschiedenen Lucas-Anlasser werden im Grunde genommen in ähnlicher Weise wie die Bosch-Anlasser ausgebaut, d. h. sie haben die gleiche Arbeitsweise (mit Einrückmagnetschalter versehen). Der Hauptunterschied besteht darin, daß sich die Kollektoren des 2 M 100- und des M35J-Anlassers nicht abdrehen lassen. Das Anlasserritzel und der Freilauf können bei den Lucas-Anlassern nur als komplettes Teil erneuert werden.
Beim Typ M35G ist das Spiel des Anlasserritzels folgendermaßen einzustellen:
Eine 12-Volt-Batterie an die kleine Klemme anschließen und die andere Leitung der Batterie an einen guten Massepunkt am Anlassergehäuse anlegen. Ritzel gegen den Anker drücken, bis jegliches Spiel ausgeschaltet ist. Danach den Exzenterbolzen verdrehen, bis ein Spiel von 0,13 bis 0,30 mm zwischen der Stirnfläche des Ritzels und der Endfläche des Antriebslagerschildes vorhanden ist. Kontermutter des Exzenterbolzens in dieser Stellung anziehen und das Spiel nochmals kontrollieren.

Erneuerung eines Anlasserritzels bei Lucas-Anlassern

- Verbindungsglied zwischen Feldklemme und Einrückmagnetschalter entfernen.
- Einrückmagnetschalter vom Anlasser abschrauben und den Schalter zusammen mit der Feder entfernen.
- Stößel des Schalters aus dem Eingriff mit dem Einspurhebel bringen.
- Kollektorlagerschild abschrauben (Spannschrauben) und das Lagerschild abnehmen.
- Anker mit Anlasserritzel und Antriebslagerschild vom Anlassergehäuse abziehen.
- Kontermutter des Exzenterbolzens entfernen und den Bolzen vorsichtig herausschlagen.
- Gummidichtstopfen im Antriebslagerschild zwischen den Flanschen des Einrückmagnetschalters und Anlassergehäuses herausdrehen.
- Anker, Anlasserritzel und Einspurhebel vom Antriebslagerschild lösen.
- Einspurhebel herunterheben.
- Anker mit Blechbacken in einen Schraubstock spannen.
- Befestigungsring des Sprengringes am Ende der Ankerwelle nach unten schlagen (mit einem Stück Rohr des geeigneten Durchmessers).
- Scheibe, Sprengring, Befestigungsring und Anlasserritzel von der Ankerwelle herunterziehen.
- Die verbleibenden Teile von der Welle ziehen.
- Ritzel muß komplett erneuert werden.

Der Zusammenbau geschieht in umgekehrter Reihenfolge wie das Zerlegen. Um den Befestigungsring für den Sprengring aufzuziehen, ist ein Zweiklauenabzieher zu verwenden. Die beiden Klauen sind dabei unter dem Ring anzusetzen. Beim Zusammenbau ist das Spiel des Anlasserritzels, wie unter der letzten Überschrift beschrieben, einzustellen.

Die Batterie

Die Batterie hat die Aufgabe, bei stehendem Motor die Stromverbraucher mit Strom zu versorgen und den Strom für den Anlasser zu liefern. Sonst speichert die Batterie die von der Drehstromlichtmaschine gelieferte Energie und gibt sie nach Bedarf an die Verbraucher ab. Die Spannung der Batterie beträgt 12 Volt. Je nach dem eingebauten Motor kann eine Batterie von 38 Ah bis zu 66 Ah eingebaut sein. Die Batteriestärken aller Ausführungen sind in der Maß- und Einstelltabelle angegeben.

Batterie prüfen

Die im Motorraum rechts vorn eingebaute Batterie soll bei jeder Inspektion und sonst alle vier Wochen auf den Batteriesäurestand 5 bis 10 mm über Plattenoberkante bzw. am Kontrollsteg (nicht höher) und auf Säuredichte mittels Aräometer geprüft werden. Die Säuredichte ist ein guter Maßstab für den Ladezustand. Bei vollgeladener Batterie beträgt die Säuredichte bei 20 bis 27 Grad Celcius 1,285 g/cm³ oder 32 Grad Bé (Baumé), bei entladener Batterie sinkt die Säuredichte bis auf 1,08 bis 1,02 g/cm³ ab.

Gut geladene Batterie	1,28	Tropen 1,23
halb geladene Batterie	1,20	Tropen 1,16
entladene Batterie	1,12	Tropen 1,08

Beim Prüfen der Batterie mittels Zellenprüfer (Voltmeter mit parallelgeschaltetem Belastungswiderstand) muß das Instrument während einer Prüfung von 10 bis 15 Sekunden pro Zelle mindestens 1,6 Volt anzeigen. Voltzahlen unter 1,6 Volt begasen, daß die geprüfte Zelle entladen oder defekt ist. Die mittlere Zellenspannung beträgt 2 Volt, der Spannungsunterschied der einzelnen Zellen darf nicht mehr als 0,2 Volt betragen. Defekte Batterie in Spezialwerkstatt reparieren lassen oder austauschen.

Batterie warten

Ist der Säurespiegel durch Verdunstung abgesunken, so ist destilliertes Wasser nachzufüllen, bis es 10 mm über der Plattenoberkante steht. Ist jedoch durch ungeschickte Handhabung wirklich Säure verschüttet worden, so darf Batteriesäure nachgefüllt werden. Sie muß aber auf jeden Fall dieselbe Säuredichte haben wie der Säurerest in der betroffenen Zelle. Bei oxydierten Anschlußklemmen Kabel abnehmen, Polköpfe sauber machen, Kabel aufsetzen und Polköpfe mit Bosch-Säureschutzfett Ft 40 v 1 einfetten. Die Batteriepflege ist besonders im Winter sorgfältig durchzuführen, da beim Anlassen bei Kälte der Strombedarf besonders hoch ist. Entladene Batterien sind frostgefährdet, eine eingefrorene Batterie gibt keinen Strom ab.

Aus- und Einbau der Batterie

Batterieklemmen lösen, zuerst die Minus-, dann die Plusklemme abnehmen. Halteschraube des Befestigungswinkels herausnehmen. Batterie aus dem Sitzblech herausnehmen. Nach der Prüfung bzw. nach dem Laden, ist die Batterie mit dem Minuspol in Fahrtrichtung zeigend, in die Halterung einzubringen und mit dem Haltewinkel versehen anzuschrauben. Zuerst ist das Plus-, dann das Minuskabel anzuschließen.

Aufladen der Batterie

Bei offenen Zellenverschlüssen und vorschriftsmäßigem Batteriesäurespiegel die Batterie an das Ladegerät anschließen. Pluspol des Ladegeräts an den Pluspol der Batterie und Minuspol des Ladegeräts an den Minuspol der Batterie anschließen. Die vorgeschriebene Ladestromstärke beträgt 5 % der Nennkapazität der betreffenden Batterie, so daß diese als erstes festzustellen ist. Batterie aufladen lassen, bis die Zellenspannung auf 2,5 bis 2,7 Volt angestiegen ist und nach dreimaligem Prüfen in Abständen von einer Stunde die Spannung nicht weiter steigt. Die Säuredichte muß dann 1,290 betragen. Die Säuretemperatur soll bei dieser Messung 25° C betragen, so daß ein Thermometer zum Messen der Säuretemperatur erforderlich ist. Nach der Aufladung den Spiegel der Batteriesäure erneut berichtigen. Batterie von verschütteter Säure reinigen. Polköpfe mit Säurefett einfetten und die Zellenverschlüsse aufschrauben. Wegen des erhöhten Verbrauchs im Winter wird empfohlen, die Batterie ab und zu zusätzlich aufladen zu lassen. Gegen das Schnelladen einer einwandfreien, bereits in Betrieb gewesenen Batterie ist nichts einzuwenden, vorausgesetzt, daß die Batterie vor dem Aufladen an beiden Klemmen abgeschlossen wird, wenn sie sich noch im Fahrzeug befindet.

Mass- und Einstelltabelle

2,0 Liter OHC-Motor (99 PS)

Motortyp	«B»
Motorkennzeichnung	NEA
Lage der Nockenwelle	Im Zylinderkopf
Ventilsteuerung	Nockenstössel, Zahnriemen, von Kurbelwelle angetrieben
Bohrungsdurchmesser	90,82 mm
Hub	76,95 mm
Hubraum	1993 ccm
Verdichtungsverhältnis	9,2 : 1
Verdichtungsdruck bei Anlassdrehzahl	11 bis 13 kp/cm²
Leerlauf	680 — 720 U/min.
Max. Dauerdrehzahl	6300 U/min.
Leistung	99 PS bei 5500 U/min. (DIN)
Max. Drehmoment	15,4 mkp bei 4000 U/min.
Oktanzahlbedarf	97 ROZ

Zylinderblock

Gusszeichen am Zylinderblock	20
Zahl der Hauptlager	5
Zylinderdurchmesser:	
Nenndurchmesser — Klasse 1	90,800 — 90,810 mm
Nenndurchmesser — Klasse 2	90,810 — 90,820 mm
Nenndurchmesser — Klasse 3	90,820 — 90,830 mm
Nenndurchmesser — Klasse 4	90,830 — 90,840 mm
Übergrösse — Klasse A	91,310 — 91,320 mm
Übergrösse — Klasse B	91,320 — 91,330 mm
Übergrösse — Klasse C	91,330 — 91,340 mm
Reparaturgrösse — Normal	90,830 — 90,840 mm
Reparaturgrösse — 0,5 mm Übergrösse	91,330 — 91,340 mm
Reparaturgrösse — 1,0 mm Übergrösse	91,830 — 91,840 mm
Breite des Drucklagers	27,22 — 27,17
Durchmesser der Hauptlagerschalen:	
Nenndurchmesser — Rot	57,014 — 57,038 mm
Nenndurchmesser — Blau	57,004 — 57,028 mm
Untergrösse — 0,25 mm	56,764 — 57,788 mm
Untergrösse — 0,50 mm	56,514 — 56,538 mm
Untergrösse — 0,75 mm	56,264 — 56,288 mm
Untergrösse — 1,00 mm	56,014 — 56,038 mm
Grundbohrungsdurchmesser der Hauptlager:	
Rote Kennzeichnung	60,620 — 60,630 mm
Blaue Kennzeichnung	60,630 — 60,640 mm

Kurbelwelle

Hauptlagerzapfendurchmesser:	
Nenndurchmesser — Rot	56,980 — 56,990 mm
Nenndurchmesser — Blau	56,970 — 56,980 mm
Untergrösse 0,25 mm — rot	56730 — 56,740 mm
Untergrösse 0,25 mm — blau	56,720 — 56,730 mm
Untergrösse 0,50 mm	56,490 — 56,500 mm
Untergrösse 0,75 mm	56,240 — 56,250 mm
Untergrösse 1,00 mm	55,990 — 56,000 mm
Axialspiel der Kurbelwelle	0,08 — 0,28 mm
Stärke der Axialdruck-Anlaufscheibe:	
Nennstärke	2,3 — 2,35 mm
Untergrösse	2,5 — 2,55 mm
Lagerlaufspiel:	
Lager Nr. 1 und 5	0,014 — 0,048 mm
Lager Nr. 2,3,4	0,024 — 0,058 mm
Kurbelzapfendurchmesser:	
Nenndurchmesser — rot	52,000 — 51,990 mm
Nenndurchmesser — blau	51,990 — 51,980 mm
Untergrösse 0,25 mm — rot	51,750 — 51,740 mm
Untergrösse 0,25 mm — blau	51,740 — 51,730 mm
Untergrösse 0,50 mm	51,500 — 51,490 mm
Untergrösse 0,75 mm	51,250 — 51,240 mm
Untergrösse 1,00 mm	51,000 — 50,990 mm

Nockenwelle

Antrieb	Durch Zahnriemen
Stärke der Nockenwellenhalteplatte	3,98 oder 4,01 mm, zur Regulierung des Axialspiels
Nockenhub	6,379 mm
Nockenlänge, Ferse bis Spitze	36,32 — 36,46 mm
Lagerdurchmesser der Nockenwelle:	
Vorn	42,01 — 41,99 mm
Mitte	44,72 — 44,52 mm
Hinten	45,01 — 44,99 mm
Innendurchmesser der Lagerbüchsen:	
Vorn	42,055 — 42,035 mm
Mitte	44,675 — 44,655 mm
Hinten	45,055 — 45,035 mm
Axialspiel der Nockenwelle	0,04 — 0,12 mm
Farbkennzeichnung der Welle	Gelb

Kolben

Kolbendurchmesser:	
Nenndurchmesser — Klasse 1	90,755 — 90,765 mm
Nenndurchmesser — Klasse 2	90,765 — 90,775 mm
Nenndurchmesser — Klasse 3	90,775 — 90,785 mm
Nenndurchmesser — Klasse 4	90,785 — 90,795 mm
Ersatzkolben — Nenndurchmesser	90,780 — 90,805 mm
Ersatzkolben — Übergrösse 0,5 mm	91,280 — 91,305 mm
Ersatzkolben — Übergrösse 1,0 mm	91,780 — 91,805 mm

Kolbenlaufspiel in Zylinder	0,025 — 0,060 mm
Kolbenringstoßspiel:	
Oberer und mittlerer Ring	0,38 — 0,58 mm
Unterer Ring	0,4 — 1,4 mm
Anordnung der Kolbenringstösse:	
Oberer Ring	150° nach einer Seite vom Stoss des Expanderringes versetzt.
Mittlerer Ring	150° nach der entgegensetzten Seite des Expanderringstosses versetzt
Unterer Ring	Stoss des Expanderringes gegenüber der «Vorn» Kennzeichnung des Kolbens. Zwischenringe je 25 mm auf jeder Seite des Expanderringstosses

Kolbenbolzen

Länge	72,00 — 72,80 mm
Kolbenbolzendurchmesser:	
Rot gezeichnet	23,994 — 23,997 mm
Blau gezeichnet	23,997 — 24,000 mm
Gelb gezeichnet	24,00 — 24,003 mm
Laufspiel im Kolben	0,008 — 0,014 mm
Presspassung in Pleuelauge	0,018 — 0,039 mm

Pleuelstangen

Bohrungsdurchmesser des Pleuelfusses:	
Rot gezeichnet	55,00 — 55,010 mm
Blau gezeichnet	55,010 — 55,020 mm
Bohrungsdurchmesser des Pleuelauges:	23,964 — 23,976 mm
Innendurchmesser der Pleuellager:	
Nenndurchmesser — rot	52,014 — 52,038 mm
Nenndurchmesser — blau	52,004 — 52,028 mm
Untergrösse — 0,25 mm — rot	51,764 — 51,788 mm
Untergrösse — 0,25 mm — blau	51,754 — 51,778 mm
Untergrösse — 0,50 mm	51,509 — 51,533 mm
Untergrösse — 0,75 mm	51,259 — 51,283 mm
Untergrösse — 1,0 mm	51,009 — 51,033 mm
Pleuellagerlaufspiel:	
Mit Aluminium-Schalen	0,014 — 0,048 mm
Mit Verbundmetallschalen	0,014 — 0,052 mm

Zylinderkopf

Gusszeichen des Zylinderkopfes	20
Verbrennungskammervolumen	48,6 — 50,1 ccm
Ventilsitzwinkel im Zylinderkopf	44° 30' bis 45°
Innendurchmesser der Ventilführung	8,063 — 8,088 mm (alle Ventile)
Übergrösse — 0,2 mm	8,263 — 8,288 mm
Übergrösse — 0,4 mm	8,463 — 8,488 mm
Bohrung im Zylinderkopf für Nockenwellen-Lagerbüchsen:	
Vorn	45,072 — 45,102 mm
Mitte	47,692 — 47,722 mm
Hinten	48,072 — 48,102 mm

Ventile

Ventilspiele:	
Einlassventile	0,20 mm
Auslassventile	0,25 mm
Ventilsteuerung:	
Einlassventil öffnet	24° vot o.T.
Einlassventil schliesst	64° nach u.T.
Auslassventil öffnet	70° vor u.T.
Auslassventil schliesst	18° nach o.T.

Einlassventile

Länge	111,15 ± 0,5 mm
Ventiltellerdurchmesser	42,0 ± 0,2 mm
Ventilschaftdurchmesser:	
Nenndurchmesser	8,043 — 8,025 mm
0,2 mm Übergrösse	8,243 — 8,225 mm
0,4 mm Übergrösse	8,443 — 8,425 mm
Schaftspiel in Führungen	0,020 — 0,063 mm
Ventilhub	10,142 mm
Länge der Ventilfeder, ungespannt	44,0 ± 3 mm
Spannung der Ventilfeder:	
Ventil geöffnet	72,5 — 78,5 kg
Ventil geschlossen	28 — 32 kg
Einbaulänge der Ventilfeder	25,86 mm

Auslassventile

Länge	110,55 mm
Ventiltellerdurchmesser	30,0; 34,0 oder 36,0 mm ± 0,2 mm
Ventilschaftdurchmesser	8,017 — 7,999 mm
0,2 mm Übergrösse	8,217 — 8,199 mm
0,4 mm Übergrösse	8,414 — 8,399 mm
Laufspiel des Schaftes in Führung	0,046 — 0,089 mm
Ventilhub	10,14 mm
Länge der ungespannten Feder	44 ± 3 mm
Spannung der Ventilfeder:	
Ventil geöffnet	72,5 — 78,5 kg
Ventil geschlossen	28 — 32 kg
Länge der eingebauten Feder	25,86 mm

Motorschmierung

Ölsorte	Je nach Temperatur zwischen SAE 5 W20 bis 20 W 50.
Ford-Spezifikation	SS-M2C-9001-AA/ESE-MsC-101-B
Füllmenge der Ölwanne mit Filter bei Neufüllung	4,0 Liter
Füllmenge, Ölwechsel mit Filter	3,75 Liter
Füllmenge, ohne Filter	3,25 Liter
Min. Öldruck bei 700 U/min.	2,0 kp/cm²
Min. Öldruck bei 1500 U/min.	2,8 kp/cm²
Ölüberdruckventil öffnet	4,0 — 4,7 kp/cm²

Öldruckkontrolleuchte leuchtet auf	0,3 — 0,6 kp/cm²
Ölpumpentyp	Innenkreiselläuferpumpe
Spiel zwischen äusserem Läufer und Pumpenbohrung	0,15 — 0,30 mm
Spiel zwischen Spitzen des inneren und äusseren Läufers	0,05 — 0,20 mm
Axialspiel der Läufer	0,030 — 0,10 mm

2,0 Liter V6-Motor (90 PS)

Motorkennzeichnung	2,0 HC
Lage der Nockenwelle	In der Mitte, zwischen Zylinderbänken
Ventilsteuerung	Über Stösselstangen und Kipphebel
Zündfolge	1,4,2,5,3,6
Bohrungsdurchmesser	84,00 mm
Hub	60,14 mm
Hubraum	1998 ccm
Verdichtungsverhältnis	9,0 : 1
Leistung	90 PS bei 5000 U/min.
Max. Drehmoment	15,2 mkp bei 3000 U/min.

Zylinderblock

Anzahl der Hauptlager	4
Anordnung der Zylinder	60° V
Zylinderbohrungsdurchmesser:	
Nenndurchmesser — Klasse 1	84,010 — 84,000 mm
Nenndurchmesser — Klasse 2	84,020 — 84,010 mm
Nenndurchmesser — Klasse 3	84,030 — 84,020 mm
Nenndurchmesser — Klasse 4	84,040 — 84,030 mm
Übergrösse — Klasse A	84,510 — 84,500 mm
Übergrösse — Klasse B	84,520 — 84,510 mm
Übergrösse — Klasse C	84,530 — 84,520 mm
Hauptlager im Block:	
Rot	60,620 — 60,630 mm
Blau	60,630 — 60,640 mm
Breite des mittleren Lagers	22,660 — 22,610 mm
Durchmesser der Hauptlagerschalen:	
Nenndurchmesser — rot	57,038 — 57,014 mm
Nenndurchmesser — blau	57,028 — 57,004 mm
0,25 mm Untergrösse	56,760 — 56,794 mm
0,50 mm Untergrösse	56,406 — 56,540 mm
0,75 mm Untergrösse	56,252 — 56,286 mm
1,00 mm Untergrösse	55,998 — 56,032 mm
Bohrungsdurchmesser für Nockenwellenlager:	
Vorn	45,060 — 45,030 mm
Mitte	44,680 — 44,650 mm
Mitte	44,300 — 44,270 mm
Hinten	43,920 — 43,890 mm

Kurbelwelle

Hauptlagerzapfendurchmesser:	
Nenndurchmesser — rot	57,000 — 56,990 mm
Nenndurchmesser — blau	56,990 — 56,980 mm
0,25 mm Untergrösse	56,746 — 56,736 mm
0,50 mm Untergrösse	56,492 — 56,482 mm
0,75 mm Untergrösse	56,238 — 56,228 mm
1,00 mm Untergrösse	55,984 — 55,974 mm
Lagerlaufspiel:	
Nenngrösselager	0,012 — 0,048 mm
Untergrösse-Lager	0,014 — 0,058 mm
Drucklagerbreite:	
Lagerzapfen	26,44 — 26,39 mm
Lagerschalenbreite	26,29 — 26,24 mm
Kurbelwellenaxialspiel	0,12 — 0,35 mm
Kurbelzapfendurchmesser:	
Nenndurchmesser — rot	54,000 — 53,990 mm
Nenndurchmesser — blau	53,990 — 53,980 mm
0,25 mm Untergrösse	53,746 — 53,736 mm
0,50 mm Untergrösse	53,492 — 53,482 mm
0,75 mm Untergrösse	53,238 — 53,228 mm
1,00 mm Untergrösse	52,984 — 52,974 mm

Pleuelstangen

Länge zwischen Mittelpunkten	130,59 — 130,52 mm
Pleuelfussbohrungen:	
Rot	56,830 — 56,820 mm
Blau	56,840 — 56,830 mm
Pleuelaugendurchmesser	23,974 — 23,963 mm
Gewicht	497 — 509 g
Lagerschalendurchmesser:	
Nenndurchmesser — rot	54,014 — 54,044 mm
Nenndurchmesser — blau	54,004 — 54,034 mm
0,05 mm Untergrösse	54,943 — 53,983 mm
0,25 mm Untergrösse	53,760 — 53,800 mm
0,50 mm Untergrösse	53,506 — 53,546 mm
0,75 mm Untergrösse	53,252 — 53,292 mm
1,00 mm Untergrösse	52,998 — 53,038 mm
Laufspiel der Pleuellager:	
Nenngrösse	0,014 — 0,054 mm
Untergrösse	0,024 — 0,064 mm

Kolben

Kolbennutbreite:	
Oben	2,055 — 2,030 mm
Mitte	3,056 — 3,030 mm
Unten	5,042 — 5,017 mm
Kolbenbolzenbohrung:	
Rot	24,002 — 24,005 mm
Blau	24,005 — 24,008 mm
Gelb	24,008 — 24,011 mm

Kolbendurchmesser:	
Nenndurchmesser	83,978 — 84,002 mm
0,5 mm Übergrösse	84,478 — 84,502 mm
1,0 mm Übergrösse	84,978 — 85,002 mm
Kolbenlaufspiel	0,028 — 0,048 mm
Laufspiel des Bolzens im Kolben	0,005 — 0,011 mm
Presspassung im Pleuelauge	0,018 — 0,042 mm

Zylinderköpfe

Anzahl der Zylinderköpfe	2
Gusszeichen am Kopf	C
Ventilsitzwinkel im Kopf	44° 30' bis 45°
Ventilführungsbohrungsdurchmesser	8,063 — 8,088 mm
Übergrösse — 0,2 mm	8,263 — 8,288 mm
Übergrösse — 0,4 mm	8,463 — 8,488 mm

Ventile

Ventilspiele:	
Einlassventile	0,35 mm
Auslassventile	0,40 mm
Ventilstösseldurchmesser	22,190 — 22,202 mm
Laufspiel der Stössel	0,023 — 0,060 mm

Nockenwelle

Lagerzapfendurchmesser:	
Vorn	41,923 — 41,897 mm
Mitte 1	41,542 — 41,516 mm
Mitte 2	41,161 — 41,135 mm
Hinten	40,710 — 40,754 mm
Innendurchmesser der Lagerbüchsen:	
Vorn	41,974 — 41,948 mm
Mitte 1	41,593 — 41,567 mm
Mitte 2	41,212 — 41,186 mm
Hinten	40,831 — 40,805 mm
Lagerlaufspiel	0,025 — 0,077 mm
Axialspiel	0,207 — 0,106 mm

Sechszylindermotor — 2,3 / 2,6 Liter

	2,3 Liter	*2,6 Liter*
Motortyp	«C»	«C»
Motorkennzeichnung	2,3 HC	2,6 HC
Gussmarkierung des Motors	YYC	LLYC
Lage der Nockenwelle	In der Mitte zwischen Zylinderbänken	
Ventilsteuerung	Über Stösselstange und Kipphebel	
Zündfolge	1-4-2-5-3-6	1-4-2-5-3-6

Bohrungsdurchmesser	90,0 mm	90,0 mm
Hub	60,14 mm	66,80 mm
Hubraum	2293 ccm	2551 ccm
Verdichtungsverhältnis	9 : 1	8,75 : 1 9 : 1 (bis 1974)
Leistung	108 PS bei 5000 U/min.	125 PS bei 5000 U/min.
Max. Drehmoment	18,0 mkp bei 3000 U/min.	20,5 mkp bei 3000 U/min.

Zylinderblock

Gusszeichen am Block	A	A
Anzahl der Hauptlager	4	4
Zylinderdurchmesser:		
Nenndurchmesser — Klasse 1	90,000 — 90,010 mm	
Nenndurchmesser — Klasse 2	90,010 — 90,020 mm	
Nenndurchmesser — Klasse 3	90,020 — 90,030 mm	
Nenndurchmesser — Klasse 4	90,030 — 90,040 mm	
Übergrösse — Klasse A	90,515 — 90,520 mm	
Übergrösse — Klasse B	90,520 — 90,530 mm	
Übergrösse — Klasse C	90,530 — 90,540 mm	
Nenngrösse — Ersatzblock	90,030 — 90,040 mm	
Übergrösse — 0,5 mm	90,530 — 90,540 mm	
Übergrösse — 1,0 mm	91,030 — 91,040 mm	
Breite des mittleren Lagers	22,61 — 22,66 mm	
Durchmesser der Hauptlagerschalen:		
Nenndurchmesser — rot	56,990 — 57,000 mm	
Nenndurchmesser — blau	56,980 — 56,990 mm	
Untergrösse — 0,25 mm — rot	56,736 — 56,746 mm	
Untergrösse — 0,25 mm — blau	56,726 — 56,736 mm	
Untergrösse — 0,50 mm	56,482 — 56,492 mm	
Untergrösse — 0,75 mm	56,228 — 56,238 mm	
Untergrösse — 1,00 mm	55,974 — 55,984 mm	
Grundbohrung der Hauptlager:		
Rot	60,620 — 60,630 mm	
Blau	60,630 — 60,640 mm	

Kurbelwelle

Axialspiel der Welle	0,10 — 0,20 mm
Flankenspiel der Zahnräder	0,05 — 0,14 mm
Hauptlagerzapfendurchmesser:	
Nenndurchmesser — rot	56,990 — 57,000 mm
Nenndurchmesser — blau	56,980 — 56,990 mm
Untergrösse 0,25 mm — rot	56,736 — 56,746 mm
Untergrösse 0,25 mm — blau	56,726 — 56,736 mm
Untergrösse 0,50 mm	56,482 — 56,492 mm
Untergrösse 0,75 mm	56,228 — 56,238 mm
Untergrösse 1,00 mm	55,974 — 55,984 mm
Lagerlaufspiel	0,014 — 0,058 mm

Kurbelzapfendurchmesser:	
Nenndurchmesser — rot	53,990 — 54,000 mm
Nenndurchmesser — blau	53,980 — 53,990 mm
Untergrösse — 0,25 mm — rot	53,736 — 53,746 mm
Untergrösse — 0,25 mm — blau	53,726 — 53,736 mm
Untergrösse — 0,50 mm	53,482 — 53,492 mm
Untergrösse — 0,75 mm	53,228 — 53,238 mm
Untergrösse — 1,00 mm	52,974 — 52,984 mm

Nockenwelle

Antrieb	Über Steuerräder
Stärke der Nockenwellenhalteplatte:	
Rote Kennfarbe	3,960 — 3,985 mm
Blaue Kennfarbe	3,986 — 4,011 mm
Flankenspiel der Zahnräder	0,05 — 0,14 mm
Stärke des Abstandsringes:	
Rote Kennfarbe	4,075 — 4,100 mm
Blaue Kennfarbe	4,101 — 4,125 mm
Nockenhub	6,465 — 6,516 mm
Nockenlänge, Ferse zu Spitze	33,998 — 34,201 mm
Nockenwellenlagerdurchmesser:	
Vorn	41,903 — 41,923 mm
Mitte 1	41,522 — 41,542 mm
Mitte 2	41,141 — 41,161 mm
Hinten	40,760 — 40,780 mm
Innendurchmesser der Lagerbüchsen:	
Vorn	41,948 — 41,968 mm
Mitte 1	41,567 — 41,587 mm
Mitte 2	41,186 — 41,206 mm
Hinten	40,805 — 40,825 mm
Axialspiel	0,01 — 0,20 mm

Kolben

Kolbendurchmesser:	
Nenndurchmesser — Klasse 1	89,952 — 89,962 mm
Nenndurchmesser — Klasse 2	89,962 — 89,972 mm
Nenndurchmesser — Klasse 3	89,972 — 89,982 mm
Nenndurchmesser — Klasse 4	89,982 — 89,992 mm
Ersatzkolben — Nenndurchmesser	89,978 — 90,002 mm
Ersatzkolben — Übergrösse — 0,5 mm	90,478 — 90,502 mm
Ersatzkolben — Übergrösse — 1,0 mm	90,978 — 91,002 mm
Kolbenlaufspiel	0,028 — 0,062 mm
Kolbenringstoßspiele:	
Oberer und mittlerer Ring	0,38 — 0,58 mm
Unterer Ring	0,38 — 1,40 mm
Anordnung der Kolbenringstösse	Wie bei 2,0 OHC-Motor

Kolbenbolzen

Durchmesser:	
Rote Kennfarbe	23,994 — 23,997 mm
Blaue Kennfarbe	23,997 — 24,000 mm
Spiel im Kolben	0,005 — 0,011 mm
Spiel im Pleuelauge	0,018 — 0,042 mm

Pleuelstangen

Bohrungsdurchmesser des Pleuelfusses:	
Rot	56,830 — 56,820 mm
Blau	56,840 — 56,830 mm
Bohrungsdurchmesser des Pleuelauges	23,976 — 23,958 mm
Innendurchmesser der Lagerschalen:	
Nenndurchmesser — rot	54,014 — 54,044 mm
Nenndurchmesser — blau	54,004 — 54,034 mm
Untergrösse — 0,25 mm	53,760 — 53,800 mm
Untergrösse — 0,50 mm	53,506 — 53,800 mm
Untergrösse — 0,75 mm	53,252 — 53,292 mm
Untergrösse — 1,00 mm	53,252 — 53,292 mm
Lagerlaufspiel	0,014 — 0,054 mm

Zylinderkopf	*2,3 Liter*	*2,6 Liter*
Anzahl der Zylinderköpfe	2	2
Gusszeichen am Kopf	AN	DN
Ventilsitzwinkel im Kopf	44° 30' bis 45°	
Ventilführungsbohrung	8,063 — 8,088 mm	
Übergrösse — 0,2 mm	8,263 — 8,288 mm	
Übergrösse — 0,4 mm	8,463 — 8,488 mm	

Ventil

Ventilspiele:	
Einlassventile	0,35 mm
Auslassventile	0,40 mm
Ventilsteuerung:	
Einlassventil öffnet	20° vor o.T.
Einlassventil schliesst	56° nach u.T.
Auslassventil öffnet	62° vor u.T.
Auslassventil schliesst	14° nach o.T.
Ventilstösseldurchmesser	22,190 — 22,202 mm
Laufspiel der Stössel	0,023 — 0,060 mm

Einlassventile

Länge	105,0 — 106,20 mm
Ventiltellerdurchmesser	37,13 — 37,52 mm
Ventilschaftdurchmesser:	
Nenndurchmesser	8,025 — 8,043 mm
Übergrösse — 0,2 mm	8,225 — 8,243 mm
Übergrösse — 0,4 mm	8,425 — 8,443 mm
Übergrösse — 0,6 mm	8,625 — 8,643 mm
Übergrösse — 0,8 mm	8,825 — 8,843 mm

Laufspiel der Ventilschäfte	0,020 — 0,063 mm
Länge der Ventilfeder, ungespannt	48,5 mm
Spannung der Ventilfeder:	
Ventil geöffnet	62,5 — 67,5 kg
Ventil geschlossen	27,2 — 30,8 kg
Länge der Ventilfeder unter Spannung:	
Ventil geöffnet	31,04 mm
Ventil geschlossen	40,26 mm
Ventilhub	9,08 — 9,16 mm

Auslassventile

Länge	105,2 — 106,2 mm
Ventiltellerdurchmesser	32,03 — 32,41 mm
Ventilschaftdurchmesser	7,999 — 8,017 mm
Übergrösse — 0,2 mm	8,199 — 8,217 mm
Übergrösse — 0,4 mm	8,399 — 8,417 mm
Übergrösse — 0,6 mm	8,589 — 8,617 mm
Übergrösse — 0,8 mm	8,799 — 8,817 mm
Laufspiel des Ventilschaftes	0,046 — 0,089 mm
Ventilhub	9,18 — 9,26 mm
Länge der ungespannten Ventilfeder:	
Ventil geöffnet	62,5 — 67,5 kg
Ventil geschlossen	27,2 — 30,8 kg
Länge der Ventilfeder unter Spannung:	
Ventil geöffnet	31,04 mm
Ventil geschlossen	40,26 mm

Motorschmierung

Ölsorte	Wie 2,0 OHC-Motor
Viskosität	Wie 2,0 OHC-Motor
Ford-Spezifikation	Wie 2,0 OHC-Motor
Füllmenge bei Neufüllung	4,7 Liter
Füllmenge mit Filterwechsel	4,25 Liter
Füllmenge ohne Filterwechsel	4,00 Liter
Min. Öldruck bei 700 U/min.	1,0 kp/cm²
Min. Öldruck bei 2000 U/min.	2,8 kp/cm²
Öldruckkontrolleuchte leuchtet auf	0,3 — 0,6 kp/cm²
Überdruckventil öffnet bei	5,0 — 5,8 kp/cm²
Bauart der Ölpumpe	Innenkreiselläuferpumpe
Spiel zwischen Aussenläufer und Pumpenbohrung	0,15 — 0,30 mm
Spiel zwischen Spitzen des Innen- und Aussenläufers	0,05 — 0,20 mm
Axialspiel der Läufer	0,03 — 0,10 mm

3,0 Liter-Sechszylindermotor

Motortyp	«F»
Motorkennzeichnung	3,0 HC
Gussmarkierung des Motors	HYF
Lage der Nockenwelle	In der Mitte zwischen den Zylindern
Ventilsteuerung	Durch Stösselstangen und Kipphebel
Zündfolge	1,4,2,5,3,6
Bohrungsdurchmesser	93,67 mm
Hub	72,42 mm
Hubraum	2993 ccm
Verdichtungsverhältnis	8,9 : 1
Verdichtungsdruck	11,25 kp/cm²
Leerlauf	775 — 825 U/min.
Leistung	140 PS bei 5000 U/min.
Max. Drehmoment	24,0 mkp bei 3000 U/min.

Zylinderblock

Gussmarkierung am Block	722F-6015-BA
Anzahl der Kurbelwellenlager	4
Zylinderbohrungsdurchmesser:	
Nenndurchmesser — Klasse A	93,647 — 93,658 mm
Nenndurchmesser — Klasse B	93,658 — 93,668 mm
Nenndurchmesser — Klasse C	93,668 — 93,678 mm
Nenndurchmesser — Klasse D	93,678 — 93,688 mm
Übergrösse — 0,381 mm	94,036 — 94,091 mm
Übergrösse — 0,762 mm	94,315 — 94,447 mm
Übergrösse — 1,143 mm	94,787 — 94,828 mm
Übergrösse — 1,594 mm	95,178 — 95,209 mm
Breite des mittleren Lagers	22,047 — 22,098 mm
Innendurchmesser der Hauptlagerschalen:	
Nenndurchmesser	63,5408 — 63,5789 mm
Untergrösse — 0,254 mm	63,2868 — 63,3249 mm
Untergrösse — 0,508 mm	63,0328 — 63,0709 mm
Untergrösse — 0,762 mm	62,7788 — 62,8169 mm
Grundbohrung der Hauptlager	67,701 — 67,721 mm

Kurbelwelle

Axialspiel	0,08 — 0,28 mm
Flankenspiel der Zahnräder	0,05 — 0,10 mm
Durchmesser der Hauptlagerzapfen:	
Nenndurchmesser	63,5152 — 63,5366 mm
Untergrösse — 0,25 mm	63,2612 — 63,2820 mm
Untergrösse — 0,51 mm	63,0072 — 63,0280 mm
Untergrösse — 0,76 mm	62,7140 — 62,7532 mm
Untergrösse — 1,020 mm	62,4992 — 62,5200 mm
Stärke der Anlaufscheiben (Axialspiel):	
Nennstärke	2,311 — 2,362 mm
Übergrösse — 0,0635 mm	2,375 — 2,426 mm
Übergrösse — 0,127 mm	2,438 — 2,489 mm

Übergrösse — 0,1295 mm	2,502 — 2,553 mm
Übergrösse — 0,1320 mm	2,565 — 2,616 mm
Lagerlaufspiel	0,006 — 0,064 mm
Kurbelzapfendurchmesser:	
Nenndurchmesser	60,366 — 60,376 mm
Untergrösse — 0,254 mm	60,099 — 60,119 mm
Untergrösse — 0,51 mm	58,845 — 59,865 mm
Untergrösse — 0,76 mm	59,591 — 59,611 mm
Untergrösse — 1,02 mm	59,337 — 59,357 mm

Nockenwelle

Antrieb	Über Zahnräder
Stärke der Nockenwellenhalteplatte	5,334 — 5,384 mm
Flankenspiel	0,22 — 0,32 mm
Stärke des Abstandringes	5,537 — 5,588 mm
Nockenhub:	
Einlassventile	7,205 mm
Auslassventile	6,836 mm
Nockenlänge, Ferse bis Spitze:	
Einlassventile	34,310 — 34,538 mm
Auslassventile	34,462 — 34,691 mm
Lagerzapfendurchmesser:	
Vorn	47,592 — 47,612 mm
Mitte 1	46,008 — 46,068 mm
Mitte 2	44,544 — 44,564 mm
Hinten	44,163 — 44,183 mm
Inndurchmesser der Lagerbüchsen:	
Vorn	47,633 — 47,658 mm
Mitte 1	46,109 — 46,134 mm
Mitte 2	44,585 — 44,610 mm
Hinten	44,204 — 44,229 mm
Axialspiel der Nockenwelle	0,153 — 0,254 mm

Kolben

Kolbendurchmesser:	
Nenndurchmesser — Klasse A	93,600 — 93,610 mm
Nenndurchmesser — Klasse B	93,610 — 93,620 mm
Nenndurchmesser — Klasse C	93,620 — 93,630 mm
Nenndurchmesser — Klasse D	93,630 — 93,640 mm
Übergrösse — 0,0635 mm	93,690 — 93,713 mm
Übergrösse — 0,3810 mm	94,008 — 94,031 mm
Übergrösse — 0,7620 mm	94,389 — 94,412 mm
Übergrösse — 1,1430 mm	94,770 — 94,793 mm
Übergrösse — 1,5240 mm	95,151 — 95,174 mm
Kolbenlaufspiel	0,036 — 0,051 mm
Kolbenringstoßspiele:	
Oberer und mittlerer Ring	0,254 — 0,503 mm
Unterer Ring	0,254 — 0,381 mm

Anordnung der Kolbenringstösse:	
Oberer Ring	Wie bei 1,6 Liter-Motor
Mittlerer Ring	Wie bei 1,6 Liter-Motor
Unterer Ring:	
Zwischenring, oben	Gegenüber der gezeichneten Seite des Kolbens
Stützfederring	25 mm versetzt
Zwischenring, unten	Gegenüber des oberen Zwischenringes
Kolbenbolzen:	
Bolzendurchmesser:	
Rot	23,799 — 23,802 mm
Gelb	23,802 — 23,805 mm
Blau	23,805 — 23,807 mm
Laufspiel in Kolben	0,0076 — 0,0127 mm
Presspassung in Pleuelauge	0,0203 — 0,0381 mm

Pleuelstangen

Bohrungsdurchmesser des Pleuelfusses	64,033 — 64,054 mm
Bohrungsdurchmesser des Pleuelauges	23,769 — 23,780 mm
Innendurchmesser der Lagerschalen:	
Nenndurchmesser	60,3818 — 60,4200 mm
Untergrösse — 0,254 mm	60,1278 — 60,1660 mm
Untergrösse — 0,508 mm	59,8738 — 59,9120 mm
Untergrösse — 0,762 mm	59,6198 — 59,6580 mm
Untergrösse — 1,020 mm	59,3658 — 59,4040 mm
Lagerlaufspiel	0,006 — 0,064 mm

Zylinderkopf

Gusszeichen am Zylinderkopf	722M-6090-DA
Ventilsitzwinkel im Zylinderkopf	44° 30' bis 45°
Ventilführungsbohrung:	
Nenndurchmesser	7,912 — 7,938 mm
Übergrösse — 0,076 mm	7,988 — 8,014 mm
Übergrösse — 0,381 mm	8,293 — 8,319 mm
Übergrösse — 0,762 mm	8,674 — 8,700 mm

Ventile

Ventilspiele:	
Einlassventile	0,32 mm
Auslassventile	0,55 mm
Ventilsteuerung:	
Einlassventil öffnet	29° vor o.T.
Einlassventil schliesst	67° nach u.T.
Auslassventil öffnet	70° vor u.T.
Auslassventil schliesst	14° nach o.T.
Ventilstösseldurchmesser	22,212 — 22,199 mm
Laufspiel in Zylinderblock	0,013 — 0,05 mm
Einlaßventile:	
Länge	114,123 — 114,935 mm
Ventiltellerdurchmesser	40,945 — 41,200 mm

Ventilschaftdurchmesser:	
Nenndurchmesser	7,869 — 7,887 mm
Übergrösse — 0,076 mm	7,945 — 7,963 mm
Übergrösse — 0,381 mm	8,250 — 8,268 mm
Laufspiel in Führung	0,02 — 0,063 mm
Ventilhub	9,347 mm
Länge der ungespannten Feder	47,955 mm
Spannung der Ventilfedern:	
Ventil geöffnet	68 ± 3,4 kg
Ventil geschlossen	31,75 ± 1,6 kg
Länge der Feder unter Spannung	27,889 mm

1,7 Liter V4-Motor

Motortyp	«D»
Motorkennzeichnung	LC: MXC, HC: MYC
Lage der Nockenwelle	In der Mitte, zwischen Zylinderbänken
Ventilsteuerung	Über Stösselstangen und Kipphebel
Zündfolge	1-3-4-2
Bohrungsdurchmesser	90,0 mm
Hub	66,80 mm
Hubraum	1699 ccm
Verdichtungsverhältnis:	
Hohe Verdichtung	9,0 : 1 (8,75 : 1 Baujahr 1975)
Niedrige Verdichtung	8,0 : 1
Verdichtungsdruck:	
Hohe Verdichtung	10 — 12 kp/cm²
Niedrige Verdichtung	9 — 11 kp/cm²
Leerlauf	775 — 825 U/min.
Leistung:	
Vor 1975 — Hohe Verdichtung	75 PS bei 5000 U/min.
Baujahr 1975	75 PS bei 5000 U/min.
Vor 1975 — Niedrige Verdichtung	65 PS bei 4800 U/min.
Baujahr 1975	70 PS bei 4800 U/min.
Drehmoment:	
75 PS-Motor	13 mkp bei 2500 U/min.
70 PS-Motor	12,2 mkp bei 2400 U/min.
65 PS	12,7 mkp bei 2400 U/min.

Zylinderblock

Gusszeichen am Zylinderblock	A
Anzahl der Hauptlager	3
Zylinderduchmesser	Wie 2,3 / 2,6 Liter-Motoren
Breite des mittleren Lagers	Wie 2,3 / 2,6 Liter-Motoren
Durchmesser der Hauptlagerschalen	Wie 2,3 / 2,6 Liter-Motoren
Grundbohrung der Hauptlager	Wie 2,3 / 2,6 Liter-Motoren

Bohrung für Nockenwellenlager:	
Vorn	44,65 — 44,68 mm
Mitte	44,27 — 44,30 mm
Hinten	43,89 — 43,92 mm
Bohrung für Ausgleichswellenlager:	
Vorn	54,420 — 54,445 mm
Hinten	57,620 — 57,645 mm

Kurbelwelle — Alle Daten siehe 2,3 / 2,6 Liter-Motoren

Nockenwelle

Anzahl der Lager	3
Lagerzapfendurchmesser:	
Vorn	41,542 — 41,522 mm
Mitte	41,161 — 41,141 mm
Hinten	40,780 — 40,760 mm
Innenduchmesser der Büchsen:	
Vorn	41,567 — 41,587 mm
Mitte	41,186 — 41,206 mm
Hinten	40,805 — 40,825 mm
Nockenlänge, Ferse bis Spitze	34,201 — 33,998 mm
Alle anderen Angaben	Wie bei den 2,3 / 2,6 Liter-Motoren

Ausgleichswelle

Axialspiel	0,05 — 0,15 mm
Innendurchmesser der Lager:	
Vorn	50,85 — 50,88 mm
Hinten	54,03 — 54,05 mm
Lagerzapfendurchmesser:	
Vorn	50,83 — 50,80 mm
Hinten	54,00 — 53,98 mm

Kolben und Pleuelstange — Siehe 2,3 / 2,6 Liter-Motoren

Zylinderkopf

Anzahl der Zylinderköpfe	2
Gusszeichen am Kopf	A
Ventilsteuerung:	
Einlassventil öffnet	20° vor o.T.
Einlassventil schliesst	50° nach u.T.
Auslassventil öffnet	62° vor u.T.
Auslassventil schliesst	14° nach o.T.
Alle anderen Angaben	Wie bei den 2,3 / 2,6 Liter-Motoren

Motorschmierung

Ölfüllmenge bei Neufüllung	4,00 Liter
Ölwechsel mit Filter	3,75 Liter
Ölwechsel ohne Filter	3,25 Liter
Alle anderen Angaben	Wie bei den 2,3 / 2,6 Liter-Motoren

Zündanlage

Zündfolge:	
OHC	1-3-4-2
V4	1-3-4-2
V6	1-4-2-5-3-6

Zündverteiler

Hersteller	Motorcraft (Ford oder Bosch)
Automatische Zündverstellung	Fliehkraft- und Unterdruckverstellung
Antrieb:	
Alle ausser OHC	Schraubenrad von der Nockenwelle
OHC-Motor	Schraubenrad von der Zwischenwelle
Drehrichtung	Rechtsdrehend, von oben gesehen
Unterbrecherabstand:	
Motorcraft	0,64 mm
Bosch 1,7 V4 & 2,0 OHC	0,4 — 0,5 mm
Bosch 2,3 & 2,6	0,3 — 0,4 mm
Schliesswinkel:	
Motorcraft — V6	38 bis 40°
Bosch — 1,7 V4 & 2,0 OHC	48 — 52°
Bosch — 2,3 & 2,6	38° ± 2°
Kondensatorkapazität:	
Motorcraft	0,21 — 0,25 mfd
Bosch	0,18 — 0,26 mfd
Axialspiel der Verteilerwelle:	
Motorcraft — V6	0,013 — 0,019 mm
Bosch	0,61 — 1,04 mm
Farbkennzeichnung der Verteiler:	
Motorcraft — V6	Rot
Bosch — 1,7 V4 — Niedrige Verdichtung	Grün und schwarz
Bosch — 1,7 V4 — Hohe Verdichtung	Rot und grün
Bosch — 2,0 OHC	Blau
Bosch — 2,3 V6	Braun
Bosch 2,6 V6	Blau
Statischer Zündzeitpunkt:	
3,0 Liter	10° vor o.T.
Alle anderen	6° vor o.T.
Unterbrecherfederspannung:	
Motorcraft	430 — 510 g
Bosch	500 — 630 g (4 Zyl.), 400 — 530 (6 Zyl.)

Zündkerzen

1,7 V4	Motorcraft AGR (14 mm)
2,0 OHC	Motorcraft BF 32 D (18 mm)
2,0 V6	Motorcraft AGR 22 (14 mm)
V6-Motoren	Motorcraft AGR 22 (14 mm)
Elektrodenabstand	0,64 mm

Kraftstoffanlage

Kraftstoffpumpe

Bauart und Antrieb:	
OHC-Motoren	Mechanische Pumpe, Exzenter an Zwischenwelle
V4 & V6-Motoren	Mechanische Pumpe, Exzenter an Nockenwelle
Förderdruck:	
2,0 OHC	0,27 — 0,35 kp/cm^2
2,0, 2,3, 2,6 V6	0,28 kp/cm^2
3,0 V6	0,25 — 0,35 kp/cm^2
1,7 V4	0,24 — 0,30 kp/cm^2
Lage des Kraftstofffilters	Kraftstofftank, Kraftstoffpumpe, Vergaser (ausser Solex) und Leitung zwischen Pumpe und Vergaser
Luftfiltereinsatz	Papiereinsatz
Luftfilterbauart:	
2,0 OHC	Kunststoff mit Ansaugrohr für Sommer- und Wintereinstellung
1,7 V4 und 3,0 V6	Stahl mit Klappe für Sommer- und Winterstellung
1,7 Liter HC und alle anderen:	Stahl, mit Ansaugrohr für Sommer- und Wintereinstellung

Vergaser

Ford 72TF 9510 KAA	1,7 V4, niedrige Verdichtung
Hauptdüse	1,40 mm
Leerlauf	775 — 825 U/min.
Schnelleerlauf	2200 — 2400 U/min.
Schwimmerstand	27,5 mm
Schwimmerweg	7,5 mm

Solex 72TF 9510 NA (32 TDID)	1,7 V4, hohe Verdichtung	
	1. Stufe	*2. Stufe*
Hauptdüse	122,5 (117,5)	140 (140)
Lufttrichter	23 (21)	24 (25)
Luftkorrekturdüse	160 (270)	145 (140)
Leerlaufdüsen	42,5	40
Leerlaufdrehzahl	650 — 700 U/min.	
Vollastanreicherung	92,5 (100)	
Schwimmer	7,3 g	
	(Automatisches Getriebe in Klammern)	

Solex 32/32	2,0 Liter V6-Motor
Hauptdüse	122,5
Lufttrichter	23
Luftkorrekturdüse	165 (170 bei Automatik)
Leerlaufdüse	40
Vollastanreicherung	85
Schwimmer	7,3 g
Leerlaufdrehzahl	700 — 750 U/min.

Solex 72 TF 9510 UA (Solex 35/35)	2,3 Liter V6-Motor-Wechselgetriebe
Hauptdüse	132,5
Leerlaufdüse	0,52
Luftkorrekturdüse	190
Mischrohr	ZK13 579
Leerlaufdrehzahl	775 bis 825 U/min.
Schnelleerlauf	2800 — 3000 U/min.
Schwimmerstand	12,5 mm

Solex 72 TF 9510 VA (Solex 35/35)	2,3 Liter V6-Motor (Automatik)
Wie für Wechselgetriebe, ausser:	
Leerlaufdrehzahl	860 — 900 U/min.
Schwimmerstand	13,0 mm

Solex 72 TF 9510 AEA (Solex 35/35)	2,6 Liter V6-Motor (Wechselgetriebe) 16
Hauptdüse	142,5
Leerlaufdüse	52,5
Luftkorrekturdüse	180
Lufttrichter	35 mm
Mischrohr	ZK13 579
Leerlaufdrehzahl	775 — 825 U/min.
Schnelleerlauf	2800 — 3000 U/min.
Schwimmerstand	12,5 mm

Solex 72 TF 9510 AFA (Solex 35/35)	2,6 Liter V6-Motor (Automatik)
Wie für Wechselgetriebe, ausser:	
Leerlaufdrehzahl	860 — 900 U/min.
Schwimmerstand	10,5 mm

Weber 72 HF 9510 AA (32/36 DGAV)	2,0 Liter OHC (Wechselgetriebe)	
	1. Stufe	2. Stufe
Hauptdüse	140	135
Luftkorrekturdüse	170	125
Beschleunigungsdüse	50	
Mischrohr	F50	
Leerlaufdrehzahl	680 — 720 U/min.	
Schnelleerlauf	3000 U/min.	
Schwimmerstand	47,0 — 50,0 mm	

Weber 72 HF 9510 BA (32/36 DGAV)	2,0 Liter OHC (Automatik)
Wie für Wechselgetriebe, ausser:	
Leerlaufdüse	41

Weber 722F 9510 CA (38/38 EGAS)	3,0 Liter V6-Motor
Vergaserbohrung	38 mm
Lufttrichter	27 mm
Hauptdüse	145 (145)
Luftkorrekturdüse	185 (185)
Leerlaufdüse	45 (45)
Mischrohr	F50
Leerlaufdrehzahl	780 — 820 mm
Schnelleerlauf	3000 U/min.
Schwimmerstand	40 mm (Angaben für Automatik in Klammern)

Kühlanlage

Fassungsvermögen:	
1,7 Liter V4	5,97 Liter
2,0 Liter OHC	7,1 Liter
2,3 Liter V6	8,7 Liter
2,6 Liter V6	8,7 Liter
3,0 Liter V6	9,8 Liter
2,0 Liter V6	8,7 Liter
Öffnungsdruck des Kühlerdeckels	0,91 kp/cm²
Thermostat:	
Typ	Wachs
Einbaulage:	
1,7 V4 und 3,0 V6	Wasserauslass an Vorderseite des Ansaugkrümmers
2,0 OHC	Oberes Wasserauslassrohr
2,3 & 2,6 V	Unteres Wassereinlassrohr
Öffnungstemperatur	85 bis 89° C
Vollkommen geöffnet	99 bis 102° C

Kupplung

Bauart	Einscheibentrockenkupplung mit Tellerfeder
Hersteller:	
1,7 V4, 2,0 OHC	L.U.K.
Alle V6	Fichtel & Sachs
Durchmesser:	
L.U.K.	8,5 Zoll
Fichtel & Sachs	9,5 Zoll
Kupplungsbeläge:	
L.U.K.	Ferodo RYZ
Fichtel & Sachs	Ferodo 2124 F
Aussendurchmesser der Beläge:	
L.U.K.	190,0 mm
Fichtel & Sachs	216,0 mm
Innendurchmesser der Beläge:	
L.U.K.	135,0 mm
Fichtel & Sachs	153,0 mm
Stärke der Beläge:	
L.U.K.	3,25 mm
Fichtel & Sachs	3,85 mm
Min. Stärke	1,00 mm
Kupplungsspiel	3,5 mm

Getriebe

Bauart	Vierganggetriebe, alle Gänge synchronisiert	
Gangübersetzungen	Typ «B»	Typ «E»
Erster Gang	3,651 : 1	3,16 : 1
Zweiter Gang	1,968 : 1	1,95 : 1
Dritter Gang	1,368 : 1	1,41 : 1
Vierter Gang	1 : 1	1 : 1
Rückwärtsgang	3,660 : 1	3,346 : 1
Durchmesser der Vorgelegewelle:	17,317 — 17,329 mm	19,329 — 19,342 mm
Ölfüllmenge:	1,7 Liter	2,0 Liter

Hinterachse

Achsantriebsübersetzungen:	
1,7 V4	4,11 : 1 (4,44 : 1 auf Wunsch) 4,44 : 1 Kombiausführung
2,0 Liter OHC	4,11 : 1 (4,44 : 1 auf Wunsch)
2,0 Liter V6	3,89 : 1
2,3 Liter V6	3,64 : 1/ 3,89 : 1 Kombiausführung
2,6 Liter V6	3,64 : 1
3,0 Liter V6	3,45 : 1
Flankenspiel Teller/Kegelrad	0,12 — 0,22 mm
Ölfüllmenge	1,95 Liter
Ölsorte	EP SAE 90
Ford Spezifikation	SQM-2C-9002 AA

Vorderachse und Radaufhängung

Bauart	Einzelradabfederung mit Schraubenfedern und Dreiecksquerlenkern. Kurvenstabilisator und hydraulischen Stossdämpfern.
Radeinstelldaten:	
Nachlauf	1° 46' ± 45'
Unterschied zwischen Seiten	0° 45'
Sturz	0° 20' ± 30'
Max. Unterschied zwischen Seiten	1°
Spureinstellung	3,9 ± 2,4 mm (wenn neu) 0 bis 6,3 mm (in Betrieb)

Lenkung

Bauart	Zahnstangenlenkung
Weg der Zahnstange	129,0 mm
Schmiermittel	SAE 90 EP Ö1

Lenkraddurchmesser	420 mm
Lenkradumdrehungen, Anschlag/Anschlag:	
Mechanisch	4,39
Servo	3,50
Lenkungsuntersetzung:	
Mechanische Lenkung	22 : 1
Servolenkung	17,50 : 1
Einstellung der Lenkung	Durch Ausgleichscheiben
Wendekreis	10,3 m
Füllmenge der Servolenkung	2,2 Liter
Flüssigkeit	Flüssigkeit für automatische Getriebe

Hinterradaufhängung

Bauart	Einzelradabfederung mit schrägen Dreieckslenkern und Schraubenfedern, an Hilfsrahmen montiert
Spureinstellung	0 bis 2,15 mm
Sturzeinstellung	$0°20' \pm 45'$

Bremsen

Bauart	Zweikreis-Bremsanlage mit Scheibenbremsen an den Vorderrädern und Trommelbremsen an den Hinterrädern (selbstnachstellend). Handbremse auf Hinterräder wirkend (durch Bremsseile). Bremsservo und Bremsregelventil. Zweikreis-Bremsanlage vorn und hinten geteilt.

Vorderradbremsen

Bremsscheibendurchmesser	269,0 mm
Max. Schlag der Bremsscheiben	0,05 mm
Radbremszylinderdurchmesser	54,0 mm
Wirksame Bremsfläche	150 cm^2

Hinterradbremsen

Bauart	Ein Anlaufbacken, ein Ablaufbacken, mit automatischer Nachstellung durch Betätigung des Handbremshebels.
Wirksame Bremsfläche:	
1,7 V4	540 cm^2 (Kombi 709 cm^2)
Alle anderen	652 cm^2 (Kombi 709 cm^2)

Elektrische Anlage

Spannung	12 V
Ladestromanlage	Durch Drehstromlichtmaschine gespeist
Regler	Entweder getrennt oder in Drehstromlichtmaschine eingebaut

Anlasser

Hersteller	Bosch oder Lucas

Bosch Anlasser	*EF 0,7*	*GF 1,0*	*GF 1,2*
Anzahl der Kohlebürsten	4	4	4
Min. Bürstenlänge	10,0 mm	10,00 mm	10,0 mm
Bürstenfederdruck	900 — 1300 g	900 — 1300 g	900 — 1300 g
Min. Kollektordurchmesser	32,8 mm	32,8 mm	32,8 mm
Max. Unrundheit des Kollektors	0,3 mm	0,3 mm	0,3 mm
Axialspiel des Ankers	0,1 — 0,3 mm	0,1 — 0,3 mm	0,1 — 0,3 mm
Betätigung	Durch Einrückmagnetschalter		
Anzahl der Ritzelzähne	10	10	9
Anzahl der Schwungräder	135	135	121
Max. Drehmoment	1,0 mkp	1,2 mkp	1,35 mkp
Drehrichtung	Rechtsdrehend vom Ritzel gesehen		
Max. Stromverbrauch	2400 Watt	2500 Watt	2500 Watt
Spannung	12V.	12V.	12V.
Leistung	515 Watt	515 Watt	515 Watt
Max. Stromverbrauch ohne Belastung bei 12 V.	540 Watt	648 Watt	950 Watt
Max. Stromverbrauch, eingespurt bei 7 Volt	2660 Watt	3080 Watt	5425 Watt
Max. Stromverbrauch bei 180 U/min.	1200 Watt	1200 Watt	1200 Watt

Lucas Anlasser	*M35J*	*5M90*	*2M100*
Anzahl der Bürsten	4	4	4
Min. Bürstenlänge	9,5 mm	9,0 mm	9,5 mm
Bürstendruck	480 g	850 g	480 g
Min. Kollektordurchmesser	—	34,0 mm	—
Max. Unrundheit des Kollektors	—	0,075 mm	—
Ankeraxialspiel	0,1 — 0,3 mm	0,1 — 0,3 mm	0,1 — 0,3 mm
Betätigung	Durch Einrückmagnetschalter		
Anzahl der Ritzelzähne	10	10	10
Anzahl der Schwungradzähne	135	135	135
Max. Drehmoment bei 20° C	0,87 mkp	1,0 mkp	1,25 mkp
Drehrichtung	Rechtsdrehend vom Ritzel gesehen		
Max. Stromverbrauch bei 20° C	2600 Watt	2400 Watt	2500 Watt
Max. Leistung	690 Watt	820 Watt	880 Watt
Spannung	12 V	12 V	12 V
Max. Stromverbrauch, eingespurt bei 7 Volt	2730 Watt	2590 Watt	3325 Watt
Max. Stromverbrauch ohne Belastung bei 12 V.	740 Watt	900 Watt	940 Watt
Max Stromverbrauch bei 180 U/min.	1590 Watt	1100 Watt	1270 Watt

Drehstromlichtmaschine

Hersteller	Lucas oder Bosch
Bosch	G1-28A, K1-35A, K1-55A
Lucas	15 ACR oder 17 ACR
Massepolarität	Negative
Nennleistung bei 13,5 V. und 6000 U/min.:	
15 ACR	28 A
17 ACR	35 A
G1-28A	28 A
K1-35A	35 A
K1-55A	55 A
Max. Drehzahl	15,000, alle Modelle
Ständerwicklungswiderstand pro Phase:	
15 ACR	0,198 ± 0,1 Ohm
17 ACR	0,133 ± 0,007 Ohm
G1-28A	0,2 + 0,01 Ohm
K1-35A	0,13 + 0,007 Ohm
K1-55A	0,01 + 0,007 Ohm
Läuferwicklungswiderstand bei 20° C:	
15 ACR	3,27 ± 5% Om
17 ACR	3,201 ± 5% Ohm
Alle Bosch-Modelle	4,0 + 0,4 Ohm
Min. hervorstehende Länge der Bürsten	5,0 mm, alle Ausführungen
Regelspannung bei 4000 U/min. uns Belastung von 3 bis 7 A:	
Lucas-Maschinen	14,2 — 14
Bosch-Maschinen	13,7 — 14,5 V

Anzugsdrehmomenttabelle

Motor

2,0 Liter OHC

Hauptlagerdeckel	9,0 — 10,4 mkp
Pleuellagerdeckelschrauben	4,2 — 4,8 mkp
Kurbelwellenrad	5,5 — 6,0 mkp
Nockenwellenrad	4,5 — 5,0 mkp
Schwungrad	6,5 — 7,1 mkp
Ölpumpe	1,7 — 2,1 mkp
Ölpumpendeckel	0,9 — 1,3 mkp
Ölwanne:	
1. Stufe	0,1 — 0,2 mkp
2. Stufe	0,6 — 0,8 mkp
3. Stufe	0,8 — 1,0 mkp
Öldruckschalter	1,2 — 1,5 mkp
Ölablaßstopfen	2,1 — 2,8 mkp
Zündkerzen	2,0 — 2,8 mkp
Zylinderkopfhaube	0,5 — 0,7 mkp
Kugelbolzen-Ventileinstellung	4,5 — 5,0 mkp
Ansaugkrümmer	1,7 — 2,1 mkp
Auspuffkrümmer	2,1 — 2,5 mkp
Zylinderkopfschrauben:	
1. Stufe	4,0 — 5,5 mkp
2. Stufe	6,0 — 7,0 mkp
3. Stufe	9,0 — 11,0 mkp (nach 10 bis 20 Minuten Wartezeit)
4. Stufe	9,0 — 11,0 mkp (nachdem Motor 15 Minuten mit 1000 U/min. gelaufen ist)

1,7 — 2,0 — 2,3 — 2,6-Liter-Motoren

Hauptlagerdeckel	9,0 — 10,4 mkp
Pleuellagerschrauben	2,9 — 3,4 mkp
Kurbelwellenrad	4,2 — 5,0 mkp
Nockenwellenrad	4,2 — 5,0 mkp
Schwungrad	6,5 — 7,1 mkp
Stirndeckel	1,7 — 2,1 mkp
Ölpumpe	1,4 — 1,7 mkp
Ölpumpendeckel	0,9 — 1,3 mkp
Ölwanne:	
1. Stufe	0,4 — 0,7 mkp
2. Stufe	0,7 — 1,1 mkp
Zylinderkopf:	
1. Stufe	4,0 — 4,5 mkp
2. Stufe	5,5 — 7,0 mkp
3. Stufe	9,0 — 11,0 mkp (nach 10 — 20 Min. Wartezeit)

4. Stufe	9,0 — 11,0 mkp (nach 15 Minuten Lauf bei 1000 U/min.)
Zylinderkopfhaube	0,4 — 0,7 mkp
Ansaugkrümmer	2,1 — 2,5 mkp (stufenweise)
Ölablaßstopfen	2,1 — 2,8 mkp
Öldruckschalter	1,2 — 1,5 mkp
Zündkerzen	3,0 — 4,0 mkp
Auspuffkrümmer	1,6 — 2,0 mkp

3,0 -Liter-Motor

Hauptlagerdeckel	6,8 — 7,6 mkp
Pleuellagerschrauben	5,3 — 5,9 mkp
Kurbelwellenrad	5,5 — 6,2 mkp
Nockenwellenrad	5,5 — 6,1 mkp
Schwungrad	6,9 — 7,6 mkp
Stirndeckel	1,5 — 1,8 mkp
Ölpumpe	1,7 — 2,1 mkp
Ölpumpendeckel	0,8 — 1,2 mkp
Ölwanne:	0,8 — 1,1 mkp
Zylinderkopf:	
1. Stufe	1,0 mkp
2. Stufe	3,0 — 5,0 mkp
3. Stufe	8,2 — 9,2 mkp
4. Stufe	11,0 — 11,7 mkp (nach 10 — 20 Minuten Wartezeit)
5. Stufe	11,0 — 11,7 mkp (nach 15 Minuten Lauf bei 1000 U/min.)
Zylinderkopfschraube	0,3 — 0,5 mkp
Ansaugkrümmer	1,8 — 2,2 mkp (stufenweise)
Ölablaßstopfen	2,7 — 3,4 mkp
Öldruckschalter	1,2 — 1,5 mkp
Zündkerzen	3,0 — 4,0 mkp
Auspuffkrümmer	1,6 — 2,0 mkp

Getriebe

Kupplungsgehäuse an Getriebe:	
Typ «B»	5,8 — 6,9 mkp
Typ «E»	3,9 — 4,8 mkp
Kupplung an Schwungrad	1,6 — 2,1 mkp
Kupplungsgehäuse an Motor:	
Typ «B»	3,8 — 4,8 mkp
Typ «E»	3,0 — 3,7 mkp

Hauptwellenmutter — Typ «E»	3,5 — 4,1 mkp
Getriebeverlängerung an Getriebe:	
Typ «B»	4,5 — 4,9 mkp
Typ «E»	5,4 — 6,1 mkp
Schaltwellenlager — Typ «E»	0,7 — 1,0 mkp
Schaltdeckel an Getriebeverlängerung:	
Typ «E»	1,6 — 2,1 mkp
Schaltdeckel an Getriebe — Typ «B»	2,1 — 2,5 mkp
Oberer Deckel an Gehäuse — Typ «E»	1,0 — 1,1 mkp
Oberer Deckel an Gehäuse — Typ «B»	1,7 — 2,1 mkp

Hinterachse und Hinterradaufhängung

Stossdämpfer an Dreieckslenker	4,1 — 5,1 mkp
Stossdämpfer an Karosserie (Limousine)	4,1 — 5,1 mkp
Stossdämpfer an Karosserie (Kombi)	7,1 — 9,2 mkp
Mittelschraube des Querträgers	7,1 — 9,2 mkp
Aufhängungsbügel an Karosserie	18,2 — 22,8 mkp
Dreieckslenker an Querträger	4,1 — 5,1 mkp
Querträgerlager an Karosserie	4,1 — 5,1 mkp
Achsantriebsverlängerung an Querträger	7,1 — 9,2 mkp
Achsantriebsverlängerung an Differentialgehäuse	7,0 — 8,0 mkp
Radlagergehäuse an Dreieckslenker	4,1 — 5,1 mkp
Achswelle an Bremsträgerplatte	25,5 — 27,5 mkp
Mutter der Hinterradnabe	24,9 — 27,6 mkp
Mutter des Kegelrades	50 mkp (max.)
Tellerradschrauben	13,0 — 14,0 mkp
Lagerdeckel für Differentiallager	10,0 — 12,0 mkp
Differentialgehäusedeckel	4,5 — 5,0 mkp
Gelenkwelle an Achsantrieb	5,8 — 6,8 mkp
Mittelschraube des mittleren Lagers der Hinterradaufhänung (Hilfsrahmen)	17,5 — 22,0 mkp

Vorderradaufhängung und Lenkung

Kontermuttern der Spurstangen	5,8 — 6,9 mkp
Aufhängungskugelgelenke	4,1 — 6,2 mkp
Dreiecksquerlenker an Querträger:	
Unterer	6,5 — 7,5 mkp
Oberer	7,0 — 9,0 mkp
Querträger an Karosserie	8,0 — 10,0 mkp
Stossdämpfer an Dreiecksquerlenker	3,9 — 4,8 mkp
Stossdämpferbefestigung, oben	1,0 — 1,25 mkp
Kurvenstabilisator an Querlenker	1,0 — 1,25 mkp
Kurvenstabilisator an Querträger	1,7 — 2,4 mkp
Deckel der Lenkung (beide)	1,7 — 2,4 mkp
Lenkscheibe an Ritzel	1,7 — 2,1 mkp
Lenkradmutter	3,5 — 4,1 mkp

Bremsen

Bremssattel an Radaufhängung	6,22 — 6,91 mkp
Bremsscheibe an Nabe	5,5 — 6,9 mkp
Bremsträgerplatte hinten an Achse	4,1 — 5,1 mkp
Hydraulikleitungen — Überwurfmuttern	1,1 — 1,4 mkp
Hauptbremszylinder	1,75 — 2,45 mkp

Erläuterungen zum Schaltplan Seite 143

Die einzelnen Kabel sind mit Abkürzungen der jeweiligen Kabelfarbe bezeichnet. Es bedeutet:

BL	— blau	GN	— grün	SW	— schwarz
BR	— braun	GR	— grau	VI	— violett
GE	— gelb	RT	— rot	WS	— weiss

Die Buchstaben und Ziffern der nachfolgenden Tabellen sollen Ihnen im Schaltplan zu weiterer Übersicht verhelfen. Wenn Sie nun mit spitzem Stift den einzelnen Linien nachfahren, werden Sie rasch hinter die Kabelgeheimnisse kommen. Der Schaltplan berücksichtigt nur die Aggregate der Grundausstattung.

A — Anlasser
B — Batterie
C — Lichtmaschine
C_1 — Reglerschalter
C_2 — Ladestromkontrolleuchte
E — Sicherungskasten
F — Blinker- und Wischerschalter
F_1 — Blinkgeber
F_2 — Blinkleuchte vorne rechts
F_3 — Blinkleuchte vorne links
F_4 — Blinkleuchte hinten rechts
F_5 — Blinkleuchte hinten links
F_6 — Blinkerkontrolleuchte rechts
F_7 — Blinkerkontrolleuchte links
F_8 — Warnblinkschalter
G — Heizgebläseschalter
G_1 — Heizgebläsemotor
H — Horndruckring
H_1 — Horn
K — Geber, Kraftstoffanzeige
K_1 — Kraftstoffanzeige
L — Lichtschalter
L_1 — Hauptscheinwerfer rechts
L_2 — Hauptscheinwerfer links
L_3 — Abblendrelais
L_4 — Fernlichtkontrolleuchte
L_5 — Instrumentenbeleuchtung
L_6 — Kennzeichenleuchten
L_7 — Schlusslicht rechts
L_8 — Schlusslicht links
M — Türkontaktschalter
M_1 — Innenraumleuchte
M_2 — Innenraumleuchte
M_3 — Handschuhkastenleuchte
N — Rückfahrleuchtenschalter
N_1 — Rückfahrleuchte rechts
N_2 — Rückfahrleuchte links
O — Öldruckschalter
O_1 — Öldruckkontrolleuchte
P — Bremslichtschalter
P_1 — Bremslicht rechts
P_2 — Bremslicht rechts
P_3 — Kontrolleuchte f. Bremskreisausfall
Q — Heizscheibenschalter
Q_1 — Heizscheibe
Q_2 — Heizscheibenrelais
R — Geber, Kühlwassertemperatur
R_1 — Kühlwassertemperaturanzeige
S — Lenk-Zünd-Anlassschloss
T — Zeituhr
U — Spannungskonstanthalter
V — Zigarrenanzünder
W — Schalter f. Wisch-Wasch-Anlage
W_1 — Wischermotor
Z — Zündspule
Z_1 — Vorschaltwiderstand
Z_2 — Zündverteiler
Z_3 — Zündkerzen

Genormte Klemmenbezeichnungen im Schaltplan

Die meisten der hier aufgeführten Klemmenbezeichnungen sind sowohl im nebenstehenden Schaltplan an den betreffenden Stellen eingedruckt als auch auf den entsprechenden Bauteilen im Auto zumeist eingeprägt.

Klemmen-Norm	Kabelführung und Hinweise
1	Stromweg zwischen Zündspule und Unterbrecher (Primärstrom)
4	Zündfunkenstromweg zwischen Zündspule und Verteiler (Sekundärstrom).
15 auch 15/54	Stromführend bei eingeschalteter Zündung ab Zündschloss für Zündspule und sonstige Stromverbraucher, die nur bei eingeschalteter Zündung arbeiten sollen; z.B. Blinker, Hupe, Scheibenwischer.
16	Umgehungsleitung um den Zündspulen-Vorwiderstand, tritt nur während des Anlassvorgangs in Aktion.
30 auch 30/51	Stets stromführend ab Pluspol der Batterie oder Lichtmaschine zum Zündschloss und allen Stromverbrauchern, die auch ohne Zündung funktionieren sollen; z.B. Warnblinkanlage, Innenleuchte, Zeituhr.
31	Sogenannte Masseanschlüsse und Massekabel, die zum Schliessen eines Stromkreises gebraucht werden.
31 b	Kurzschlusskontakt für die Wischerabschaltung, wirkt als Schnellbremse.
49	Stromanschluss des Blinkrelais
49 a	Stromweg des Blinkrhythmus zwischen Blinkrelais und Blink- bzw. Warnblinkschalter.
L, R	Stromwege zwischen den Blinkerschaltern und den Blinkerlampen bzw. zwischen dem Park-Lichtschalter (= Blinkerschalter) und den Stand- und Schlussleuchten.
50	Anlasser-Schaltstrom zwischen Zündschloss und Anlasser, nur während des Anlassvorgangs unter Strom.
53	Stromanschluss des Scheibenwischermotors.
53 a	Stromanschluss für Wischer-Rücklauf, führt nach Abschalten der Scheibenwischer Strom, bis die Wischer in Parkstellung gelaufen sind.
53 b	Stromanschluss der 2. Wischerstufe.
56 a	Fernlichtstromweg.
56 b	Abblendlichtstromweg.
58 L, R und K	Standlichtstromweg und Instrumentenbeleuchtung.
P	Parklichtstromweg vom Zündschloss zum Parklichtschalter (= Blinkerschalter), hat nur bei ausgeschalteter Zündung Strom.
R	Stromanschluss für das Radio, steht ab Zündschlüsselstellung I unter Strom.
61	Stromweg zwischen Klemme D+ des Spannungsreglers der Lichtmaschine und der Ladekontrollampe.
85, 86	Schaltstromweg durch ein Schaltrelais, bewirkt das Einschalten des Arbeitsstroms.
87	Arbeitsstromklemme an einem Schaltrelais, erhält bei geschlossenem Schaltstromkreis Strom von Klemme 30 des Relais.

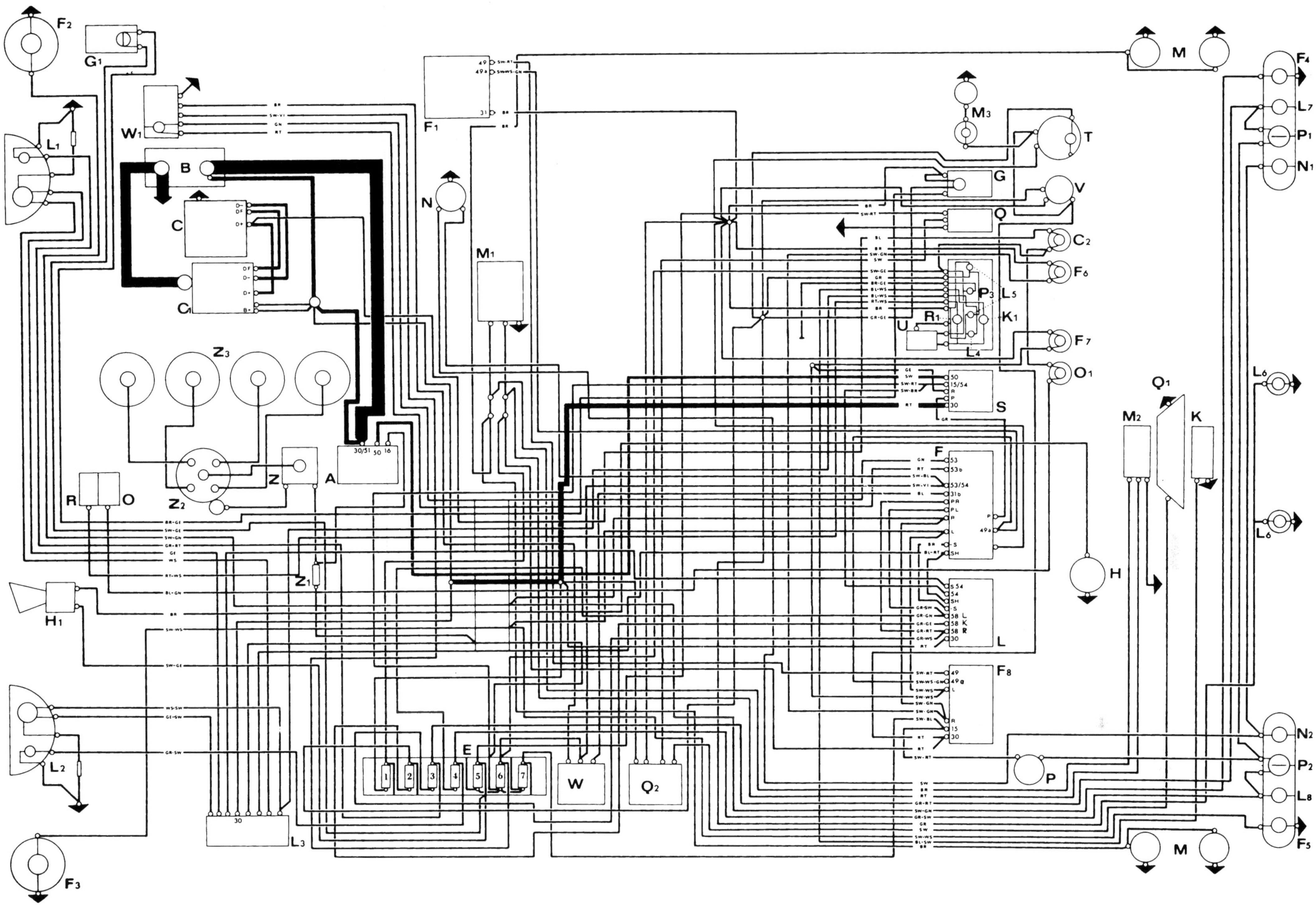

F2
G1
W1
L1
B
C
C1
Z3
Z2
Z
A
R
O
H1
L2
F3
L3
E
W
Q2
F1
M1
N
S
F
L
F8
P
M
M3
T
G
V
Q
C2
F6
P3
L5
R1
K1
U
L4
F7
O1
H
M2
Q1
K
F4
L7
P1
N1
L6
L6
N2
P2
L8
F5
M

FSC
www.fsc.org
MIX
Papier | Fördert gute Waldnutzung
FSC® C083411

Kolibri 360 GmbH
Ferdinand-Jühlke-Straße 7
99095 Erfurt, Deutschland
produktsicherheit@kolibri360.de